微分積分学30講

改訂増補版

井原健太郎
鄭　仁大
中村　弥生
松井　優
共著

培風館

はしがき

本書は，科学・技術・工学の諸分野において数学を活用するという目的をもった読者を対象に，微分積分学を有効に学ぶための教科書として執筆されたものである．

私たちは，高度なテクノロジーに満ちたシステムの類を日常的に使用している．この 100 年ほどの間に目覚ましく発展したテクノロジーを支えている太い柱の一つが数学である．例えば，電気回路，交通網をはじめとするネットワークモデルの解析，建築物の強度計算，自動車の空気抵抗の計算，映画やゲームに用いられるコンピュータグラフィックス，天気予報など，数学が応用されるテクノロジーは枚挙に暇がない．この点は日常生活においてほとんど意識されない．しかし，これから科学・技術・工学を専門的に学ぶ学生は，この点をよく認識し，数学を十分に活用できる力を身につけることで，それぞれの分野で息長く活躍できるであろう．

科学・技術・工学のあらゆる場面で，現象を解析するために関数が用いられる．関数の値の変化やそのグラフの形状の分析といった，関数の解析を行うのが微分積分学の役割である．

本書の前半では，1 変数関数の微分と積分を学ぶ．微分は関数の値の変化を捉えるために，積分は値の変化から関数の全体像を捉えるために有効な方法であり，これらの修得は科学・技術・工学を学ぶうえで不可欠である．本書で学ぶには，読者は高等学校で「数学 Ⅲ」の「微分法・積分法」や「平面上の曲線」を学んでいることが望ましい．しかし，それらの単元を学んでいない読者も効率的に内容を身につけられるよう，本書では配慮して説明を行っている．高等学校でそれらの単元を学んだ読者にとって，前半は概ね高等学校で学んだ内容の復習になるであろう．主な新しい内容は，逆三角関数とその微積分，テイラー展開，広義積分となる．

本書の後半では，2 変数関数の微分と積分を学ぶ．変数が増えると扱いも難しくなるが，2 変数関数の扱いを学ぶことにより，より幅広い現象を解析できるようになる．2 変数関数の微分には偏微分と全微分の 2 種類があり，合成関数の偏微分法である連鎖律を修得することが重要となる．また，2 変数関数の積分は 1 変数関数の繰り返しに書き直すことにより計算できることを学ぶ．多くの読者にとって，後半はすべてが大学で初めて学ぶ新しい内容となるであろう．

本書では，具体的な計算を身につけることを主眼として，理論的な内容や発展的な内容を説明した一部の小節に『*』を記している．特に高等学校で「数学Ⅲ」を学んでいない読者など，初めてその内容を学ぶ読者はそれらの小節を読み飛ばしてもかまわないが，基礎的な計算方法を修得したのちに，それらの小節の内容を学ぶことを強く勧める．講義では，学生の予備知識や習熟度に応じてそれらの小節の扱いを調整するとよい．また，本書の内容に関連する話題について『数学トピックス』を設けた．高等学校の内容の復習や発展的な話題を知るきっかけにしてほしい．読者が数学を役立てることができるようになるためには，自らの手で計算を実行し多くの演習問題を解いて，計算と思考の練習を繰り返す必要がある．本書では多くの例題や演習問題を適宜配置している．各節における演習問題が不足している場合には，8, 15, 23, 30 節の「理解を深める演習問題」を活用してほしい．また，陥りやすい間違いや，気をつけるべき事項に，積極的に注釈を付けた．これらが読者の勉強に役立つことを期待している．

高等学校における数学の学習指導要領の改訂や，大学における教育課程の変更にともない，本書では前書『微分積分学 30 講』から著者を新たに内容を大幅に書き換えている．本書の執筆に際して，近畿大学理工学部教員の方々の多大なご支援，ならびに前書を用いて講義をされた方々から貴重なご意見を賜り，今回の改訂に役立たせていただいた．著者一同，心よりお礼を申し上げたい．最後に，本書の企画に寛大な理解を示してくださった培風館と出版に際して多大なお世話をいただいた編集部の岩田誠司氏にこの場を借りて厚くお礼を申し上げたい．

2022 年 10 月

著 者 一 同

目　次

数学トピックス：目次

Part I

1変数関数の微分積分

1. 1変数関数の極限

1変数関数

変数 x に値を与えることで y の値がただ1つに定まるとき，その規則を **(1変数) 関数**といい，$y = f(x)$ または単に $f(x)$ で表す[1]．x の範囲を関数 $f(x)$ の**定義域**という．これは実数全体の集合 $\mathbb{R}$ やその一部分であるが，微分積分学では関数の定義域として区間を考えることが多い．$a < b$ を満たす実数 a, b に対して，$a < x < b$, $a \leqq x \leqq b$ を満たす x の範囲をそれぞれ**開区間**，**閉区間**といい，それぞれ (a, b)，$[a, b]$ で表す[2]．また，実数全体の集合 $\mathbb{R}$ を数直線 (または xy 平面の x 軸) とみなすことができるので，実数 a を点 a とよぶことがある．

関数の極限

本節で学ぶ関数の**極限**は，1点ではなく，その点の近くにおける関数の様子を調べる概念である．関数 $f(x)$ に対して，変数 x が a と異なる値をとりながら a に限りなく近づくとき，それに応じて $f(x)$ の値が一定の値 A に近づくことを，

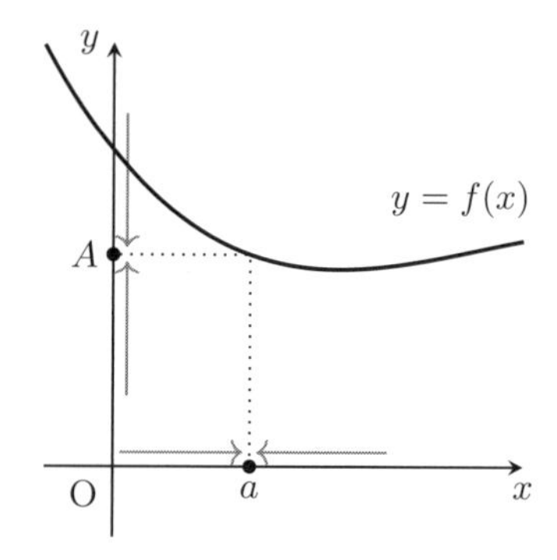

$$\lim_{x \to a} f(x) = A$$

または

$$x \to a \text{ のとき } f(x) \to A$$

で表し，$f(x)$ の $x \to a$ における**極限 (値)** が A である，または $f(x)$ が A に**収束**するという．記号 $x \to a$ は，x が a に一致することなく，a に限りなく近づくという状態を表している．一方，$f(x) \to A$ はやはり $f(x)$ が A に限りなく近づくという状態を表しているが，こちらは A と一致することもある．関数が定義されていない点においても極限を考えることができる場合があることに注意しよう (例題1参照)．

$x \to a$ のとき，$f(x)$ の値が限りなく大きくなる，値が負でその絶対値が限りなく大きくなることを，$f(x)$ はそれぞれ正の無限大，負の無限大に**発散する**といい，A をそれぞれ記号 ∞，$-\infty$ に置き換えて表す．記号 ∞ は限りなく大きいという状態を表し，値ではないことに注意しよう．収束もしないし正の無限大にも負の無限大にも発散しないとき，極限は**存在しない**という．

1) Part IIで2変数関数について学ぶ．
2) 付録で開区間と閉区間以外の区間の記号について確認するとよい．

例題 1. グラフ (下図) で関数の値の変化を確認しながら，次の極限を求めよ．

(1) $\displaystyle\lim_{x\to-2} x^2$ (2) $\displaystyle\lim_{x\to 0}\frac{1}{|x|}$ (3) $\displaystyle\lim_{x\to 0}\frac{x}{|x|}$

解 (1) $\displaystyle\lim_{x\to-2} x^2 = 4$ である． (2) $\displaystyle\lim_{x\to 0}\frac{1}{|x|}=\infty$ である．

(3) $f(x)=\dfrac{x}{|x|}$ とおく．x が 0 に正の方向から，負の方向から近づくとき[3)]，関数 $f(x)$ の値はそれぞれ 1, -1 に近づくので，$\displaystyle\lim_{x\to 0} f(x)$ は存在しない． □

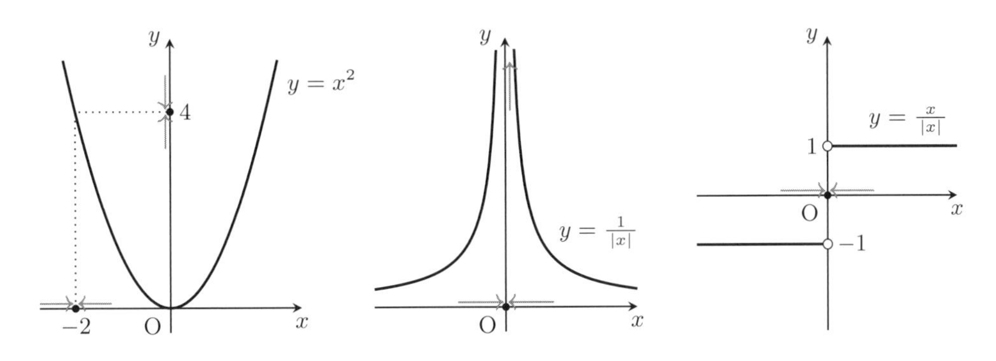

また，変数 x が限りなく大きくなる，値が負でその絶対値が限りなく大きくなることを，それぞれ $x\to\infty$，$x\to-\infty$ で表す．$x\to\infty$, $x\to-\infty$ のときの関数 $f(x)$ の極限をそれぞれ $\displaystyle\lim_{x\to\infty} f(x)$，$\displaystyle\lim_{x\to-\infty} f(x)$ で表す．

問 1 グラフで関数の値の変化を確認しながら，次の極限を求めよ．

(1) $\displaystyle\lim_{x\to\infty} x^2$ (2) $\displaystyle\lim_{x\to-\infty}\frac{1}{|x|}$ (3) $\displaystyle\lim_{x\to\infty}\frac{x}{|x|}$

関数の極限値が存在する (収束する) とき，次の性質が成り立つ．これらのことは，$x\to\infty$, $-\infty$ のときにも成り立つ．

$\displaystyle\lim_{x\to a} f(x)=A$, $\displaystyle\lim_{x\to a} g(x)=B$ とし，k を定数とするとき，次が成り立つ：

$$\lim_{x\to a}(f(x)+g(x)) = A+B, \qquad \lim_{x\to a} kf(x) = kA,$$

$$\lim_{x\to a} f(x)g(x) = AB, \qquad \lim_{x\to a}\frac{f(x)}{g(x)} = \frac{A}{B} \quad (B\neq 0)$$

3) x が a より大きい値をとりながら (右から)，小さい値をとりながら (左から) a に近づくことを，それぞれ $x\to a+0$，$x\to a-0$ で表す．$a=0$ のとき，それぞれ $x\to+0$，$x\to-0$ と表すことがある．

関数の連続性

極限と代入は異なる概念であるが，これらの操作の結果が等しくなる場合がある．関数 $f(x)$ に対して，$f(a)$ が定義されていて，$x \to a$ において $f(x)$ が $f(a)$ に収束するとき，関数 $f(x)$ は $x = a$ で**連続**であるという：

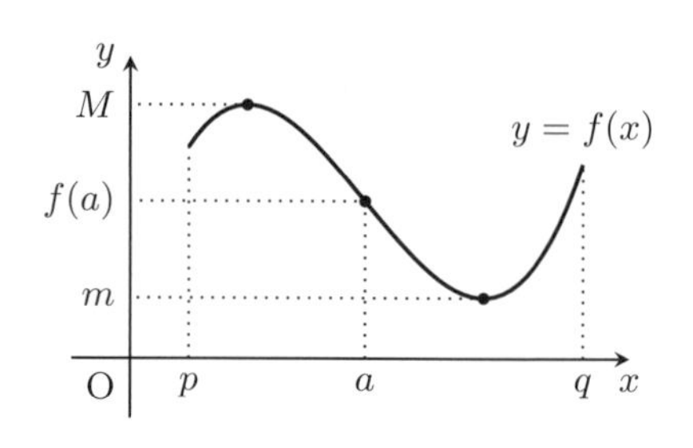

$$\lim_{x \to a} f(x) = f(a).$$

このとき，$y = f(x)$ のグラフは $x = a$ でつながっている．定義域のすべての点で連続な関数を**連続関数**という．定義域 I を明示するときには，$\boldsymbol{I}$ で**連続**であるという．

極限の性質により，連続関数は次の性質をもつ：

> 連続関数の和，実数倍，積，商 (分母 $\neq 0$)，合成 (代入) は，連続関数である

また，閉区間 $[p, q]$ で連続な関数 $f(x)$ に対して，次の性質が成り立つ：

> 閉区間 $[p, q]$ で連続な関数 $f(x)$ は最大値 M と最小値 m をもつ

多項式，分数関数，無理関数，三角関数，指数関数，対数関数などは，連続関数であることが知られている．これらの関数やこれらの連続性を保つ演算で得られた関数に対して，定義域の点 a における極限を，a を代入することで計算できる．

> **例題 2.** 極限 $\displaystyle\lim_{x \to 1} \frac{(x + 2^x)\sin\left(\frac{\pi}{2}x\right)}{3x^2 + 1 + \log_2 x}$ を求めよ．

解 $\displaystyle\lim_{x \to 1} \frac{(x + 2^x)\sin\left(\frac{\pi}{2}x\right)}{3x^2 + 1 + \log_2 x} = \frac{(1 + 2^1)\sin\left(\frac{\pi}{2} \cdot 1\right)}{3 \cdot 1^2 + 1 + \log_2 1} = \frac{3}{4}$ □

● **問 2** 次の極限を求めよ．

(1) $\displaystyle\lim_{x \to -1} \frac{x + 2}{x^3 + 2}$ (2) $\displaystyle\lim_{x \to \pi} \frac{\sin \frac{x}{2}}{\cos 3x}$ (3) $\displaystyle\lim_{x \to 4} \frac{(\log_2 x)^2}{2^x - x^3}$ (4) $\displaystyle\lim_{x \to 2} \frac{x}{(x - 2)^2}$

$x \to \infty, -\infty$ における極限では，関数の連続性を直接用いて具体的な計算を行うことはできないが，$w = \dfrac{1}{x}$ とおくと，それぞれ $w \to +0, -0$ における極限に帰着できて，分母が 0 や ∞ にならない限り，具体的な極限を代入で計算できることが多い．または，次に説明する不定形でない限り，形式的に $\dfrac{1}{\infty} = 0$ と考えてもよい．

例題 3. 極限 $\displaystyle\lim_{x\to\infty}\left\{\pi+\left(\frac{1}{2}\right)^x-\frac{1}{x^2}\right\}\cos\frac{1}{x}$ を求めよ.

解 $\displaystyle\lim_{x\to\infty}\left\{\pi+\left(\frac{1}{2}\right)^x-\frac{1}{x^2}\right\}\cos\frac{1}{x}=(\pi+0-0)\cos 0=\pi$ □

● **問 3** 次の極限を求めよ.

(1) $\displaystyle\lim_{x\to\infty}\frac{1}{x^4+1}$ (2) $\displaystyle\lim_{x\to-\infty}\sin\frac{1}{x}$ (3) $\displaystyle\lim_{x\to-\infty}\frac{2^x-1}{2^x+1}$ (4) $\displaystyle\lim_{x\to\infty}\frac{2^x-1}{2^x+1}$

不定形の極限

形式的な代入で

$$\frac{0}{0},\qquad \frac{\infty}{\infty},\qquad 0\cdot\infty,\qquad \infty-\infty,\qquad 0^0,\qquad 1^\infty$$

などが現れるときの極限を**不定形の極限**といい，極限を求めるときには，約分，有理化，極限公式の利用などの工夫が必要となる．本節では不定形の極限の基本的な扱いを学ぶ．§7で，さらなる不定形の極限の計算方法を学ぶ．

例題 4. 次の極限を求めよ.

(1) $\displaystyle\lim_{x\to 1}\frac{x^2-1}{x-1}$ (2) $\displaystyle\lim_{x\to\infty}\left(\sqrt{x^2+x}-x\right)$

考え方：(1) は $\dfrac{0}{0}$ の不定形であり，(2) は $\infty-\infty$ の不定形である．(1) は約分で，(2) は分子の有理化で不定形を解消することにより，極限を求めることができる．

解 (1) $\displaystyle\lim_{x\to 1}\frac{x^2-1}{x-1}=\lim_{x\to 1}\frac{(x-1)(x+1)}{x-1}=\lim_{x\to 1}(x+1)=2$

(2) $\displaystyle\lim_{x\to\infty}\left(\sqrt{x^2+x}-x\right)=\lim_{x\to\infty}\frac{x}{\sqrt{x^2+x}+x}=\lim_{x\to\infty}\frac{1}{\sqrt{1+\frac{1}{x}}+1}=\frac{1}{2}$ □

関数 $\dfrac{x^2-1}{x-1}$ は $x=1$ では定義されていないので，等式 $\dfrac{x^2-1}{x-1}=x+1$ は $x\neq 1$ で成り立つことに注意しよう．

● **問 4** 次の極限を求めよ.

(1) $\displaystyle\lim_{x\to-2}\frac{2x^2+9x+10}{3x^2+5x-2}$ (2) $\displaystyle\lim_{x\to 1}\frac{\sqrt{x+4}-\sqrt{5}}{x-1}$ (3) $\displaystyle\lim_{x\to\infty}\frac{2x^2-3x+1}{x^2+x+2}$

(4) $\displaystyle\lim_{x\to 2}\frac{x^3-8}{x^2-3x+2}$ (5) $\displaystyle\lim_{x\to 0}\frac{x}{\sqrt{2+x}-\sqrt{2-x}}$ (6) $\displaystyle\lim_{x\to\infty}\left(2x-\sqrt{3x+4x^2}\right)$

三角関数を含む不定形の極限においては，次の極限公式が重要である：

$$\lim_{x\to 0}\frac{\sin x}{x}=1$$

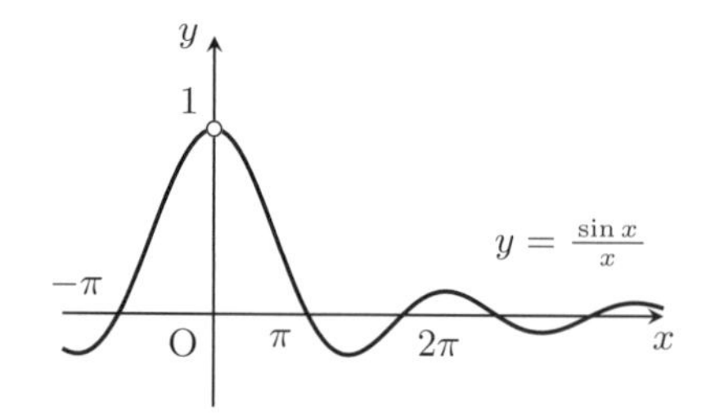

関数 $\dfrac{\sin x}{x}$ は $x=0$ で定義されておらず，左辺の極限は $\dfrac{0}{0}$ の不定形である．本節の最後でこの極限公式を証明する．

一般に，極限公式を用いて不定形の極限を求めるときには，極限公式を適用できる収束する形をうまく作り出すことが基本的なテクニックとなる．

例題 5. 極限 $\displaystyle\lim_{x\to 0}\frac{\sin 5x}{2x}$ を求めよ．

解 $\displaystyle\lim_{x\to 0}\frac{\sin 5x}{2x}=\lim_{x\to 0}\frac{5}{2}\cdot\frac{\sin 5x}{5x}=\frac{5}{2}$ □

問 5 次の極限を求めよ．

(1) $\displaystyle\lim_{x\to 0}\frac{4x}{\sin 3x}$ (2) $\displaystyle\lim_{x\to 0}\frac{\tan x}{2x}$ (3) $\displaystyle\lim_{x\to 0}\frac{\sin^2 3x}{x\sin(-7x)}$ (4) $\displaystyle\lim_{x\to 0}\frac{1-\cos x}{x^2}$

(ヒント：(4) 半角の公式 (付録参照)，または分母と分子に $1+\cos x$ をかけるとよい．)

次の 1^∞ の不定形の極限は収束することが知られており，これで定まる値 e を**ネイピア数**という：

$$\lim_{x\to 0}(1+x)^{\frac{1}{x}}=e$$

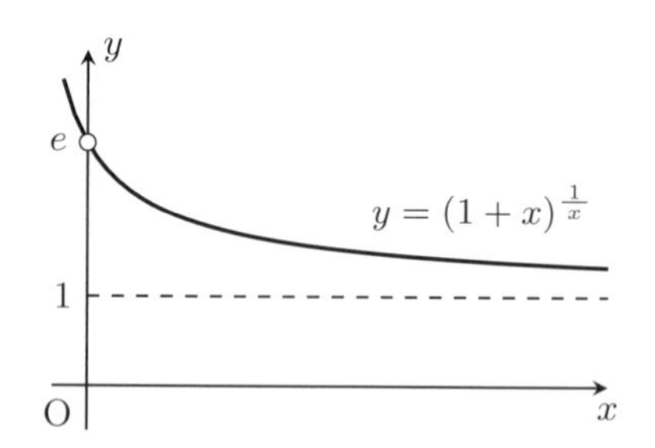

この e は無理数であることが知られている．また，その近似値が $e=2.718\cdots$ であることを § 6 で学ぶ．e を底とする指数関数 e^x や対数関数 $\log_e x$ が微分積分学において重要な役割を果たす．特に，e を底とする対数 $\log_e x$ を**自然対数**といい，底 e を省略して $\log x$ で表す[4]．

4) 自然対数を $\ln x$ で表すこともある．数学では自然対数の底を省略するが，常用対数 $\log_{10} x$ の底を省略する分野もある．例えば関数電卓では，ln は自然対数を，log は常用対数を表す．

はさみうちの原理

等式の変形で極限をうまく計算できない場合，扱いづらい関数を不等式を用いて扱いやすい関数に置き換えることで，極限を計算できる場合がある．次の性質を，**はさみうちの原理**という．これは $x \to \infty, -\infty$ のときにも成り立つ．

$$g(x) \leqq f(x) \leqq h(x),\ \lim_{x\to a} g(x) = \lim_{x\to a} h(x) = A \text{ のとき，} \lim_{x\to a} f(x) = A$$

例題 6. 極限 $\displaystyle\lim_{x\to\infty} \frac{\sin x}{x}$ を求めよ．

解　$-1 \leqq \sin x \leqq 1$ により，$x > 0$ のとき，$\displaystyle -\frac{1}{x} \leqq \frac{\sin x}{x} \leqq \frac{1}{x}$ となる．$\displaystyle\lim_{x\to\infty} \frac{1}{x} = 0$ なので，はさみうちの原理により $\displaystyle\lim_{x\to\infty} \frac{\sin x}{x} = 0$ となる．□

三角関数の極限公式の証明*

極限公式

$$\lim_{x\to 0} \frac{\sin x}{x} = 1 \tag{1.1}$$

を証明しよう．まず，$0 < x < \dfrac{\pi}{2}$ のとき，右図のような $\mathrm{OA} = \mathrm{OB} = 1$ である 2 つの直角三角形 OHB と OAC を考える．O を中心に円弧 $\overset{\frown}{\mathrm{AB}}$ を描くと，

$$\mathrm{HB} < \overset{\frown}{\mathrm{AB}} < \mathrm{AC}$$

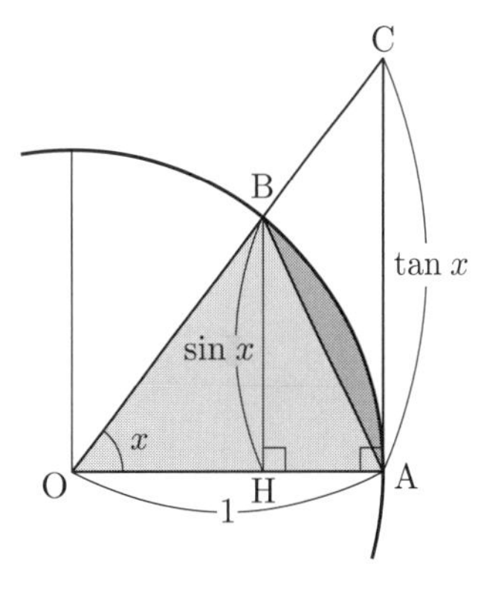

が成り立つ[5)]．すなわち，

$$\sin x < x < \tan x = \frac{\sin x}{\cos x}$$

が成り立つ．よって，

$$\cos x < \frac{\sin x}{x} < 1 \tag{1.2}$$

が得られる．

$$\cos(-x) = \cos x, \qquad \frac{\sin(-x)}{-x} = \frac{\sin x}{x}$$

により，(1.2) は $-\dfrac{\pi}{2} < x < 0$ においても成り立つ．$\displaystyle\lim_{x\to 0} \cos x = 1$ なので，はさみうちの原理により，(1.1) が成り立つ[6)]．

5) 厳密には，円弧を折れ線で近似することでその長さが定義されて，値を比較できる．

6) 三角形と扇形の面積を比較する証明方法もあるが，円の面積公式の導き方によっては，面積を用いた証明は循環論法となるので注意しよう．

2. 微分の定義

平均変化率と微分係数

関数 $f(x)$ の 2 つの値の変化の割合

$$\frac{f(b)-f(a)}{b-a}$$

(平均変化率) において，b を a に近づけてみよう．このとき，$y=f(x)$ のグラフ上の 2 点 $\mathrm{A}(a, f(a))$, $\mathrm{B}(b, f(b))$ を通る直線が点 A における接線 ℓ に次第に近づいていく様子がわかる．このような関数の瞬間的な値の変化を捉えるのが，本節で学ぶ微分の役割である．

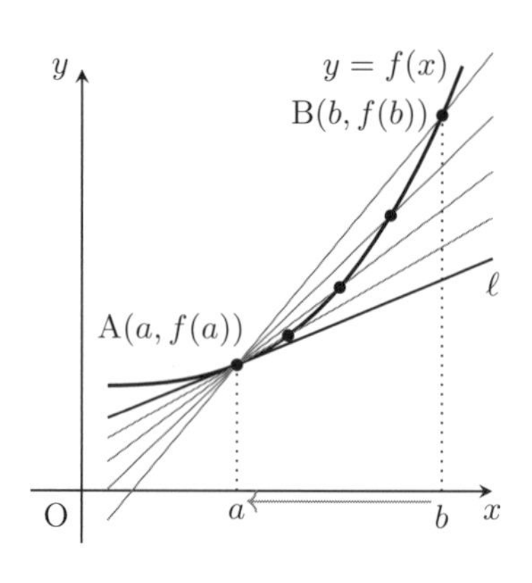

関数 $f(x)$ が $x=a$ で**微分可能**であるとは，極限値

$$\lim_{b\to a}\frac{f(b)-f(a)}{b-a}=\lim_{h\to 0}\frac{f(a+h)-f(a)}{h} \tag{2.1}$$

が存在することである．このとき，この極限値を $f'(a)$ や $\dfrac{df}{dx}(a)$ で表し[7]，$f(x)$ の $x=a$ における**微分係数**という．幾何的に，微分係数 $f'(a)$ は曲線 $y=f(x)$ 上の点 $(a, f(a))$ における接線の傾きを表す．関数 $f(x)$ が区間のすべての x で微分可能であるとき，$f(x)$ はその区間で微分可能であるといい，新たに関数 $f'(x)$ が得られる．これを $f(x)$ の**導関数**といい，$f'(x)$ や $\dfrac{df}{dx}(x)$ で表す．関数 $f(x)$ に対して，その導関数 $f'(x)$ を求めることを，$f(x)$ を**微分する**という．

基本的な関数の導関数

例題 7. 関数 x^2 の導関数を定義に基づき求めよ．

解
$$\begin{aligned}(x^2)' &= \lim_{h\to 0}\frac{(x+h)^2-x^2}{h}\\ &= \lim_{h\to 0}(2x+h)=2x\end{aligned}$$
□

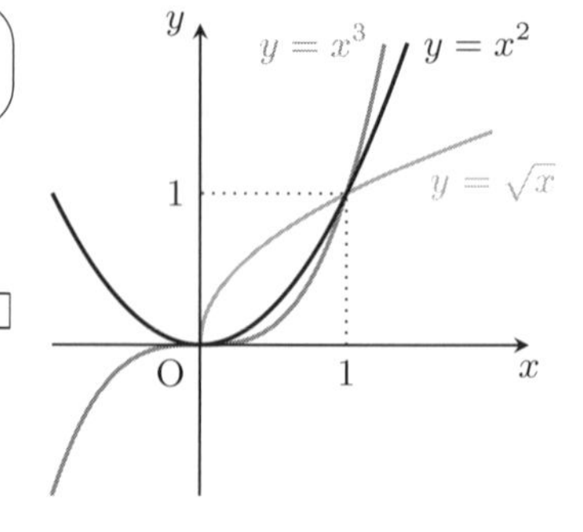

問 6 次の関数の導関数を定義に基づき求めよ．

(1) x^3 (2) $\sqrt{x}$ (ただし，$x>0$)

---

7) $\dfrac{df}{dx}$ は分数ではなく，「ディーエフ，ディーエックス」と上から読む．この記号に慣れておくと，微積分のさまざまな公式を理解しやすくなる．

例題 8. 関数 $\sin x$ の導関数を定義に基づき求めよ．

解　和積公式 (付録参照) により，

$$(\sin x)' = \lim_{h\to 0}\frac{\sin(x+h)-\sin x}{h}$$
$$= \lim_{h\to 0}\frac{2\cos\left(\frac{2x+h}{2}\right)\sin\frac{h}{2}}{h} = \lim_{h\to 0}\cos\left(\frac{2x+h}{2}\right)\cdot\frac{\sin\frac{h}{2}}{\frac{h}{2}} = \cos x$$

となる． □

● **問 7**　次の関数の導関数を定義に基づき求めよ．

(1) $\sin 3x$　　(2) $\cos x$

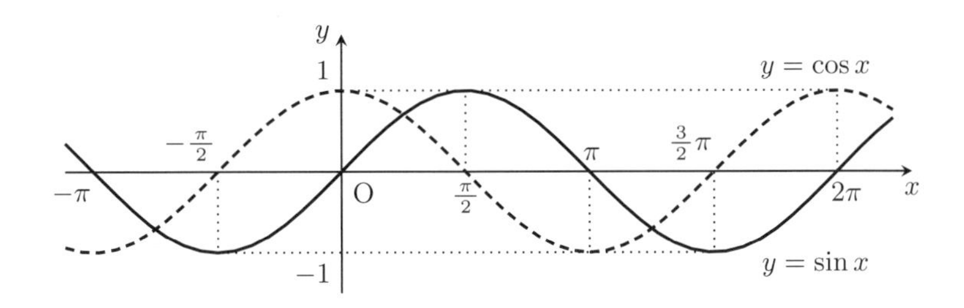

例題 9. 関数 e^x の導関数を定義に基づき求めよ．

解　$(e^x)' = \lim_{h\to 0}\frac{e^{x+h}-e^x}{h} = e^x\lim_{h\to 0}\frac{e^h-1}{h}$ となる．ここで，$t = e^h - 1$ とおくと，$h = \log(1+t)$ となる．$h \to 0$ のとき，$t \to 0$ となる．よって，

$$\lim_{h\to 0}\frac{e^h-1}{h} = \lim_{t\to 0}\frac{t}{\log(1+t)} = \lim_{t\to 0}\frac{1}{\log(1+t)^{\frac{1}{t}}} \overset{(*)}{=} \frac{1}{\log e} = 1$$

となる．$(*)$ でネイピア数の定義を用いた．したがって，$(e^x)' = e^x$ が得られる． □

● **問 8**　次の関数の導関数を定義に基づき求めよ．

(1) e^{-2x}　　(2) $\log x$

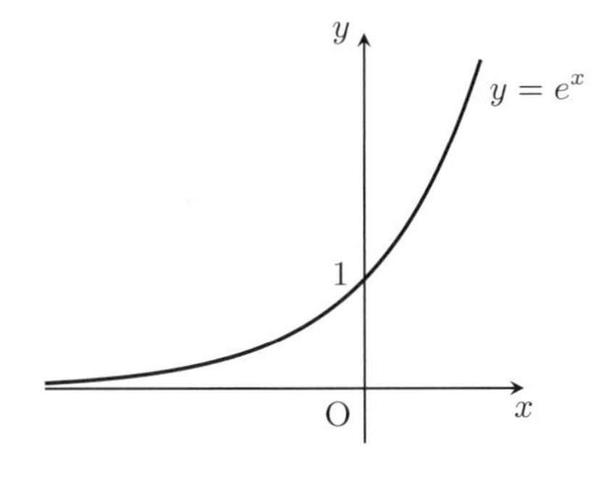

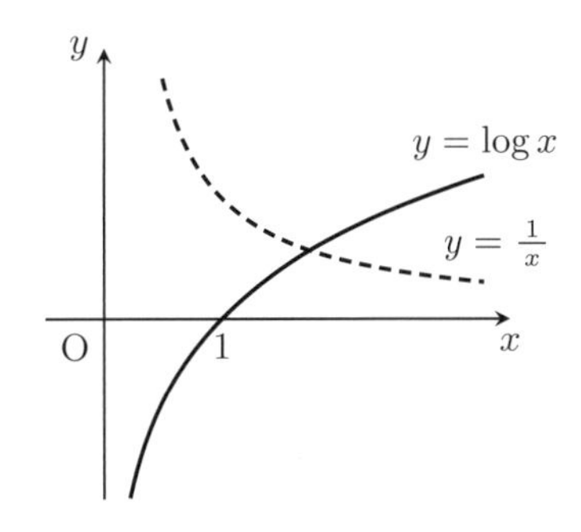

さまざまな微分公式

$f(x)$, $g(x)$ を微分可能な関数，α, β を定数とするとき，(2.1) を用いることにより，次の微分公式が得られる[8]．本節の最後と§8 問題5でこれらを証明する．

- **微分の線形性** $(\alpha f(x)+\beta g(x))' = \alpha f'(x)+\beta g'(x)$
- **積の微分公式** $(f(x)g(x))' = f'(x)g(x)+f(x)g'(x)$
- **商の微分公式** $\left(\dfrac{f(x)}{g(x)}\right)' = \dfrac{f'(x)g(x)-f(x)g'(x)}{(g(x))^2}$ （ただし $g(x)\neq 0$）
- **合成関数の微分公式** $(f(g(x)))' = f'(g(x))g'(x)$

ここで $f'(g(x))$ は，導関数 $\dfrac{df}{dt}(t)$ に $t=g(x)$ を代入した関数を表す[9]．§3で使い方を詳しく学ぶが，これらの公式や次の具体的な関数の導関数を公式として覚えて使いこなすことが重要である．

• **x^α の微分公式**： α を定数とする．α が負の整数のとき $x\neq 0$，α が整数以外の実数のとき $x>0$ とする．

$$(x^\alpha)' = \alpha x^{\alpha-1}$$

• **三角関数の微分公式**： $\tan x$ について，$\cos x\neq 0$ とする．

$$(\sin x)' = \cos x, \qquad (\cos x)' = -\sin x, \qquad (\tan x)' = \frac{1}{\cos^2 x}$$

• **指数関数，対数関数の微分公式**： $\log x$ について，$x>0$ とする．

$$(e^x)' = e^x, \qquad (\log x)' = \frac{1}{x}$$

本節ではこのうちいくつかの公式を証明した．§3で一般の x^α，$\tan x$，底が e とは限らない一般の指数関数，対数関数の微分公式を証明する．ほかに覚えて使いこなすことが重要な微分公式に，§4で学ぶ逆三角関数の微分公式がある．

---

8) 演算した後の関数が微分可能であることも含んでいる．

9) 変数に関数を代入することを**合成**という．§3で詳しく説明する．

関数の 1 次展開と 1 次近似式

関数 $f(x)$ が $x=a$ で微分可能であるとする．(2.1) で $x=b=a+h$ とすると，

$$f'(a)=\lim_{x\to a}\frac{f(x)-f(a)}{x-a} \tag{2.2}$$

となる．極限を用いずに (2.2) を表現するために，関数

$$R(x)=\begin{cases}\dfrac{f(x)-f(a)}{x-a}-f'(a) & (x\neq a),\\ 0 & (x=a)\end{cases}$$

を考える．(2.2) は $R(x)$ が $x=a$ で連続であることと同値である．このとき，

$$f(x)=f(a)+f'(a)(x-a)+R(x)(x-a) \tag{2.3}$$

が得られる．(2.3) を $f(x)$ の $x=a$ における **1 次展開**という．x の 1 次式

$$f_1(x)=f(a)+f'(a)(x-a)$$

を $f(x)$ の $x=a$ における **1 次近似式**という[10]．$R(x)(x-a)$ は $f(x)$ と 1 次近似式 $f_1(x)$ の間の誤差を表しており，これを**剰余項**という．

例題 10. 関数 $f(x)=x^2$ の $x=1$ における 1 次展開と 1 次近似式を求めよ．

解 例題 7 により $f'(x)=2x$ なので，$f(x)$ の $x=1$ における 1 次展開は

$$\begin{aligned}f(x)&=f(1)+f'(1)(x-1)+R(x)(x-1)\\&=1+2(x-1)+R(x)(x-1)\end{aligned} \tag{2.4}$$

となる．ただし，$R(x)$ は $R(1)=0$ を満たす $x=1$ で連続な関数である．また，1 次近似式は $f_1(x)=1+2(x-1)=2x-1$ となる[11]． □

例題 10 において，(2.4) を $R(x)$ について解くと，$x\neq 1$ のとき

$$R(x)=\frac{x^2-2x+1}{x-1}=x-1$$

となり，$R(1)=0$，すなわち $R(x)$ が $x=1$ で連続であることを具体的に確かめることができる．Part I では，1 次展開の剰余項の具体形について詳しく扱わない．

§ 5, 6 で高次の展開と近似，そしてそれらを用いた関数の性質の調べ方を学ぶ．

問 9 次の関数の与えられた点における 1 次展開と 1 次近似式を求めよ．

(1) x^3, $x=2$　　(2) e^x, $x=0$　　(3) $\sin x$, $x=-\dfrac{\pi}{3}$　　(4) $\sqrt{x}$, $x=1$

---

10) $f'(a)=0$ のとき $f_1(x)$ は 0 次式であるが，便宜上このようによぶ．

11) 1 次近似式を求めたら，$(x-a)$ の係数が定数で，$f_1(x)$ が x の 1 次式になっていることを確かめよう．

関数の1次展開と1次近似式の応用*

1次展開と1次近似式を用いて，微分可能な関数 $f(x)$ の性質を調べよう．

• **微分可能な関数の連続性：** (2.3) において，両辺の $x \to a$ における極限をとると，

$$\lim_{x \to a} f(x) = f(a)$$

が成り立つ．よって，$f(x)$ は $x = a$ で連続である．

微分可能な関数は連続関数である

• **接線の方程式：** $f(x)$ の $x = a$ における1次近似式

$$y = f(a) + f'(a)(x - a)$$

のグラフ ℓ は，曲線 $C\colon y = f(x)$ 上の点 $\mathrm{A}(a, f(a))$ における接線にほかならない．実際，C, ℓ 上の点 $\mathrm{B}(x, f(x)), \mathrm{D}(x, f_1(x))$ をとる．B から ℓ に垂線 BE を下ろすと，

$$0 \leqq \sin \angle \mathrm{BAD} = \frac{\mathrm{BE}}{\mathrm{AB}} \leqq \frac{|f(x) - f_1(x)|}{|x - a|} = |R(x)| \overset{x \to a}{\longrightarrow} 0$$

となる．はさみうちの原理により，$x \to a$ のとき $\sin \angle \mathrm{BAD} \to 0$ となる．特に，$\angle \mathrm{BAD}$ が 0 に近づく．このことは，点 B が点 A に近づいていくと曲線 C と直線 ℓ の見分けがつかなくなること，すなわち ℓ が A で C に接することをより正確に表している．

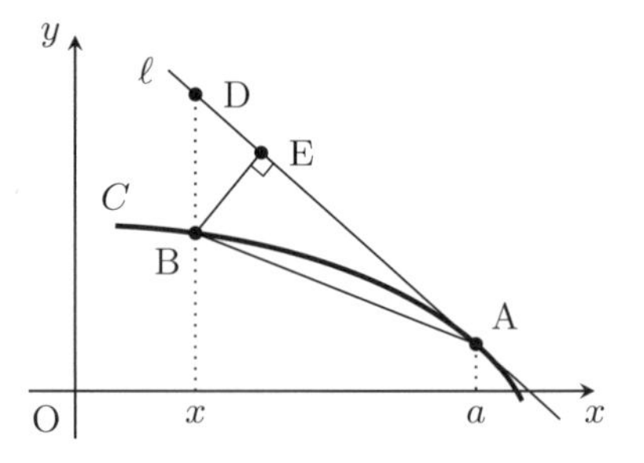

• **関数の近似値：** 1次近似式 $f_1(x)$ は $x = a$ の近くにおいて $f(x)$ の近似を表す．その近似の精度は，一般には x が a に近いほど良くなり，離れるほど悪くなる．

例題 11. $f(x) = \sqrt{x}$ の1次近似式を用いて，$\sqrt{1.01}$ の近似値を求めよ．

解 $f(x)$ の $x = 1$ における1次近似式は

$$\sqrt{x} = f(x) \fallingdotseq f_1(x) = f(1) + f'(1)(x - 1) = 1 + \frac{1}{2}(x - 1)$$

となる．$x = 1.01$ を代入すると，

$$\sqrt{1.01} \fallingdotseq f_1(1.01) = 1 + \frac{1}{2}(1.01 - 1) = 1.005$$

が得られる． □

微分公式の証明*

微分の演算公式を証明しよう．まず，$f(x)$, $g(x)$ が微分可能であるとき，次の極限等式が成り立つ：

$$f'(x) = \lim_{h\to 0}\frac{f(x+h)-f(x)}{h}, \qquad g'(x) = \lim_{h\to 0}\frac{g(x+h)-g(x)}{h}.$$

証明の考え方は，収束するこれらの式の右辺の形をうまく作り出すことである．

● **微分の線形性の証明：** α, β を定数とする．

$$\begin{aligned}(\alpha f(x)+\beta g(x))' &= \lim_{h\to 0}\frac{(\alpha f(x+h)+\beta g(x+h))-(\alpha f(x)+\beta g(x))}{h}\\ &= \alpha\lim_{h\to 0}\frac{f(x+h)-f(x)}{h}+\beta\lim_{h\to 0}\frac{g(x+h)-g(x)}{h}\\ &= \alpha f'(x)+\beta g'(x)\end{aligned}$$

● **積の微分公式の証明：** $g(x)$ は連続関数であることに注意する．

$$\begin{aligned}(f(x)g(x))' &= \lim_{h\to 0}\frac{f(x+h)g(x+h)-f(x)g(x)}{h}\\ &= \lim_{h\to 0}\frac{f(x+h)g(x+h)-f(x)g(x+h)+f(x)g(x+h)-f(x)g(x)}{h}\\ &= \lim_{h\to 0}\frac{f(x+h)-f(x)}{h}\cdot g(x+h)+f(x)\cdot\lim_{h\to 0}\frac{g(x+h)-g(x)}{h}\\ &= f'(x)g(x)+f(x)g'(x)\end{aligned}$$

● **1 次展開を用いた積の微分公式の証明：** $f(x)$, $g(x)$ の $x=a$ における 1 次展開

$$\begin{aligned}f(x) &= f(a)+f'(a)(x-a)+R(x)(x-a),\\ g(x) &= g(a)+g'(a)(x-a)+S(x)(x-a)\end{aligned}$$

($R(x)$, $S(x)$ は $R(a)=S(a)=0$ を満たす $x=a$ で連続な関数) を用いても，微分の演算公式を証明することができる．ここでは，積の微分公式を再証明しよう．

$$\begin{aligned}f(x)g(x) &= f(a)g(a)+g(a)(f'(a)+R(x))(x-a)+f(a)(g'(a)+S(x))(x-a)\\ &\quad+(f'(a)+R(x))(g'(a)+S(x))(x-a)^2\end{aligned}$$

となるので，$F(x)=f(x)g(x)$ とおくと，(2.2) により，

$$\begin{aligned}F'(a) &= \lim_{x\to a}\frac{f(x)g(x)-f(a)g(a)}{x-a}\\ &= \lim_{x\to a}\{g(a)(f'(a)+R(x))+f(a)(g'(a)+S(x))\\ &\qquad\qquad+(f'(a)+R(x))(g'(a)+S(x))(x-a)\}\\ &\overset{(*)}{=} f'(a)g(a)+f(a)g'(a)\end{aligned}$$

となる．$(*)$ で，$R(x)$, $S(x)$ が $x=a$ で連続で，$R(a)=S(a)=0$ であることを用いた．

● **問 10**　商の微分公式を証明せよ．

3. 導関数の計算

微分の線形性と積・商の微分公式

§2で学んだ微分公式を用いて，具体的な関数の導関数を求めよう．どの公式を用いればよいのかを判断できるように，関数を見る目を養うことが重要である．

例題 12. 微分公式を用いて，次の関数を微分せよ．

(1) $f(x)=\dfrac{2}{x^4}-3x\sqrt[3]{x}$　(2) $f(x)=x^2e^x$　(3) $f(x)=\dfrac{x}{x^2+1}$

考え方：(1)では微分の線形性を用いて，定数倍，和，差を微分の外に出す．(2)では積の微分公式を用いる．(3)では商の微分公式を用いる．

解　(1) $f'(x)=2\left(x^{-4}\right)'-3\left(x^{\frac{4}{3}}\right)'=2\left(-4x^{-5}\right)-3\cdot\dfrac{4}{3}x^{\frac{1}{3}}=-\dfrac{8}{x^5}-4\sqrt[3]{x}$

(2) $f'(x)=\left(x^2\right)'e^x+x^2\left(e^x\right)'=2xe^x+x^2e^x$

(3) $f'(x)=\dfrac{(x)'\left(x^2+1\right)-x\left(x^2+1\right)'}{(x^2+1)^2}=\dfrac{x^2+1-x\cdot 2x}{(x^2+1)^2}=\dfrac{1-x^2}{(x^2+1)^2}$　□

問 11　微分公式を用いて，次の関数を微分せよ．

(1) $(x^2+2)(2x-3)$　(2) $2\sqrt[3]{x}+\dfrac{3}{x^2}$　(3) $\sqrt{x}(x^3-4)$　(4) $x\cos x$　(5) $e^x\sin x$

(6) $x^3\log x$　(7) $\dfrac{3x-2}{x+4}$　(8) $\dfrac{\sin x}{x}$　(9) $\dfrac{e^x}{e^x+1}$　(10) $\tan x$

導関数の計算においては，公式の覚え間違いによるミスが起こりやすいので注意しよう．積 $f(x)g(x)$ の微分においては，一方のみを微分して和をとる．このことは3つ以上の関数の積においても同様である．例えば，$f(x)=x^2e^x\sin x$ を微分するとき，はじめに x^2e^x を1つの関数として積の微分公式を用いて，その後 $\left(x^2e^x\right)'$ に積の微分公式を用いると，

$$
\begin{aligned}
f'(x)&=(x^2e^x)'\sin x+x^2e^x(\sin x)'\\
&=\left\{(x^2)'e^x+x^2(e^x)'\right\}\sin x+x^2e^x(\sin x)'\\
&=(x^2)'e^x\sin x+x^2(e^x)'\sin x+x^2e^x(\sin x)'\\
&=2xe^x\sin x+x^2e^x\sin x+x^2e^x\cos x
\end{aligned}
$$

となる．はじめに $e^x\sin x$ や $x^2\sin x$ を1つの関数として積の微分公式を用いても同じ結果となる．すなわち，“1つの関数のみを微分して，残りをそのままにする”を繰り返して和をとればよい．

合成関数の微分公式

関数 $y = f(t)$ の変数 t に関数 $t = g(x)$ を代入して得られた新しい関数 $y = f(g(x))$ を，$f(t)$ と $g(x)$ の**合成関数**という．これは複雑な関数を分解して考えるときに役立つ．合成関数の導関数を，次の公式で計算することができる (§ 8 問題 5 参照)：

$$(f(g(x)))' = f'(g(x))g'(x),$$
$$\frac{dy}{dx} = \frac{dy}{dt}\frac{dt}{dx}$$

ここで $f'(g(x))$ は導関数 $\dfrac{df}{dt}(t)$ に $t = g(x)$ を代入した関数を表す．微分記号 $\dfrac{dy}{dx}$ は分数ではないが，これをあたかも分数のように扱うと，合成関数の微分公式は，右辺において dt が約分されて左辺と等しくなるという形をしている．

例えば，関数 $y = (2x+1)^{10}$ を微分しよう．式を展開して微分すると，手間がかかる．$t = 2x+1$ とおくと，

$$y = (2x+1)^{10} = t^{10}$$

となり，関数のみかけが簡単になる．このとき，合成関数の微分公式により

$$\frac{dy}{dx} = \frac{dy}{dt}\frac{dt}{dx} = 10t^9 \cdot 2 = 20(2x+1)^9$$

となる．または，

$$f(t) = t^{10}, \quad t = g(x) = 2x+1$$

とおくと，合成して $f(g(x)) = (2x+1)^{10}$ となるので，

$$\left((2x+1)^{10}\right)' = \left(f(g(x))\right)' = f'(g(x))g'(x) = 10(2x+1)^9 \cdot 2 = 20(2x+1)^9$$

と考えてもよい．複雑な関数を微分するときには，うまく塊をみつけて関数をより簡単なみかけの関数に見直すことが重要である．

例題 13. 合成関数の微分公式を用いて，次の関数を微分せよ．

(1) $\sin 5x$　　(2) $\sin^3 x$

考え方：(1) $y = f(t) = \sin t$, $t = g(x) = 5x$，(2) $y = f(t) = t^3$, $t = g(x) = \sin x$ と考える．

解　(1) $(\sin 5x)' = \cos 5x \cdot (5x)' = \cos 5x \cdot 5 = 5\cos 5x$

(2) $\left((\sin x)^3\right)' = 3(\sin x)^2 \cdot (\sin x)' = 3\sin^2 x \cos x$ □

問 12 合成関数の微分公式を用いて，次の関数を微分せよ．

(1) $(3x+1)^{50}$ (2) e^{-4x+2} (3) $\sin(5x-3)$ (4) $\log(1-2x)$ (5) $\sqrt{x+2}$

(6) $\cos 4x$ (7) $\dfrac{1}{(3x^2+2)^7}$ (8) e^{x^2} (9) $\sin(x^3-4x)$ (10) $\log\left(x^2+1\right)$

(11) $\cos^3 x$ (12) $\left(\dfrac{x+3}{x+4}\right)^{\frac{1}{3}}$ (13) $\log(\cos x)$ (14) $e^{-2x}\cos 3x$

次に，$z=\sin\bigl((2x+1)^{10}\bigr)$ を微分しよう．$y=(2x+1)^{10}, t=2x+1$ とおくと，

$$z=\sin\bigl((2x+1)^{10}\bigr)=\sin y, \qquad y=(2x+1)^{10}=t^{10}$$

となる．このとき，合成関数の微分公式を繰り返し用いると，

$$\begin{aligned}\frac{dz}{dx}=\frac{dz}{dy}\frac{dy}{dx}=\frac{dz}{dy}\frac{dy}{dt}\frac{dt}{dx}&\\ &=\cos y\cdot 10t^9\cdot 2\\ &=20(2x+1)^9\cos\bigl((2x+1)^{10}\bigr)\end{aligned}$$

となる．または，

$$F(y)=\sin y, \quad y=f(t)=t^{10}, \quad t=g(x)=2x+1$$

とおくと，合成して $F(f(g(x)))=\sin\bigl((2x+1)^{10}\bigr)$ となるので，

$$\begin{aligned}\bigl(\sin\left((2x+1)^{10}\right)\bigr)'&=\bigl(F(f(g(x)))\bigr)'\\ &=F'\left(f(g(x))\right)\left(f(g(x))\right)'\\ &=F'\left(f\left(g(x)\right)\right)f'(g(x))g'(x)\\ &=\cos\left((2x+1)^{10}\right)\cdot 10(2x+1)^9\cdot 2\\ &=20(2x+1)^9\cos\left((2x+1)^{10}\right)\end{aligned}$$

と考えてもよい．玉ねぎの皮を剥くように，関数を外側から少しずつ簡単にしていくイメージをもつと，関数の合成の構造を見抜きやすい．

例題 14. 合成関数の微分公式を用いて，関数 $\sin^3 5x$ を微分せよ．

解
$$\begin{aligned}\left((\sin 5x)^3\right)'&=3\left(\sin 5x\right)^2\left(\sin 5x\right)'\\ &=3\left(\sin 5x\right)^2\left(\cos 5x\right)\left(5x\right)'\\ &=3\sin^2 5x\cos 5x\cdot 5=15\sin^2 5x\cos 5x\end{aligned}$$
□

問 13 合成関数の微分公式を用いて，次の関数を微分せよ．

(1) $\sin\bigl((x^2-1)^5\bigr)$ (2) $\cos^2\left(x^4\right)$ (3) $e^{(x^2+1)^2}$ (4) $\log(\sin 3x)$

対数微分法

複雑な形の関数の導関数を求めるとき，対数をとり，合成関数の微分公式を用いるとうまく計算できる場合がある．これを**対数微分法**という．

例題 15. 関数 $f(x) = x^x$ $(x > 0)$ を微分せよ．

解　両辺の自然対数をとると，

$$\log f(x) = \log x^x = x \log x$$

となる．両辺を x で微分すると，左辺は合成関数，右辺は積の微分公式により

$$\frac{f'(x)}{f(x)} = \log x + x\frac{1}{x} = \log x + 1$$

となる．したがって，

$$f'(x) = f(x)(\log x + 1) = x^x(\log x + 1)$$

が得られる． □

問 14　対数微分法を用いて，次の関数を微分せよ．ただし，α は定数とする．

(1) $f(x) = x^\alpha$　$(x > 0)$　(2) $f(x) = x^{\sin x}$　$(x > 0)$　(3) $f(x) = \dfrac{(x+1)^4}{(x-1)^2(x+2)^3}$

一般の指数・対数関数の微分

底が e とは限らない指数関数 a^x と対数関数 $\log_a x$ の導関数を求めよう．まず，指数関数 a^x $(a > 0)$ を微分する．対数の定義により，

$$a^x = e^{\log a^x} = e^{x \log a}$$

なので，合成関数の微分公式により

$$(a^x)' = \left(e^{x \log a}\right)' = e^{x \log a} \log a = a^x \log a$$

が得られる[12]．次に，対数関数 $\log_a x$ $(a > 0,\ a \neq 1,\ x > 0)$ を微分する．対数の底の変換公式 (付録参照) により，$\log_a x = \dfrac{\log x}{\log a}$ なので，

$$(\log_a x)' = \left(\frac{\log x}{\log a}\right)' = \frac{1}{\log a}\frac{1}{x}$$

が得られる．このように，底が e でない指数関数や対数関数の導関数は，対数の性質を用いることで容易に計算することができる．それらの微分公式を覚えるのではなく，計算方法を身につけることが重要である．

---

12)　対数微分法を用いて計算することもできる．

数学トピックス：さまざまな曲線

高等学校で「平面上の曲線」を学んでいない読者は，§ 4 の前にここを読むとよい.

xy 平面において，2 定点 A, B からの距離の和が一定である点の軌跡を**楕円**という．$a > c > 0$ とし，$\mathrm{A}(-c, 0)$, $\mathrm{B}(c, 0)$ とする．$\mathrm{P}(x, y)$ に対して，

$$\mathrm{AP} + \mathrm{BP} = 2a$$

を満たす点 P の軌跡，すなわち楕円の方程式は

$$\frac{x^2}{a^2} + \frac{y^2}{b^2} = 1$$

である．ただし，$b = \sqrt{a^2 - c^2}$ である．この楕円は円 $x^2 + y^2 = 1$ を x 軸方向に a 倍，y 軸方向に b 倍引き伸ばした図形である．A, B をこの楕円の**焦点**という．

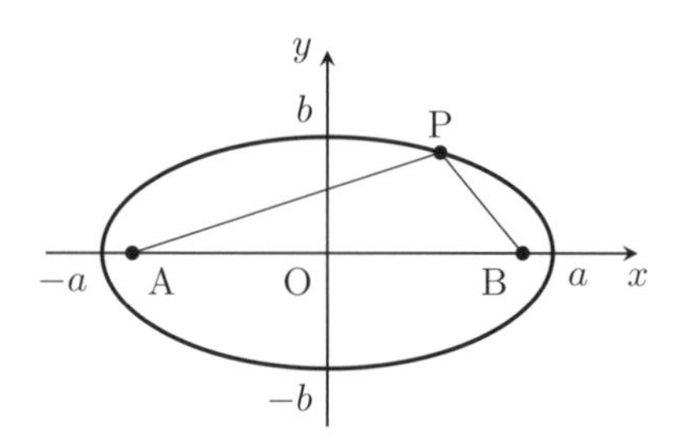

楕円とその焦点

また，xy 平面において，2 定点 A, B からの距離の差が一定である点の軌跡を**双曲線**という．$c > a > 0$ とし，$\mathrm{A}(-c, 0)$, $\mathrm{B}(c, 0)$ とする．$\mathrm{P}(x, y)$ に対して，

$$|\mathrm{AP} - \mathrm{BP}| = 2a$$

を満たす点 P の軌跡，すなわち双曲線の方程式は

$$\frac{x^2}{a^2} - \frac{y^2}{b^2} = 1$$

である．ただし，$b = \sqrt{c^2 - a^2}$ である．この双曲線は原点から離れていくと次第に直線 $\ell_\pm\colon y = \pm\dfrac{b}{a}x$ に近づいていく．$\ell_\pm$ をこの双曲線の**漸近線**という．また，A, B をこの双曲線の**焦点**という．

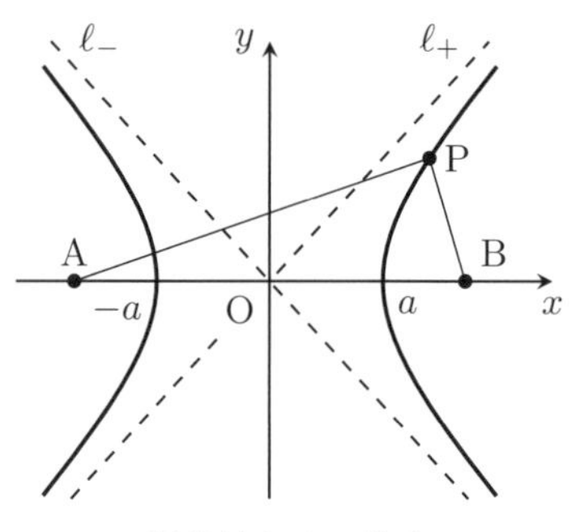

双曲線とその焦点

楕円，双曲線，放物線をまとめて **2 次曲線**という．2 次曲線は，円錐の頂点を通らない平面による切断面に現れることが知られており，**円錐曲線**ともよばれる．母線に平行な平面による切り口が放物線となり，それよりも浅い傾きの平面による切り口は楕円 (特に水平な場合は円)，深い傾きの平面による切り口は双曲線となる．『線形代数学 30 講』で一般的な 2 次曲線の分類について説明されている．

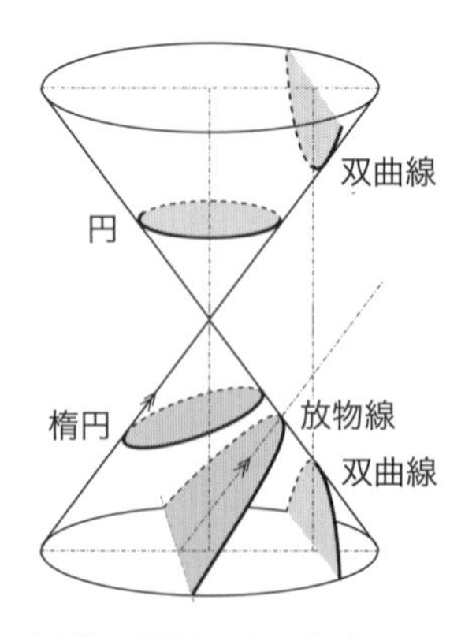

円錐の平面による切り口

次に，方程式以外に曲線を式で表す方法について考えよう．例えば，単位円 $x^2+y^2=1$ 上の点 $\mathrm{P}(x,y)$ は線分 OP と x 軸の正の向きとのなす角 θ を用いて，

$$x=\cos\theta, \qquad y=\sin\theta$$

と表される．例えば y は θ を媒介して x に関係付けられている．特に，$y \geqq 0$ と指定すれば，

$$y=\sin\theta=\sqrt{1-\cos^2\theta}=\sqrt{1-x^2}$$

となり，y は x についての関数となる．

単位円

一般に，xy 平面内の曲線 C 上の点 (x,y) が t の関数

$$x=F(t), \qquad y=G(t)$$

で表されているとき，これを C の媒介変数表示といい，t を**媒介変数**という[a]．重要な曲線の媒介変数表示を以下にあげる．ただし，a, b を正の定数，θ を媒介変数とする．コンピュータなどを用いて曲線を描いてみるとよい．

- **楕　円**：

$$x=a\cos\theta, \qquad y=b\sin\theta$$

- **双曲線**：

$$x=\frac{a}{\cos\theta}, \qquad y=b\tan\theta$$

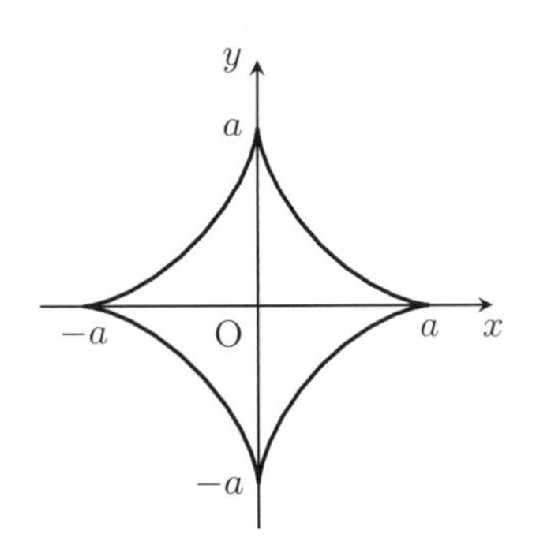

アステロイド

- **サイクロイド** (図は p.71 を参照)：

$$x=a(\theta-\sin\theta), \qquad y=a(1-\cos\theta)$$

- **アステロイド**：

$$x=a\cos^3\theta, \qquad y=a\sin^3\theta$$

- **リサージュ曲線**：

$$x=\sin a\theta, \qquad y=\sin b\theta$$

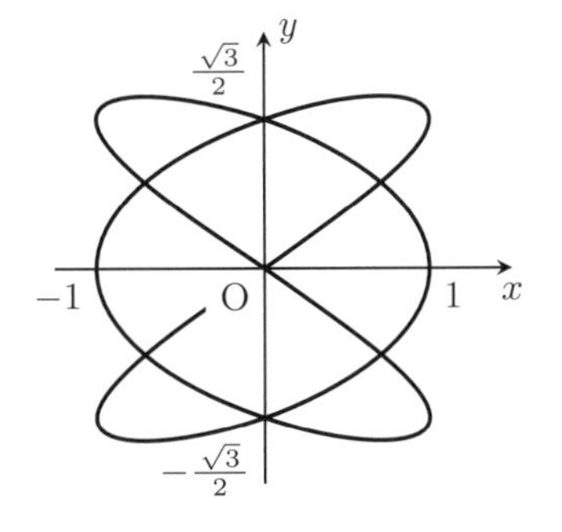

リサージュ曲線 ($a=3$, $b=2$)

a) 媒介変数や，変数のようにも扱う定数のことを，総称して**パラメータ**という．

4. 逆関数とその微分

逆関数とその微分

関数 $y = f(x)$ とは，x に対して y を対応させる規則である．y に対して $y = f(x)$ となる x がただ1つであるとき，y に x を対応させる規則も関数 $x = g(y)$ となる[13)]：

$$y = f(x) \qquad \Longleftrightarrow \qquad x = g(y).$$

この $g(y)$ の y を x に替えたものを $f(x)$ の**逆関数**といい，$f^{-1}(x)$ で表す[14)]．$x = g(y)$ のグラフは $y = f(x)$ のグラフそのものであり，x と y を入れ替えた逆関数 $y = f^{-1}(x)$ のグラフは $y = f(x)$ のグラフと直線 $y = x$ に関して対称となる．

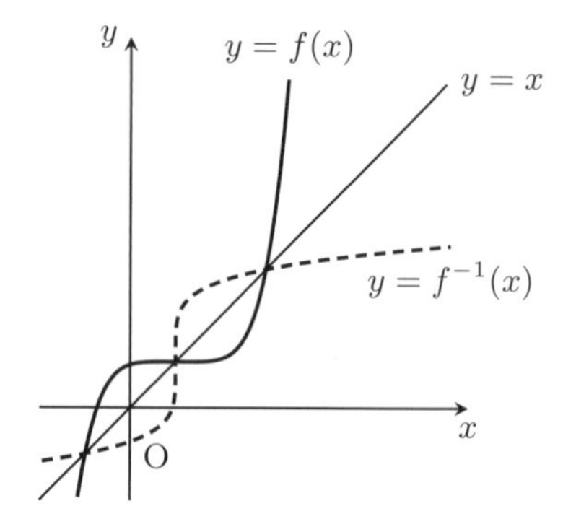

逆関数のグラフ

例題 16. 関数 $f(x) = e^x$ の逆関数を求めよ．

解　$y = e^x$ を x について解くと $x = \log y$ となるので，逆関数は $f^{-1}(x) = \log x$ である．　□

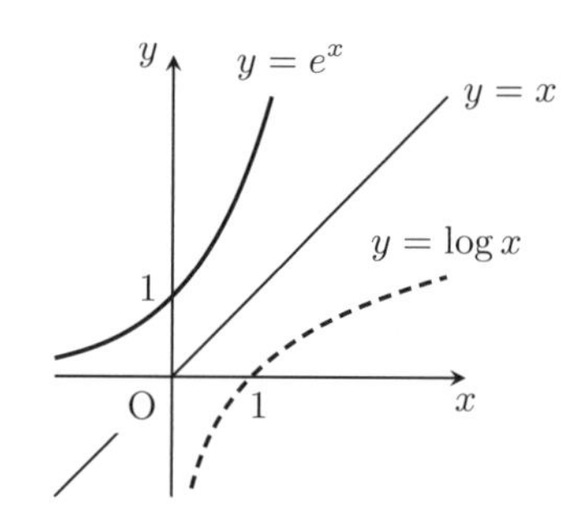

● **問 15**　次の関数の逆関数を求めよ．

(1) $f(x) = 3x + 1$　　(2) $f(x) = x^2 - 2$ (ただし，$x \geqq 0$)　　(3) $f(x) = x^3$

例題 17. 指数関数と合成関数の微分公式を用いて，$\log x$ を微分せよ．

解　$y = \log x$ とおくと，$e^y = x$ である．両辺を x で微分すると，y は x の関数なので，合成関数の微分公式により

$$e^y y' = 1$$

となる．したがって，

$$(\log x)' = y' = \frac{1}{e^y} = \frac{1}{x}$$

が得られる．　□

---

13)　$x = g(y)$ を求めることは，$y = f(x)$ を x について解くことに対応する．

14)　逆関数 $f^{-1}(x)$ と逆数 $f(x)^{-1} = \dfrac{1}{f(x)}$ を混同しないように注意しよう．

逆関数の微分公式と媒介変数表示された関数の微分

関数 $y=f(x)$ の逆関数 $y=f^{-1}(x)$ の x と y を入れ替えたものを $x=g(y)$ とする．x と y の役割が例題 17 と逆であることに注意しよう．$f(x), g(y)$ が微分可能であるとき，$x=g(y)$ の両辺を x で微分すると，合成関数の微分公式により，

$$1=g'(y)y'=\frac{dx}{dy}\frac{dy}{dx}$$

となる．したがって，次の逆関数の微分公式が得られる：

$$\frac{dx}{dy}=\frac{1}{\frac{dy}{dx}}$$

また，曲線の媒介変数表示 $x=F(t), y=G(t)$ において，F の逆関数 F^{-1} が存在して，y が $y=G(F^{-1}(x))$ と表されるとしよう．$F(t), G(t)$ が微分可能であるとき，y の x による導関数は，合成関数と逆関数の微分公式により，

$$\frac{dy}{dx}=\frac{dy}{dt}\frac{dt}{dx}=\frac{\frac{dy}{dt}}{\frac{dx}{dt}}=\frac{G'(t)}{F'(t)}$$

となり，媒介変数 t を消去しなくても，それぞれの表示の導関数の比で得られる．

例題 18. 楕円 $x=3\cos\theta, y=2\sin\theta$ に対して，導関数 $\dfrac{dy}{dx}$ を θ を用いて表せ．

解 媒介変数表示された関数の微分公式により，

$$\frac{dy}{dx}=\frac{\frac{dy}{d\theta}}{\frac{dx}{d\theta}}=\frac{2\cos\theta}{-3\sin\theta}=-\frac{2}{3\tan\theta}$$

となる． □

例題 18 において，$\cos^2\theta+\sin^2\theta=1$ を用いて θ を消去し，y を x で表すと $y=\pm 2\sqrt{1-\left(\frac{x}{3}\right)^2}$ となる．例えば $y>0$ のとき，

$$\frac{dy}{dx}=-\frac{2x}{9\sqrt{1-\left(\frac{x}{3}\right)^2}}=-\frac{4x}{9y}=-\frac{2\cos\theta}{3\sin\theta}=-\frac{2}{3\tan\theta}$$

となり，2 つの方法による微分が等しいことを具体的に確かめることができる．$y<0$ のときも同様である．

● **問 16** 次の媒介変数表示で表された曲線に対して，導関数 $\dfrac{dy}{dx}$ を θ を用いて表せ．

(1) $x=\theta-\sin\theta,\ y=1-\cos\theta$　　(2) $x=\cos^3\theta,\ y=\sin^3\theta$

逆三角関数とその微分

指数関数 e^x と対数関数 $\log x$ は互いに逆関数の関係であった．今度は，三角関数 $\sin x$, $\cos x$, $\tan x$ の逆関数を考えよう．三角関数は周期関数であり，関数の値が y となる x が無数に存在する．そこで，x の値が 1 つに定まるように x の範囲を制限して逆関数を考える[15]．

• **逆正弦関数**：正弦関数 $y = \sin x$ $\left(-\frac{\pi}{2} \leqq x \leqq \frac{\pi}{2}\right)$ の逆関数を**逆正弦関数**といい，

$$y = \boxed{\sin^{-1} x} \quad \text{または} \quad y = \boxed{\arcsin x} \qquad \left(-1 \leqq x \leqq 1,\ -\frac{\pi}{2} \leqq y \leqq \frac{\pi}{2}\right)$$

で表す[16]．すなわち，$y = \arcsin x$ とは $\sin y$ の値が x となる角度 y のことである．

• **逆余弦関数**：余弦関数 $y = \cos x$ $(0 \leqq x \leqq \pi)$ の逆関数を**逆余弦関数**といい，

$$y = \boxed{\cos^{-1} x} \quad \text{または} \quad y = \boxed{\arccos x} \qquad (-1 \leqq x \leqq 1,\ 0 \leqq y \leqq \pi)$$

で表す．すなわち，$y = \arccos x$ とは $\cos y$ の値が x となる角度 y のことである．

• **逆正接関数**：正接関数 $y = \tan x$ $\left(-\frac{\pi}{2} < x < \frac{\pi}{2}\right)$ の逆関数を**逆正接関数**といい，

$$y = \boxed{\tan^{-1} x} \quad \text{または} \quad y = \boxed{\arctan x} \qquad \left(x \in \mathbb{R}\ (\text{実数全体}),\ -\frac{\pi}{2} < y < \frac{\pi}{2}\right)$$

で表す．すなわち，$y = \arctan x$ とは $\tan y$ の値が x となる角度 y のことである．

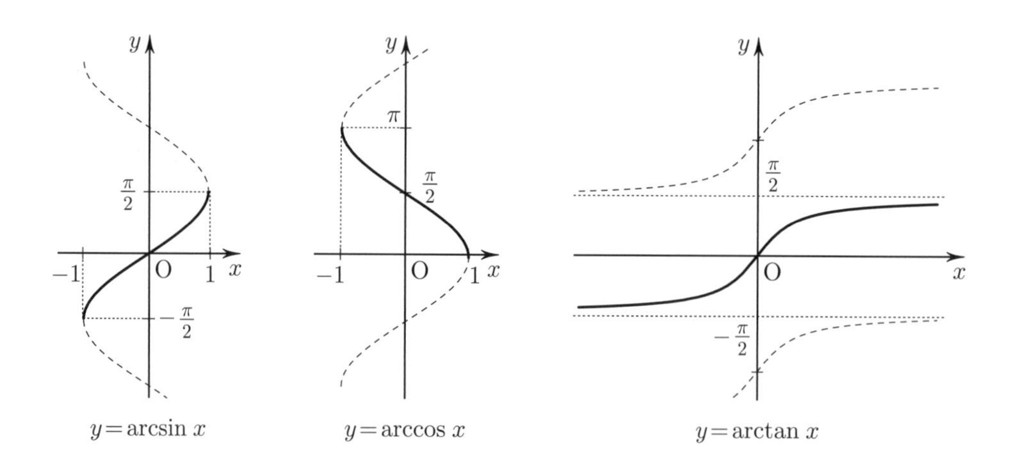

$y = \arcsin x$　　$y = \arccos x$　　$y = \arctan x$

---

15)　それぞれの値の制限の仕方を，図をよく見て間違えないように覚えることが重要である．本書で説明する値域が $0 \leqq y < \frac{\pi}{2}$ を含む値のとり方を，逆三角関数の**主値**という．

16)　本書では，逆数との混乱を避けるため，逆三角関数を arc を用いて表す．例えば arcsin は「アークサイン」と読む．arc は弧を意味する．これは，弧度法において扇形の中心角と円弧の長さが対応していることに由来している．

例題 19. $\arccos\dfrac{1}{2}$ の値を求めよ．

解 $y = \arccos\dfrac{1}{2}$ とおくと，$\cos y = \dfrac{1}{2}$ である．$0 \leqq y \leqq \pi$ により，$y = \dfrac{\pi}{3}$ である． □

問 17 次の値を求めよ．

(1) $\arcsin 0$ (2) $\arccos(-1)$ (3) $\arcsin\left(-\dfrac{1}{2}\right)$ (4) $\arctan 1$

例題 20. 合成関数の微分公式を用いて，$\arcsin x$ $(-1 < x < 1)$ を微分せよ．

解 $y = \arcsin x$ とおくと，$\sin y = x$ である．$-1 < x < 1$ により，$-\dfrac{\pi}{2} < y < \dfrac{\pi}{2}$ である．合成関数の微分公式により

$$(\cos y)y' = 1$$

となる．$-\dfrac{\pi}{2} < y < \dfrac{\pi}{2}$ により，$\cos y > 0$ であることに注意すると，

$$(\arcsin x)' = y' = \frac{1}{\cos y} = \frac{1}{\sqrt{1-\sin^2 y}} = \frac{1}{\sqrt{1-x^2}}$$

が得られる． □

問 18 三角関数と合成関数の微分公式により，次の等式を証明せよ．

(1) $(\arccos x)' = -\dfrac{1}{\sqrt{1-x^2}}$ $(-1 < x < 1)$ (2) $(\arctan x)' = \dfrac{1}{1+x^2}$

逆三角関数の微分公式を覚えて使いこなすことが重要であるので，次にまとめておく．ただし，$\arcsin x$, $\arccos x$ について，$-1 < x < 1$ とする．

$$(\arcsin x)' = \frac{1}{\sqrt{1-x^2}}, \quad (\arccos x)' = -\frac{1}{\sqrt{1-x^2}}, \quad (\arctan x)' = \frac{1}{1+x^2}$$

問 19 微分公式を用いて，次の関数を微分せよ．

(1) $x\sqrt{1-x^2} + \arcsin x$ (2) $x\arctan x - \dfrac{1}{2}\log(1+x^2)$ (3) $\arcsin\left(\dfrac{x-2}{3}\right)$

(4) $\arctan\left(\dfrac{2x-1}{\sqrt{3}}\right)$ (5) $\arcsin(x^2)$ (6) $\arctan\dfrac{1}{x}$ (7) $(\arccos x)^2$

数学トピックス： ε-δ 論法

高等学校においても本書においても，極限

$$\lim_{x \to a} f(x) = A \tag{4.1}$$

の“定義”は，

x が a に限りなく近づくとき，$f(x)$ の値が A に近づく

ことであった．これは感覚的でわかりやすいのかもしれないが，数式の定義を日本語で行い，さらには“限りなく近い”などと，どのくらい近いのかを曖昧に表現していて，これに違和感を覚える読者もいるかもしれない．実は，これは極限の厳密な定義ではない．それゆえに，このままでは極限の基本的な性質を証明することはできない．高等学校で極限の基本的な性質の証明がなされない理由がここにある．

専門的な数学には，不等式と論理を用いて曖昧な表現である“近い”を説明する **ε-δ 論法** (イプシロン–デルタ論法) という方法がある．その基本的な考え方は，近さを表す尺度を数値化して表現することである．

例えば，極限等式

$$\lim_{x \to 3} x^2 = 9 \tag{4.2}$$

でその考え方を説明しよう．この日本語による“定義”は

x が 3 に限りなく近づくとき，x^2 の値が 9 に近づく

である．そこで，近さを表す尺度を具体的に 0.1 としてみよう．すなわち，x^2 が 9 に“近い”ことを

$$8.9 < x^2 < 9.1$$

を満たすことと定義するのである．この定義の下では，例えば 8.91 や 9.05 は 9 に“近い”が，8.89 や 9.11 は 9 に“近くない”．もちろん，いつでも x^2 が 9 に“近い”とは限らないので，不等式の解を $x > 0$ の範囲で求めると，

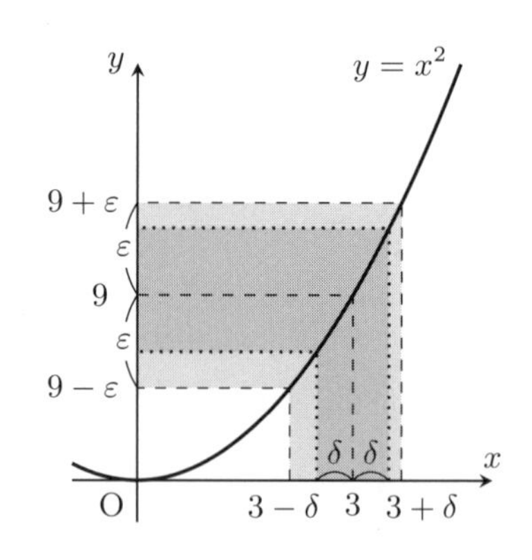

$$\sqrt{8.9} < x < \sqrt{9.1}$$

が得られる．$\sqrt{8.9} \fallingdotseq 2.983$, $\sqrt{9.1} \fallingdotseq 3.016$ なので，少し範囲を絞ることで，

$$2.99 < x < 3.01\ (x \neq 3)\ \text{ならば，}\ 8.9 < x^2 < 9.1$$

が成り立つ．$2.99 < x < 3.01$ は x が 3 に“近い”ことを表している．すなわち，

$$0 < |x - 3| < 0.01\ (x\ \text{が 3 に近い})\ \text{ならば，}\ |x^2 - 9| < 0.1\ (x^2\ \text{が 9 に近い})$$

となる．

これで，極限等式を数式と論理を用いて概ね表現できた．もちろん，近さを表す尺度を 0.1 でなく，0.01 としたい読者もいるだろう．そこで，万人の尺度に対応するために，これを文字 ε でおき，正の数を何でも代入できる状態にしておく[a]．不等式 $9-\varepsilon < x^2 < 9+\varepsilon$ を解くたびに，必要ならば少し範囲を絞ることで，3 の近くを表す範囲 $3-\delta < x < 3+\delta$ が求まるであろう．したがって，極限等式 (4.2) は次の命題で表される：

任意の $\varepsilon > 0$ に対して，$\delta > 0$ が存在して，$0 < |x-3| < \delta$ を満たす
任意の x に対して，$|x^2-9| < \varepsilon$ が成り立つ．

これが (4.2) の厳密な定義である．

では，(4.2) を ε-δ 論法によるこの厳密な定義の下で証明してみよう．問題は，ε に対して，$|x^2-9| < \varepsilon$ を満たす x の範囲を 3 の近くで求めること，すなわち δ を求めることである．条件を利用して解くべき不等式を簡単にすることで，具体的に不等式を解かなくても δ を求めることができる．

(4.2) の証明： 任意に $\varepsilon > 0$ をとる．$0 < \delta < 1$ と考えてよい[b]ので，

$$|x^2-9| = |x-3||x+3| = |x-3||(x-3)+6| < \delta(\delta+6) < \delta\cdot 7$$

が成り立つ．したがって，$\delta = \dfrac{\varepsilon}{7} > 0$ とおくと，

$$0 < |x-3| < \delta \quad \text{のとき} \quad |x^2-9| < 7\delta = \varepsilon$$

が成り立つ． □

一般の極限等式 (4.1) の ε-δ 論法による厳密な定義は，

任意の $\varepsilon > 0$ に対して，$\delta > 0$ が存在して，$0 < |x-a| < \delta$ を満たす
任意の x に対して，$|f(x)-A| < \varepsilon$ が成り立つ

となる．極限等式を証明することは，ε に対して，不等式 $|f(x)-A| < \varepsilon$ を満たす x の範囲を表す δ を 1 つ求める問題に読み替えられる．ε や δ は近さを表す尺度であり，ε は任意の正の数であることや ε と δ の関係が，“限りなく近づく” という動き (収束の速さ) をも表している．極限という数学概念をひとたび数式と論理を用いて厳密に定義すれば，極限と演算の関係はもちろん，例えば

- $f(x) > 0$ のとき，$\lim_{x\to a} f(x) > 0$ とは限らず，$\lim_{x\to a} f(x) \geqq 0$ となる
- $0.99999\cdots = 1$

など，一見すると直観にあわない不思議な性質も，数式と論理を組み合わせて証明し，論理的に理解することができるようになる．本書ではこれ以上深入りしないが，興味をもった読者はより専門的な数学の書籍を手にするとよいだろう．

a) ε は x^2 と 9 の間の誤差 (error) の頭文字に由来している．
b) δ は x と 3 の近さを表す尺度なので，小さい正の値のみを考えればよい．

5. 高次導関数

高次導関数

関数 $f(x)$ の導関数 $f'(x)$ がさらに微分可能であるとき，$f'(x)$ の導関数を $f(x)$ の**第 2 次導関数**といい，$f''(x)$ や $\dfrac{d^2 f}{dx^2}(x)$ で表す[17]．一般に，関数 $f(x)$ が n 回微分可能であるとき，$f(x)$ を n 回微分して得られる関数を $f(x)$ の**第 n 次導関数**といい，$f^{(n)}(x)$ や $\dfrac{d^n f}{dx^n}(x)$ で表す[18]．$f(x)$ が何回でも微分可能であるとき，$f(x)$ は**無限回微分可能**であるという．Part I では以降特に断らない限りこのような関数のみを扱う．

例題 21. 関数 $f(x) = \sin x$ の第 n 次導関数を求めよ．

解 $f'(x) = \cos x$, $f''(x) = -\sin x$, $f'''(x) = -\cos x$, $f^{(4)}(x) = \sin x$ により，

$$f^{(n)}(x) = \sin\left(x + \frac{n\pi}{2}\right) \qquad (n = 1, 2, 3, \ldots) \tag{5.1}$$

と推測できる．これを数学的帰納法で証明する．

(i) $n = 1$ のとき，$f^{(1)}(x) = \cos x = \sin\left(x + \dfrac{\pi}{2}\right)$ により，(5.1) が成り立つ．

(ii) $n = k$ のとき，(5.1) が成り立つと仮定する．$n = k + 1$ のとき，

$$f^{(k+1)}(x) = \left(f^{(k)}(x)\right)' = \left(\sin\left(x + \frac{k\pi}{2}\right)\right)' = \cos\left(x + \frac{k\pi}{2}\right) = \sin\left(x + \frac{(k+1)\pi}{2}\right)$$

となり，(5.1) が成り立つ．

(i), (ii) により，すべての自然数 n に対して，(5.1) が成り立つ． □

第 n 次導関数を求めるときには，結果を推測してそれを数学的帰納法で証明することが多い．ただし，明らかに推測が正しいときなど，数学的帰納法による証明を省略することがある．例題 21 においても，導関数の現れ方が周期的なので，

$f^{(4n)}(x) = \sin x$, $f^{(4n+1)}(x) = \cos x$, $f^{(4n+2)}(x) = -\sin x$, $f^{(4n+3)}(x) = -\cos x$

$(n = 0,\ 1,\ 2,\ \ldots)$ と数学的帰納法による証明を省略して答えてもよい．

問 20 次の関数の第 n 次導関数を求めよ．

(1) $f(x) = x^3$ (2) $f(x) = e^{2x}$ (3) $f(x) = \dfrac{1}{1-x}$ (4) $f(x) = \cos x$

---

17) $\dfrac{df^2}{dx^2}$ と表すのは誤りである．$\dfrac{d^2 f}{dx^2}$ を $\left(\dfrac{d}{dx}\right)^2 f$ で表すこともある．

18) $f^{(1)}(x) = f'(x)$, $f^{(2)}(x) = f''(x)$, $f^{(3)}(x) = f'''(x)$ である．4 回以上微分するとき，通常「ダッシュ」記号は使わない．また，便宜上 $f(x)$ を $f^{(0)}(x)$ で表すことがある．

ライプニッツの公式

関数の積 $f(x)g(x)$ に対して，積の微分公式を繰り返し用いると，

$$\begin{aligned}(f(x)g(x))' &= f'(x)g(x) + f(x)g'(x),\\ (f(x)g(x))'' &= (f''(x)g(x) + f'(x)g'(x)) + (f'(x)g'(x) + f(x)g''(x))\\ &= f''(x)g(x) + 2f'(x)g'(x) + f(x)g''(x),\\ (f(x)g(x))''' &= (f'''(x)g(x) + f''(x)g'(x)) + 2\,(f''(x)g'(x) + f'(x)g''(x))\\ &\quad + (f'(x)g''(x) + f(x)g'''(x))\\ &= f'''(x)g(x) + 3f''(x)g'(x) + 3f'(x)g''(x) + f(x)g'''(x),\\ &\ \ \vdots\end{aligned}$$

となる．一般に，関数の積の n 回微分公式である**ライプニッツの公式**が成り立つ：

$$\begin{aligned}(f(x)g(x))^{(n)} &= \sum_{k=0}^{n} {}_n\mathrm{C}_k f^{(n-k)}(x)g^{(k)}(x)\\ &= {}_n\mathrm{C}_0 f^{(n)}(x)g(x) + {}_n\mathrm{C}_1 f^{(n-1)}(x)g^{(1)}(x) + {}_n\mathrm{C}_2 f^{(n-2)}(x)g^{(2)}(x)\\ &\quad + \cdots + {}_n\mathrm{C}_{n-1} f^{(1)}(x)g^{(n-1)}(x) + {}_n\mathrm{C}_n f(x)g^{(n)}(x)\end{aligned}$$

ただし，${}_n\mathrm{C}_k = \dfrac{n!}{k!(n-k)!}$ は 2 項係数であり，$0! = 1$ とする[19]．ライプニッツの公式は，次の 2 項定理に似ていることに注意すると，覚えやすい：

$$\begin{aligned}(a+b)^n &= \sum_{k=0}^{n} {}_n\mathrm{C}_k a^{n-k}b^k\\ &= {}_n\mathrm{C}_0 a^n b^0 + {}_n\mathrm{C}_1 a^{n-1}b^1 + {}_n\mathrm{C}_2 a^{n-2}b^2 + \cdots + {}_n\mathrm{C}_{n-1} a^1 b^{n-1} + {}_n\mathrm{C}_n a^0 b^n.\end{aligned}$$

例題 22. 関数 x^2e^x の第 n 次導関数を求めよ．

解　x^2 の第 3 次以降の導関数は 0 になるので，ライプニッツの公式により，

$$\begin{aligned}\left(x^2e^x\right)^{(n)} &= {}_n\mathrm{C}_0 x^2 \left(e^x\right)^{(n)} + {}_n\mathrm{C}_1 \left(x^2\right)' \left(e^x\right)^{(n-1)} + {}_n\mathrm{C}_2 \left(x^2\right)'' \left(e^x\right)^{(n-2)}\\ &= x^2e^x + n(2x)e^x + \frac{n(n-1)}{2}2e^x\\ &= \{x^2 + 2nx + n(n-1)\}e^x \qquad (n \geqq 2)\end{aligned}$$

となる．$\left(x^2e^x\right)' = x^2e^x + 2xe^x$ なので，これは $n = 0, 1$ のときも成り立つ．　□

問 21　次の関数の第 3 次導関数を求めよ．さらに，第 n 次導関数を求めよ．

(1) x^3e^{2x}　　(2) $x\sin x$　　(3) $e^x\cos x$　　(4) $\dfrac{e^x}{x}$

19)　0! は 0 でないので注意しよう．

多項式の *N* 次展開

§2 で学んだ関数の 1 次展開を発展させよう．関数 $f(x)$ に対して，

$$f(x) = c_0 + c_1(x-a) + c_2(x-a)^2 + \cdots + c_N(x-a)^N + R(x)(x-a)^N$$

(ただし，$R(x)$ は $R(a)=0$ を満たす $x=a$ で連続な関数[20]) を $f(x)$ の $x=a$ における ***N* 次展開**という．1 次展開の $x-a$ の係数は微分係数 $f'(a)$ であった．高次導関数を応用して，多項式の N 次展開を求めよう．

例題 23. 関数 $f(x)=x^3$ の $x=2$ における 3 次展開を求めよ．

解　$f(x)$ は 3 次式なので，$R(x)$ を恒等的に 0 である関数としてよい．恒等式

$$f(x) = x^3 = c_0 + c_1(x-2) + c_2(x-2)^2 + c_3(x-2)^3 \tag{5.2}$$

を満たす定数 c_0, c_1, c_2, c_3 を求める．(5.2) に $x=2$ を代入することにより，$f(2)=8=c_0$ が得られる．次に，(5.2) の両辺を x で微分すると，

$$f'(x) = 3x^2 = c_1 + 2c_2(x-2) + 3c_3(x-2)^2 \tag{5.3}$$

となる．(5.3) に $x=2$ を代入することにより，$f'(2)=12=c_1$ が得られる．さらに，(5.3) の両辺を x で微分すると，

$$f''(x) = 6x = 2c_2 + 6c_3(x-2) \tag{5.4}$$

となる．(5.4) に $x=2$ を代入することにより，$f''(2)=12=2c_2$ となり，$c_2=6$ が得られる．最後に，(5.4) の両辺を x で微分すると，

$$f'''(x) = 6 = 6c_3$$

となるので，$c_3=1$ が得られる．したがって，$f(x)$ の $x=2$ における 3 次展開は

$$f(x) = x^3 = 8 + 12(x-2) + 6(x-2)^2 + (x-2)^3$$

となる[21]．□

2 次関数に対して，そのグラフである放物線の頂点の x 座標における 2 次展開は平方完成にほかならない．関数の N 次展開は平方完成の一般化であると考えることができる．平方完成が 2 次関数の解析において重要であったのと同様に，関数の N 次展開が関数の解析において重要な役割を果たす．

問 22　次の多項式の与えられた点における 3 次展開を求めよ．

(1) $f(x) = 2x^2 - 4x + 3,\ x=1$　　(2) $f(x) = -x^3 + 2x^2 - 3x + 4,\ x=-2$

---

20)　本書では，さらに $R(x)$ が無限回微分可能であることを仮定する．

21)　$f(x) = \{(x-2)+2\}^3$ に 2 項定理を適用してもよい．

e^x の N 次展開*

指数関数 $f(x) = e^x$ の $x = 0$ における N 次展開を考えよう．問題は

$$f(x) = e^x = c_0 + c_1 x + c_2 x^2 + c_3 x^3 + \cdots + c_N x^N + R(x) x^N \tag{5.5}$$

を満たす定数 $c_0, c_1, c_2, \ldots, c_N$ を求めることである．ただし，$R(x)$ は $R(0) = 0$ を満たす無限回微分可能関数である[22]．

まず，(5.5) に $x = 0$ を代入することにより，$f(0) = 1 = c_0$ が得られる．次に，(5.5) の両辺を x で微分すると，

$$f'(x) = e^x = c_1 + 2c_2 x + 3c_3 x^2 + \cdots + N c_N x^{N-1} + S(x) x^{N-1} \tag{5.6}$$

となる．ただし，$S(x) = R'(x)x + NR(x)$ とおいた．$S(x)$ は $S(0) = 0$ を満たす無限回微分可能関数である．(5.6) に $x = 0$ を代入することにより，$f'(0) = 1 = c_1$ が得られる．さらに，(5.6) の両辺を x で微分すると，

$$f''(x) = e^x = 2c_2 + 3 \cdot 2c_3 x + \cdots + N(N-1) c_N x^{N-2} + T(x) x^{N-2} \tag{5.7}$$

となる．ただし，$T(x) = S'(x)x + (N-1)S(x)$ とおいた．$T(x)$ は $T(0) = 0$ を満たす無限回微分可能関数である．(5.7) に $x = 0$ を代入することにより，$f''(0) = 1 = 2c_2$ となり，$c_2 = \dfrac{1}{2}$ が得られる．さらに，(5.7) の両辺を x で微分すると，

$$f'''(x) = e^x = 3 \cdot 2c_3 + \cdots + N(N-1)(N-2) c_N x^{N-3} + U(x) x^{N-3} \tag{5.8}$$

となる．ただし，$U(x) = T'(x)x + (N-2)T(x)$ とおいた．$U(x)$ は $U(0) = 0$ を満たす無限回微分可能関数である．(5.8) に $x = 0$ を代入することにより，$f'''(0) = 1 = 3 \cdot 2c_3$ となり，$c_3 = \dfrac{1}{3!}$ が得られる．これを繰り返すことにより，$c_n = \dfrac{1}{n!}$ が得られる．

したがって，e^x の $x = 0$ における N 次展開

$$e^x = 1 + x + \frac{1}{2!}x^2 + \frac{1}{3!}x^3 + \cdots + \frac{1}{N!}x^N + R(x)x^N$$

が得られる．特に，1 次，2 次，3 次までの部分をとり出すと

$$f_1(x) = 1 + x,$$
$$f_2(x) = 1 + x + \frac{1}{2!}x^2,$$
$$f_3(x) = 1 + x + \frac{1}{2!}x^2 + \frac{1}{3!}x^3$$

であり，これらのグラフ (右図) は次数が大きくなるほど点 $(0, 1)$ の近くでもとの関数 $y = e^x$ のグラフの様子をよく表していることがわかる．

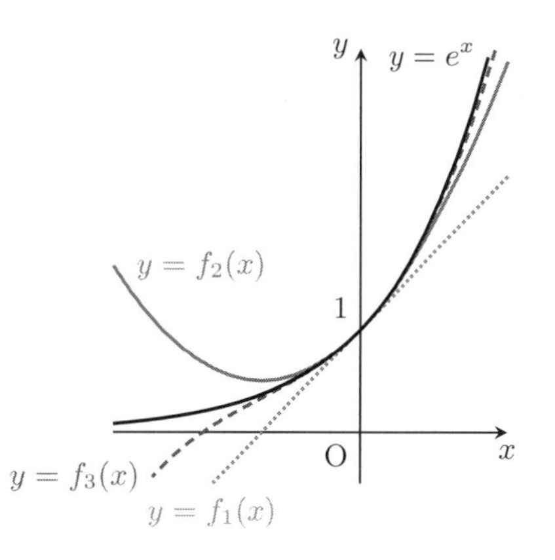

22) ここでは $R(x)$ の詳しい表示について扱わないことにする．

6. 1変数関数のテイラー展開

関数の N 次展開と N 次近似式

§5で学んだ多項式や e^x の N 次展開と同様に，一般の関数 $f(x)$ の $x=a$ における N 次展開公式が高次導関数を用いて得られる (証明は本節の後半で行う)：

$$\begin{aligned} f(x) &= f(a) + f'(a)(x-a) + \frac{f''(a)}{2!}(x-a)^2 + \frac{f'''(a)}{3!}(x-a)^3 + \cdots \\ &\quad + \frac{f^{(N)}(a)}{N!}(x-a)^N + R(x)(x-a)^N \\ &= \sum_{n=0}^{N} \frac{f^{(n)}(a)}{n!}(x-a)^n + R(x)(x-a)^N \end{aligned}$$

ただし，$R(x)$ は $R(a)=0$ を満たす無限回微分可能関数である．また，$f^{(n)}(a)$ は第 n 次導関数 $f^{(n)}(x)$ に $x=a$ を代入したものを表す．x の N 次多項式

$$f_N(x) = \sum_{n=0}^{N} \frac{f^{(n)}(a)}{n!}(x-a)^n = f(a) + f'(a)(x-a) + \cdots + \frac{f^{(N)}(a)}{N!}(x-a)^N$$

を $f(x)$ の $x=a$ における **N 次近似式**という[23)]．$R(x)(x-a)^N$ は $f(x)$ と N 次近似式 $f_N(x)$ の間の誤差を表しており，これを**剰余項**という[24)]．$x=a$ の十分近くで剰余項は0に近いので，$f(x) \fallingdotseq f_N(x)$ と表すこともある．N 次展開は§2で学んだ1次展開の剰余項を高次導関数を用いてより詳しく表したものであり，剰余項の表示の仕方を除いて，N 次近似式の部分は一意的であることが知られている．N 次展開により，一般の関数を多項式のように扱うことができる．

例題 24. 関数 $f(x)=e^x$ の $x=1$ における3次近似式を求めよ．

解 $f^{(n)}(x)=e^x$ により，$f^{(n)}(1)=e$ $(n=0,1,2,\ldots)$ である．よって，

$$\begin{aligned} f(x) = e^x \fallingdotseq f_3(x) &= \sum_{n=0}^{3} \frac{f^{(n)}(1)}{n!}(x-1)^n = \sum_{n=0}^{3} \frac{e}{n!}(x-1)^n \\ &= e + e(x-1) + \frac{e}{2}(x-1)^2 + \frac{e}{6}(x-1)^3 \end{aligned}$$

となる[25)]． □

23) 正確には N 次以下の近似式であるが，便宜上このようによぶ．

24) $R(x)$ を $f(x)$ を用いて表すことができ，$R(x)$ を $f(x)$ を用いて表した N 次展開公式を**テイラーの定理**という．$R(x)$ の詳しい表示について本節では扱わず，§10で扱う．

25) N 次近似式を求めたら，各 $(x-a)^n$ の係数が定数で，$f_N(x)$ が x の N 次式になっていることを確かめよう．

例題 25. 関数 $f(x) = \sin x$ の $x = 0$ における 1 次近似式，3 次近似式，5 次近似式をそれぞれ求めよ．

解 $f(x) = f^{(4)}(x) = \sin x$，$f'(x) = f^{(5)}(x) = \cos x$，$f''(x) = -\sin x$，$f'''(x) = -\cos x$ である．よって，

$$f(x) = \sin x \fallingdotseq f_5(x) = \sum_{n=0}^{5} \frac{f^{(n)}(0)}{n!}x^n = x - \frac{1}{6}x^3 + \frac{1}{120}x^5$$

となる．また，$f_1(x) = x$，$f_3(x) = x - \dfrac{1}{6}x^3$ である． □

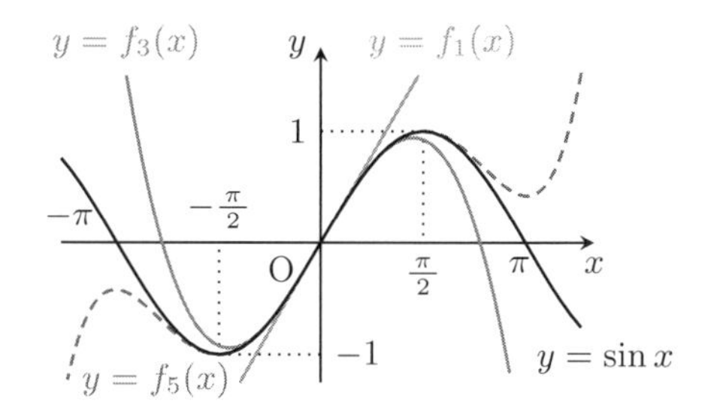

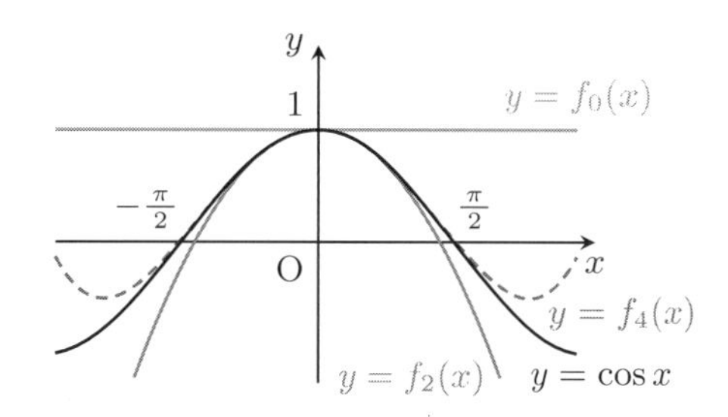

問 23 次の関数の与えられた点，与えられた次数による N 次近似式を求めよ．

(1) $f(x) = \dfrac{1}{1-x}$，$x = 0, N = 3$　(2) $f(x) = \cos x$，$x = 0, N = 4$

(3) $f(x) = \sin x$，$x = \dfrac{\pi}{3}, N = 3$　(4) $f(x) = e^{-x}$，$x = -2, N = 4$

例題 26. 関数 $f(x) = \sin(x^2)$ の $x = 0$ における 10 次近似式を求めよ．

解 例題 25 により，$\sin x$ の 5 次展開は

$$\sin x = x - \frac{1}{3!}x^3 + \frac{1}{5!}x^5 + R(x)x^5$$

(ただし，$R(x)$ は $R(0) = 0$ を満たす無限回微分可能関数) である．この x に x^2 を代入することにより，$f(x) = \sin(x^2)$ の 10 次展開

$$\sin(x^2) = x^2 - \frac{1}{3!}x^6 + \frac{1}{5!}x^{10} + R(x^2)x^{10}$$

が得られる[26)]．よって，$f_{10}(x) = x^2 - \dfrac{1}{3!}x^6 + \dfrac{1}{5!}x^{10}$ である． □

問 24 展開の一意性を利用して，次の関数の $x = 0$ における N 次近似式を求めよ．

(1) $x^2 \sin x, N = 7$　(2) $\cos 2x, N = 4$　(3) $x^3 e^{-x}, N = 6$　(4) $\dfrac{1}{1+x^2}, N = 6$

26) $f^{(n)}(x)$ を求めていないが，10 次展開が一意的であることにより，この式が $f(x)$ の 10 次展開でなければならない．この論法を**展開の一意性**による方法という．

近似値の計算

十分大きな N に対して，$x=a$ における N 次展開を利用することで，関数の値を § 2 で学んだ 1 次近似よりはるかに精度良く近似することができる．その近似の精度は，一般には x が a に近いほど良くなり，離れるほど悪くなる．

例題 27. e の近似値を小数点第 3 位まで求めよ．

解 $f(x)=e^x$ の $x=0$ における 6 次近似式

$$f(x)=e^x \fallingdotseq f_6(x)=1+x+\frac{1}{2!}x^2+\frac{1}{3!}x^3+\frac{1}{4!}x^4+\frac{1}{5!}x^5+\frac{1}{6!}x^6$$

に，$x=1$ を代入することにより，

$$e \fallingdotseq 1+1+\frac{1}{2!}+\frac{1}{3!}+\frac{1}{4!}+\frac{1}{5!}+\frac{1}{6!}=2.7180555\cdots$$

となる．求める近似値は 2.718 である (実際の値は $e=2.7182818284\cdots$ である)．□

$f(x)=e^x$ の $x=0$ における 6 次展開の剰余項を $f(x)$ を用いて表すことにより，e と近似値の誤差の程度を知ることもできるが，本書では詳しく扱わない．

問 25 次の値の近似値を小数点第 3 位まで求めよ．

(1) $\cos 1$ (2) $\sqrt{e}$ (3) $\log\dfrac{2}{3}$

数学トピックス：π の近似値

逆正接関数 $\arctan x$ の $x=0$ における $(2N+1)$ 次展開

$$\arctan x=\sum_{n=0}^{N}\frac{(-1)^n}{2n+1}x^{2n+1}+R(x)x^{2N+1}$$

(ただし，$R(x)$ は $R(0)=0$ を満たす無限回微分可能関数) を利用することで，π の近似値を計算することができる：

$$\pi=4\arctan 1 \fallingdotseq 4\left(1-\frac{1}{3}+\frac{1}{5}-\frac{1}{7}+\frac{1}{9}+\cdots\right).$$

しかし，5 次近似で 3.4666666，99 次近似で 3.1215946，999 次近似で 3.1395926 と，この近似式は $\pi=3.1415926\cdots$ に近づく速さがとても遅い．**マチンの公式**

$$\frac{\pi}{4}=4\arctan\frac{1}{5}-\arctan\frac{1}{239}$$

と組合せることで，効率的に π の近似値を求めることができる．例えば，5 次近似で 3.1416210，7 次近似で 3.1415917，15 次近似で 3.1415926 となる (§ 8 問題 15 参照)．ただし，近似値は小数第 8 位以下を切り捨て表示した．

テイラー展開

関数 $f(x)$ の $x=a$ における N 次展開において，$N \to \infty$ としよう．a の十分近くの x に対して，剰余項が 0 に収束するならば，N 次近似式 $f_N(x)$ を与える和は収束して，次の表示が得られる[27)]：

$$
\begin{aligned}
f(x) &= f(a) + f'(a)(x-a) + \frac{f''(a)}{2!}(x-a)^2 + \frac{f'''(a)}{3!}(x-a)^3 + \cdots \\
&= \sum_{n=0}^{\infty} \frac{f^{(n)}(a)}{n!}(x-a)^n
\end{aligned}
$$

これを関数 $f(x)$ の $x=a$ における**テイラー展開**という．$a=0$ のときのテイラー展開を**マクローリン展開**ともいう．$f(x)$ が良い条件を満たせば，a を含むある区間で無限級数は収束して，$f(x)$ に一致する (テイラー展開可能) ことが知られている．Part I では以降特に断らない限りこのような関数のみを扱う．

例題 28. 関数 $f(x) = e^x$ の $x=1$ におけるテイラー展開を求めよ．

解　$f^{(n)}(x) = e^x$ により，$f^{(n)}(1) = e \ (n = 0, 1, 2, \ldots)$ である．よって，

$$
\begin{aligned}
f(x) = e^x &= \sum_{n=0}^{\infty} \frac{f^{(n)}(1)}{n!}(x-1)^n = \sum_{n=0}^{\infty} \frac{e}{n!}(x-1)^n \\
&= e + e(x-1) + \frac{e}{2!}(x-1)^2 + \frac{e}{3!}(x-1)^3 + \frac{e}{4!}(x-1)^4 + \cdots
\end{aligned}
$$

となる． □

次の関数のマクローリン展開は重要なので，覚えておくと便利である：

$$
\begin{aligned}
\frac{1}{1-x} &= \sum_{n=0}^{\infty} x^n &&= 1 + x + x^2 + x^3 + x^4 + \cdots && (|x| < 1), \\
\log(1-x) &= -\sum_{n=1}^{\infty} \frac{1}{n} x^n &&= -x - \frac{1}{2}x^2 - \frac{1}{3}x^3 - \frac{1}{4}x^4 - \cdots && (|x| < 1), \\
e^x &= \sum_{n=0}^{\infty} \frac{1}{n!} x^n &&= 1 + x + \frac{1}{2!}x^2 + \frac{1}{3!}x^3 + \frac{1}{4!}x^4 + \cdots, \\
\cos x &= \sum_{n=0}^{\infty} \frac{(-1)^n}{(2n)!} x^{2n} &&= 1 - \frac{1}{2!}x^2 + \frac{1}{4!}x^4 - \frac{1}{6!}x^6 + \cdots, \\
\sin x &= \sum_{n=0}^{\infty} \frac{(-1)^n}{(2n+1)!} x^{2n+1} &&= x - \frac{1}{3!}x^3 + \frac{1}{5!}x^5 - \frac{1}{7!}x^7 + \cdots
\end{aligned}
$$

---

27) 一般に，和 $\sum_{n=0}^{N} c_n$ の $N \to \infty$ による極限 $\sum_{n=0}^{\infty} c_n$ を**無限級数**という．高等学校で「数学Ⅲ」を学んでない読者は，これを本書に限り“十分大きな N に対する和”と考えて扱うとよい．

N 次展開公式の証明*

一般の関数 $f(x)$ の $x=a$ における N 次展開公式を証明しよう[28]．問題は

$$f(x) = c_0 + c_1(x-a) + c_2(x-a)^2 + c_3(x-a)^3 + \cdots + c_N(x-a)^N + R(x)(x-a)^N \tag{6.1}$$

を満たす定数 $c_0, c_1, c_2, \ldots, c_N$ を求めることである．ただし，$R(x)$ は $R(0)=0$ を満たす無限回微分可能関数である[29]．

まず，(6.1) に $x=a$ を代入することにより，$f(a)=c_0$ が得られる．次に，(6.1) の両辺を x で微分すると，

$$f'(x) = c_1 + 2c_2(x-a) + 3c_3(x-a)^2 + \cdots + Nc_N(x-a)^{N-1} + S(x)(x-a)^{N-1} \tag{6.2}$$

となる．ただし，$S(x)=R'(x)(x-a)+NR(x)$ とおいた．$S(x)$ は $S(a)=0$ を満たす無限回微分可能関数である．(6.2) に $x=a$ を代入することにより，$f'(a)=c_1$ が得られる．さらに，(6.2) の両辺を x で微分すると，

$$f''(x) = 2c_2 + 3\cdot 2c_3(x-a) + \cdots + N(N-1)c_N(x-a)^{N-2} + T(x)(x-a)^{N-2} \tag{6.3}$$

となる．ただし，$T(x)=S'(x)(x-a)+(N-1)S(x)$ とおいた．$T(x)$ は $T(a)=0$ を満たす無限回微分可能関数である．(6.3) に $x=a$ を代入することにより，$f''(a)=2c_2$ となり，$c_2=\dfrac{f''(a)}{2}$ が得られる．

一般に，高次導関数を用いることで c_n $(1 \leqq n \leqq N)$ を求めることができる．(6.1) の両辺を x で n 回微分すると，

$$f^{(n)}(x) = n!c_n + (n+1)!c_{n+1}(x-a) + \cdots + \frac{N!}{(N-n)!}c_N(x-a)^{N-n} + U(x)(x-a)^{N-n} \tag{6.4}$$

となる．ただし，ライプニッツの公式により

$$U(x) = R^{(n)}(x)(x-a)^n + {}_n\mathrm{C}_1 NR^{(n-1)}(x)(x-a)^{n-1} + \cdots + {}_n\mathrm{C}_{n-1}\frac{N!}{(N-n+1)!}R'(x)(x-a) + {}_n\mathrm{C}_n\frac{N!}{(N-n)!}R(x)$$

とおいた．$U(x)$ は $U(a)=0$ を満たす無限回微分可能関数である．(6.4) に $x=a$ を代入することにより，$f^{(n)}(a)=n!c_n$ となり，

$$c_n = \frac{f^{(n)}(a)}{n!} \quad (n = 1, 2, 3, \ldots, N)$$

が得られる．また，この証明により，N 次展開が一意的であることもわかる．

---

28) § 6 の最後にある e^x の N 次展開と比較しながらここでの証明を読むとよい．

29) 本節では $R(x)$ の具体的な表示について扱わないことにする (§ 10 参照)．

数学トピックス：オイラーの公式

e^x, $\cos x$, $\sin x$ のマクローリン展開を眺めていると，符号を無視すれば，e^x の展開の偶数次の項を寄せ集めたものが $\cos x$ の展開であり，奇数次の項を寄せ集めたものが $\sin x$ の展開になっていることに気がつくだろう．実は，虚数単位 $i=\sqrt{-1}$ を用いることで，この観察から次の偉大な**オイラーの公式**を得ることができる：

$$e^{ix} = \cos x + i \sin x$$

実際に，e^{ix} のマクローリン展開の各項を偶数次と奇数次に分けると

$$\begin{aligned} e^{ix} &= \sum_{n=0}^{\infty} \frac{1}{n!}(ix)^n \\ &= \sum_{m=0}^{\infty} \frac{i^{2m}}{(2m)!}x^{2m} + \sum_{m=0}^{\infty} \frac{i^{2m+1}}{(2m+1)!}x^{2m+1} \\ &= \sum_{m=0}^{\infty} \frac{(-1)^m}{(2m)!}x^{2m} + i\sum_{m=0}^{\infty} \frac{(-1)^m}{(2m+1)!}x^{2m+1} \\ &= \cos x + i \sin x \end{aligned}$$

となる．オイラーの公式は指数関数と三角関数を結び付ける魅力的な公式である．オイラーの公式を用いると，例えば三角関数の加法定理は指数関数の指数法則と同等であることがわかる．実際に，指数法則により，

$$\begin{aligned} \cos(x+y) + i\sin(x+y) &= e^{i(x+y)} \\ &= e^{ix}e^{iy} \\ &= (\cos x + i\sin x)(\cos y + i\sin y) \\ &= (\cos x\cos y - \sin x\sin y) + i(\sin x\cos y + \cos x\sin y) \end{aligned}$$

となり，両辺の実部と虚部を比較することにより，三角関数の加法定理が得られる．また，ド・モアブルの定理も指数関数の指数法則で理解することができる：

$$(\cos x + i\sin x)^n = (e^{ix})^n = e^{inx} = \cos nx + i\sin nx \qquad (n \text{ は整数}).$$

オイラーの公式は，微分方程式という微分を含む関数方程式を解くときに活躍する(p.128: 数学トピックス参照)．また，複素数を含む関数が説明もなく登場したが，「複素解析学」という複素数を変数とする関数を扱う分野でその性質を学ぶことができる．

オイラーの公式において，$x=\pi$ を代入すると，

$$e^{i\pi} = -1$$

が得られる．e と π は無理数であり，小数表示において数が同じパターンを繰り返すことなく無限に続く．等式 $e^{i\pi}+1=0$ は，そのような数の並びにある種の調和をもたらしている．これを題材にした小説や映画もあり，オイラーの公式は多くの人々を魅了する等式の1つなのである．

7. 微分の応用

ロピタルの定理

§1 で学んだ方法では計算することが困難な $\dfrac{0}{0}$ の不定形の極限に対して，次の**ロピタルの定理**が有効である．

> 関数 $f(x), g(x)$ が微分可能で,
>
> $$\lim_{x\to a} f(x) = 0, \quad \lim_{x\to a} g(x) = 0, \quad g'(x) \neq 0$$
>
> であるとき，極限値 $\displaystyle\lim_{x\to a} \frac{f'(x)}{g'(x)}$ が存在すれば (収束すれば),
>
> $$\lim_{x\to a} \frac{f(x)}{g(x)} = \lim_{x\to a} \frac{f'(x)}{g'(x)}$$
>
> が成り立つ．

ロピタルの定理は，$\dfrac{\infty}{\infty}$ の不定形や，$x \to \infty, -\infty$ のときにも成り立つ．また，$\displaystyle\lim_{x\to a} \frac{f'(x)}{g'(x)}$ が再び不定形となるとき，ロピタルの定理を繰り返し用いることで不定形でない極限が現れて，極限値を求めることができる場合がある．

例題 29. 極限 $\displaystyle\lim_{x\to 0} \frac{e^{3x} - 3x - 1}{x^2}$ の値を求めよ．

解　これは $\dfrac{0}{0}$ の不定形である．ロピタルの定理により,

$$\lim_{x\to 0} \frac{e^{3x} - 3x - 1}{x^2} = \lim_{x\to 0} \frac{3e^{3x} - 3}{2x} \overset{(*)}{=} \lim_{x\to 0} \frac{9e^{3x}}{2} = \frac{9}{2}$$

となる[30)]． □

● **問 26**　次の極限を求めよ．

(1) $\displaystyle\lim_{x\to 0} \frac{e^x - 1}{\log(1+x)}$　(2) $\displaystyle\lim_{x\to 1} \frac{x^2 - 1}{\log x}$　(3) $\displaystyle\lim_{x\to \infty} \frac{\log x}{x^2}$　(4) $\displaystyle\lim_{x\to \pi} \frac{\cos x}{x}$

(5) $\displaystyle\lim_{x\to \infty} x^2 e^{-x}$　(6) $\displaystyle\lim_{x\to 0} \frac{x - \sin x}{x^3}$　(7) $\displaystyle\lim_{x\to 0} \frac{e^x + e^{-x} - 2}{\cos x - 1}$　(8) $\displaystyle\lim_{x\to +0} x \log x$

(ヒント：(8) $x \log x = \dfrac{\log x}{\frac{1}{x}}$ と変形する．)

30)　($*$) において，ロピタルの定理でなく導関数の定義を用いて極限値を求めてもよい．なお，不定形でない極限にはロピタルの定理を適用できない．答えも一致しないので注意しよう．

ロピタルの定理の証明

例題 29 は，分子に現れる関数の $x=0$ における 2 次展開

$$f(x)=e^{3x}-3x-1=0+0x+\frac{9}{2}x^2+R(x)x^2$$

(ただし，$R(x)$ は $R(0)=0$ を満たす $x=0$ で連続な関数) を用いることで，次のように計算することもできる：

$$\lim_{x\to 0}\frac{e^{3x}-3x-1}{x^2}=\lim_{x\to 0}\frac{\frac{9}{2}x^2+R(x)x^2}{x^2}=\lim_{x\to 0}\left(\frac{9}{2}+R(x)\right)=\frac{9}{2}.$$

最後の等号で，$R(x)$ が $x=0$ で連続で，$R(0)=0$ であることを用いた．

一般の場合も同様である[31]．関数 $f(x), g(x)$ が $f(0)=g(0)=0$ を満たす場合に，ロピタルの定理を証明しよう．関数 $f(x), g(x)$ の $x=0$ における N 次展開は，

$$f(x)=f(0)+f'(0)x+\frac{f''(0)}{2!}x^2+\frac{f'''(0)}{3!}x^3+\cdots+\frac{f^{(N)}(0)}{N!}x^N+R(x)x^N,$$

$$g(x)=g(0)+g'(0)x+\frac{g''(0)}{2!}x^2+\frac{g'''(0)}{3!}x^3+\cdots+\frac{g^{(N)}(0)}{N!}x^N+S(x)x^N$$

となる．ただし，$R(x), S(x)$ は $R(0)=S(0)=0$ を満たす $x=0$ で連続な関数である．$x\to 0$ のとき，$x\neq 0$ なので，x で約分すると

$$\frac{f(x)}{g(x)}=\frac{f'(0)+\frac{f''(0)}{2!}x+\frac{f'''(0)}{3!}x^2+\cdots+\frac{f^{(N)}(0)}{N!}x^{N-1}+R(x)x^{N-1}}{g'(0)+\frac{g''(0)}{2!}x+\frac{g'''(0)}{3!}x^2+\cdots+\frac{g^{(N)}(0)}{N!}x^{N-1}+S(x)x^{N-1}}$$

が成り立つ．ここで場合分けをする．もし $g'(0)\neq 0$ ならば，

$$\lim_{x\to 0}\frac{f(x)}{g(x)}=\frac{f'(0)}{g'(0)}=\lim_{x\to 0}\frac{f'(x)}{g'(x)}$$

が成り立つ．もし $f'(0)\neq 0, g'(0)=0$ ならば，極限 $\lim\limits_{x\to 0}\dfrac{f'(x)}{g'(x)}$ は発散するので，定理の仮定を満たさない．もし $f'(0)=g'(0)=0$ ならば，さらに x で約分することにより $\dfrac{f(x)}{g(x)}$ の極限を求めることができる．N を十分大きくとり $g^{(k)}(0)\neq 0$ となるまでこの過程を繰り返すことにより，ロピタルの定理が得られる．

一方，$\dfrac{\infty}{\infty}$ の不定形となる場合，$F(x)=\dfrac{1}{f(x)}, G(x)=\dfrac{1}{g(x)}$ とおくと，

$$\frac{f(x)}{g(x)}=\frac{G(x)}{F(x)}$$

となる．$F(0)=G(0)=0$ と考えると，$\dfrac{0}{0}$ の不定形の場合に帰着することができる．すなわち，$F(x), G(x)$ の N 次展開を代入することにより，極限値を計算することができて，ロピタルの定理が得られる．

31) 初めてこの小節の内容を学ぶときには，一般の場合の説明を読み飛ばしてもかまわない．

導関数と関数のグラフ

まず，高等学校でも学ぶ用語の復習から始めよう．$f(x)$ を連続関数とする．

• **関数の増減**：ある区間内の任意の 2 つの値 x_1, x_2 に対して，

$$x_1 < x_2 \quad ならば \quad f(x_1) < f(x_2)$$

であるとき，$f(x)$ はこの区間で**単調に増加する**という．同様に，

$$x_1 < x_2 \quad ならば \quad f(x_1) > f(x_2)$$

であるとき，$f(x)$ はこの区間で**単調に減少**するという．

• **関数の極値**：a を含む十分小さい区間において関数 $f(x)$ が $x = a$ のみで最大となるとき，すなわち

$$f(x) < f(a) \quad (x \neq a)$$

が成り立つとき，$f(x)$ は $x = a$ で**極大**であるといい，$f(a)$ を $f(x)$ の**極大値**という．関数 $f(x)$ が $x = a$ で極大であるとき，そのグラフは点 $(a, f(a))$ の近くでこの点を頂きとする山のような形になる．同様に，a を含む十分小さい区間において関数 $f(x)$ が $x = a$ のみで最小となるとき，すなわち

$$f(x) > f(a) \quad (x \neq a)$$

が成り立つとき，$f(x)$ は $x = a$ で**極小**であるといい，$f(a)$ を $f(x)$ の**極小値**という．$x = a$ で極小であるとき，そのグラフは点 $(a, f(a))$ の近くでこの点を底とする谷のような形になる．極大値と極小値をあわせて**極値**という．$x = a$ の前後で関数 $f(x)$ の増減が入れ替わるとき，$f(x)$ は $x = a$ で極値をとる．

• **グラフの凹凸**（おうとつ）：関数 $f(x)$ が微分可能であるとする[32]．ある区間で $f(x)$ のグラフがこのグラフ上のどの点における接線よりも上側にあるとき，曲線 $y = f(x)$ はこの区間で**下に凸**（とつ）であるという．同様に，グラフがどの接線よりも下側にあるとき，**上に凸**であるという．点 $(a, f(a))$ でグラフの凹凸が入れ替わるとき，この点を $y = f(x)$ の**変曲点**という．

関数 $f(x)$ の $x = a$ における 1 次近似式と 2 次近似式を用いることで，関数 $f(x)$ の増減やグラフの曲がり具合がわかる．実際，1 次近似式 $y = f_1(x)$ のグラフは曲線 $y = f(x)$ の接線であり，$f'(a)$ の値がその傾きを表すので，関数の増減を $f'(x)$ の符号で調べることができる．また，$f''(a) \neq 0$ のとき，2 次近似式 $y = f_2(x)$ のグラフは曲線 $y = f(x)$ に接する放物線であり，$f''(a)$ の値がその放物線の開き具合 (開く速さ) を表すので，グラフの凹凸を $f''(x)$ の符号で調べることができる．

32)　微分可能でない関数に対しても凸性を定義することができるが，本書では扱わない．

(i) 関数の増減：

(+) $f'(a) > 0$ のとき，$x = a$ の近くで関数 $f(x)$ は単調に増加

(−) $f'(a) < 0$ のとき，$x = a$ の近くで関数 $f(x)$ は単調に減少

(ii) グラフの凹凸：

(+) $f''(a) > 0$ のとき，$x = a$ の近くで曲線 $y = f(x)$ は下に凸

(−) $f''(a) < 0$ のとき，$x = a$ の近くで曲線 $y = f(x)$ は上に凸

(iii) 関数の極値：

(+) $f'(a) = 0$ かつ $f''(a) > 0$ のとき，$x = a$ で関数 $f(x)$ は極小

(−) $f'(a) = 0$ かつ $f''(a) < 0$ のとき，$x = a$ で関数 $f(x)$ は極大

これらの情報をまとめた表を**増減・凹凸表**という[33](例題30解答参照)．また，極値や変曲点についての条件をまとめると，次が成り立つ：

関数 $f(x)$ が $x = a$ で極値をとる $\Longrightarrow$ $f'(a) = 0$,

点 $(a, f(a))$ が曲線 $y = f(x)$ の変曲点 $\Longrightarrow$ $f''(a) = 0$

これらの逆は成り立たないことに注意しよう．$f'(a) = 0$ となる a の前後で $f'(x)$ の符号が変わるとき，$f(x)$ は $x = a$ で極値をとる．$f''(a) = 0$ となる a の前後で $f''(x)$ の符号が変わるとき，点 $(a, f(a))$ は $y = f(x)$ の変曲点である．

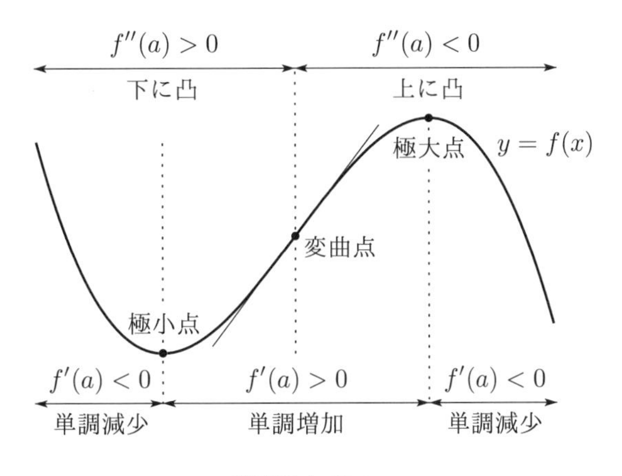

導関数とグラフ

33) 下に凸であることを単に凸，上に凸であることを凹ということがある．日常用語としての凹凸と数学用語としての凹凸は逆の印象を与えるので注意しよう．

例題 30. 関数 $f(x) = x^3 - 3x^2 + 4$ の増減・凹凸表を作り，グラフを描け．

解　$f'(x) = 3x^2 - 6x = 3x(x-2)$, $f''(x) = 6x - 6 = 6(x-1)$ なので，$x = 0, 2$ の前後で $f'(x)$ の符号が，$x = 1$ の前後で $f''(x)$ の符号が変わる．増減・凹凸表は次のようになる：

x	$-\infty$	$\cdots$	0	$\cdots$	1	$\cdots$	2	$\cdots$	$+\infty$
$f'(x)$		$+$	0	$-$	$-$	$-$	0	$+$	
$f''(x)$		$-$	$-$	$-$	0	$+$	$+$	$+$	
$f(x)$	上に凸				変曲点	下に凸			
	$-\infty$	↗	4 極大	↘	2	↘	0 極小	↗	$+\infty$

この表を基に $f(x)$ のグラフを描くと，右下図のようになる．　□

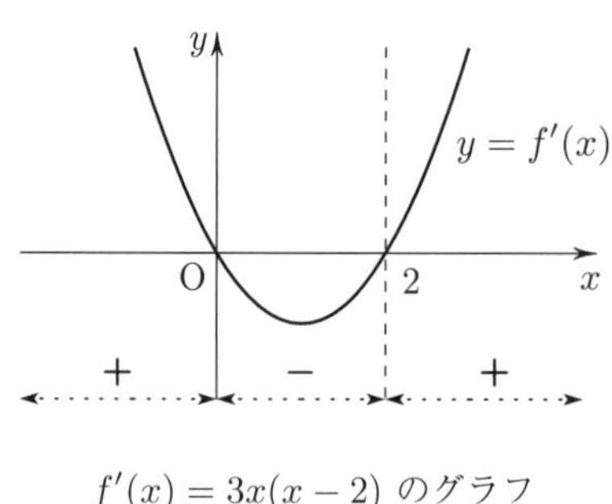

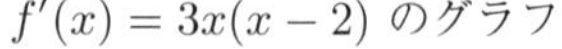
$f'(x) = 3x(x-2)$ のグラフ

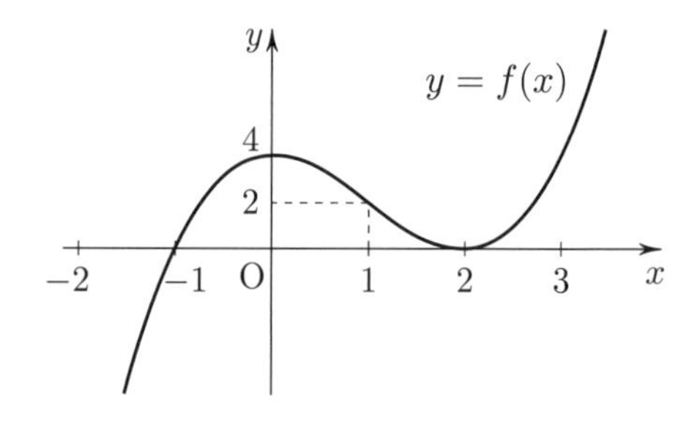

$f(x) = x^3 - 3x^2 + 4$ のグラフ

$f'(x)$ や $f''(x)$ のグラフがわかる場合，それらを描くとそれぞれの符号の変化を調べやすい．増減・凹凸表にある ↗, ↘, ↘, ↗ はそれぞれ，上に凸に増加，上に凸に減少，下に凸に減少，下に凸に増加することを表す．グラフと x 軸，y 軸の交点がわかる場合，それらを反映することでより正確なグラフを描くことができる．また，不連続点や $x \to \pm\infty$ における状態などを，“端点” の情報として極限を求めて，増減・凹凸表に反映するとよい (§ 8 問題 20 の略解参照)．

● **問 27**　次の関数の増減・凹凸表を作り，グラフを描け．

(1) $f(x) = -x^3 + 3x^2 + 9x$　　(2) $f(x) = 3x^5 - 20x^3$

(3) $f(x) = \cos 2x \quad (0 \leqq x \leqq 2\pi)$　　(4) $f(x) = x - 2\sin x \quad (0 \leqq x \leqq 2\pi)$

(5) $f(x) = x^2 e^{-x}$　　(6) $f(x) = \dfrac{x}{x^2+1}$　　(7) $f(x) = \dfrac{\log x}{x^2}$

(8) $f(x) = e^{-x^2}$　　(9) $f(x) = \dfrac{e^x}{1+e^x}$　　(10) $f(x) = x(\log x)^2$

数学トピックス： $0^0 = 1$？ $1^\infty = 1$？

指数法則の 1 つ “0 乗すると 1” は，底が 0 のときでも正しいだろうか？ 極限

$$\lim_{x \to +0} x^x$$

を考えよう．対数関数の連続性と問 26 (8) により，

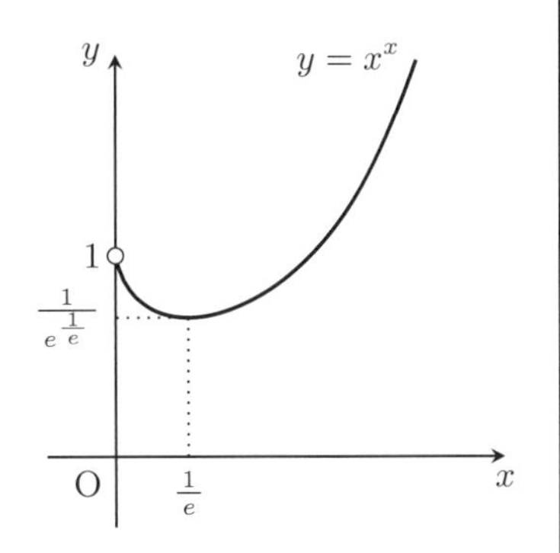

$$\log\left(\lim_{x \to +0} x^x\right) = \lim_{x \to +0} \log x^x = \lim_{x \to +0} x \log x = 0 = \log 1$$

となるので，

$$\lim_{x \to +0} x^x = 1$$

である．だからといって，実は $0^0 = 1$ とは限らない．今度は

$$\lim_{x \to \infty} (e^{-x})^{\frac{a}{x}} \quad (a \text{ は定数})$$

を考えよう．これは形式的に 0^0 であるが，指数法則により，

$$\lim_{x \to \infty} (e^{-x})^{\frac{a}{x}} = \lim_{x \to \infty} e^{-a} = e^{-a}$$

となる．0^0 は近づけ方によってさまざまな値をとる不定形であることがわかる．

また，“底が 1 のとき，何乗しても 1” にも注意が必要である．確かに

$$\lim_{x \to \infty} 1^x = \lim_{x \to \infty} 1 = 1$$

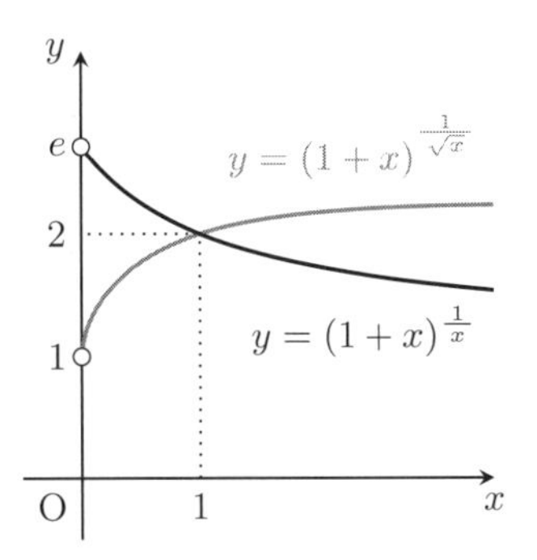

である．しかし，底が 1 に近づく場合，例えばネイピア数の定義 (§ 1 参照)

$$\lim_{x \to +0} (1+x)^{\frac{1}{x}} = e$$

の左辺の極限は形式的に 1^∞ であるが，$e \neq 1$ である．ほかにも

$$\lim_{x \to +0} (1+x)^{\frac{1}{\sqrt{x}}} = 1, \qquad \lim_{x \to +0} (1+x)^{\frac{1}{x^2}} = \infty$$

などがあり，1^∞ も近づけ方によってさまざまな値をとる不定形であることがわかる．

無限や極限は，一見すると直観にあわない不思議な性質をたくさん秘めている．

8. 理解を深める演習問題 (1)

☐ **問題 1** 次の極限を求めよ．ただし，ロピタルの定理を用いてはならない．

(1) $\displaystyle\lim_{x\to 1}\frac{(x-2)(x+3)}{3x^2+4}$ (2) $\displaystyle\lim_{x\to 1}\frac{x^3-1}{x^2-3x+2}$ (3) $\displaystyle\lim_{x\to\infty}\frac{-4x^3+2x^2+x}{2x^3-3x}$

(4) $\displaystyle\lim_{x\to 0}\frac{1}{x}\left(\frac{1}{2}-\frac{1}{2+x}\right)$ (5) $\displaystyle\lim_{x\to-\infty}\frac{x+1}{2x-3}$ (6) $\displaystyle\lim_{x\to 1}\frac{\sqrt{2x+3}-\sqrt{4x+1}}{x-1}$

(7) $\displaystyle\lim_{x\to 4}\frac{x-4}{\sqrt{x}-2}$ (8) $\displaystyle\lim_{x\to\infty}\left(\sqrt{4x^2+x}-2x\right)$ (9) $\displaystyle\lim_{x\to-\infty}\left(\sqrt{x^2+x}+x\right)$

(10) $\displaystyle\lim_{x\to 0}\frac{\sin 5x}{\tan 3x}$ (11) $\displaystyle\lim_{x\to 0}\frac{\sin(2\sin x)}{x}$ (12) $\displaystyle\lim_{x\to\frac{\pi}{2}}\frac{\sin(\tan 2x)}{x}$

(13) $\displaystyle\lim_{x\to\pi}\frac{x-\pi}{\sin 3x}$ (14) $\displaystyle\lim_{x\to\frac{\pi}{4}}\frac{\sin x-\cos x}{x-\frac{\pi}{4}}$ (15) $\displaystyle\lim_{x\to 0}\frac{\arcsin x}{x}$

(16) $\displaystyle\lim_{x\to\infty}2^{-3x}$ (17) $\displaystyle\lim_{x\to 0}3^{-4x}$ (18) $\displaystyle\lim_{x\to-\infty}2^{-2x}$

(19) $\displaystyle\lim_{x\to 0}(1+2x)^{\frac{3}{x}}$ (20) $\displaystyle\lim_{x\to\infty}\left(1+\frac{1}{x}\right)^{2x}$

☐ **問題 2** 次の関数が $x=0$ で連続かどうか調べよ．ただし，$[x]$ は x を超えない最大の整数を表す (ガウス記号).

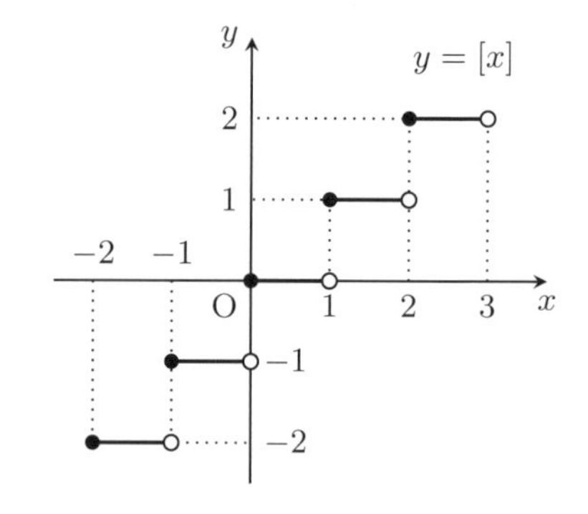

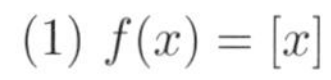

(1) $f(x)=[x]$

(2) $f(x)=[x]+[-x]$

(3) $f(x)=\begin{cases}\dfrac{[x^2]}{x} & (x\neq 0),\\ 0 & (x=0)\end{cases}$

☐ **問題 3** 関数 $f(x)=\sin\dfrac{1}{x}$ について，次の極限を求めよ．

(1) $\displaystyle\lim_{x\to\infty}f(x)$ (2) $\displaystyle\lim_{x\to 0}f(x)$

(3) $\displaystyle\lim_{x\to 0}xf(x)$ (4) $\displaystyle\lim_{x\to\infty}xf(x)$

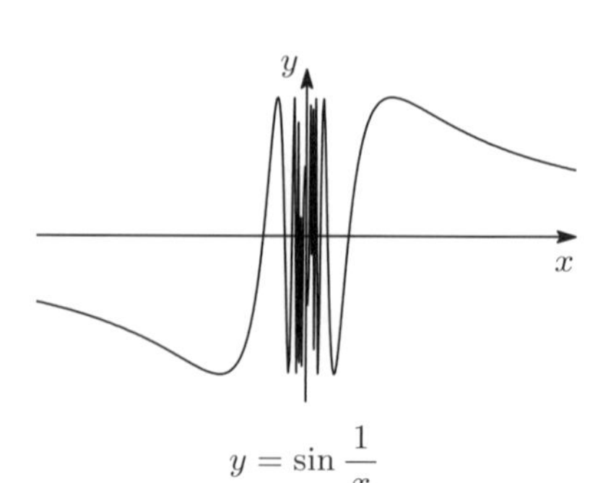

$y=\sin\dfrac{1}{x}$

☑ **問題 4**　次の関数の $x=0$ における微分可能性について調べよ．

(1) $f(x)=|x|$　(2) $f(x)=x|x|$　(3) $f(x)=[x]$　(4) $f(x)=x[x]$

(5) $f(x)=\begin{cases} e^{-\frac{1}{x}} & (x>0), \\ 0 & (x \leqq 0) \end{cases}$　(6) $f(x)=\begin{cases} x\sin\dfrac{1}{x} & (x \neq 0), \\ 0 & (x=0) \end{cases}$

☑ **問題 5**　関数 $g(x)$ が $x=a$ で微分可能で，関数 $f(y)$ が $y=b=g(a)$ で微分可能であるとする．このとき，合成関数 $F(x)=f(g(x))$ は $x=a$ で微分可能で，

$$F'(a)=f'(g(a))g'(a)$$

が成り立つことを証明せよ．

☑ **問題 6**　関数 $f(x)$ が $x=a$ で微分可能であるとき，次の極限値を求めよ．

$$\lim_{h\to 0}\frac{f(a+h)-f(a-h)}{h}$$

☑ **問題 7**　さまざまな微分公式を用いて，次の関数を微分せよ．

(1) x^4-2x+1　(2) $(x^2+1)(3x^2-x)$　(3) $\dfrac{x^2+x-3}{\sqrt{x}}$　(4) $(x^2+2)\sqrt{4-x}$

(5) $\dfrac{x}{1+x^2}$　(6) $\dfrac{3x+7}{1-x^2}$　(7) $\sqrt{\dfrac{1+x}{1-x}}$　(8) $\dfrac{x}{\sqrt[3]{x^2+1}}$　(9) $\sqrt{e^x+1}$

(10) $\sqrt[4]{(x^2+3)(x^4+1)}$　(11) $(2x+3)^2(x^2-3x)$　(12) $(x+2)(x^2+3)(x^3+4)$

(13) $x(\log x-1)$　(14) $\log(\log x)$　(15) $x^2(\log x)^4$　(16) $\log\left(x+\sqrt{1+x^2}\right)$

(17) $\log_2(x^3)$　(18) $\log\sqrt{\dfrac{1+x}{1-x}}$　(19) $\log(\cos x)$　(20) $e^x(\log x)^2$

(21) $x\sin x+\cos x$　(22) $\dfrac{\cos x}{1+\sin x}$　(23) $\dfrac{\sin x-\cos x}{\sin x+\cos x}$　(24) $\cos^4 x$

(25) $\sin(2x^3)$　(26) $\tan^2 3x$　(27) $\dfrac{1}{\arccos x}$　(28) $x\arcsin x+\sqrt{1-x^2}$

(29) $\dfrac{\arctan x}{1+x^2}$　(30) $\arcsin\left(\dfrac{x+3}{2}\right)$　(31) $\arctan\left(\dfrac{3x-1}{\sqrt{2}}\right)$　(32) $e^{\sin x}$

(33) $e^{\sqrt{x}}$　(34) $x^{\frac{1}{x}}$　(35) $x^{\arcsin x}$　(36) $(\arccos x)^x$　(37) $(x^4+1)^{\sin x}$

(38) $x^{\log x}$　(39) x^2e^{-3x}　(40) $x^2e^{3x}\cos 4x$　(41) $e^{e^{3x}}$　(42) $\cos^3\left(e^{\sin x}\right)$

(43) $\sin^3(\log(\cos(e^{2x})))$　(44) $\sin(\cos(\sin(\cos x)))$　(45) $\log(\sin(\log(\cos x)))$

☐ **問題 8**　次の曲線おいて，与えられた点 P における接線と法線の方程式を求めよ．

(1) $y = x\sin x$,　$\mathrm{P}(\pi, 0)$　　(2) $y = xe^{-x}$,　$\mathrm{P}(2, 2e^{-2})$

(3) $y = \dfrac{2}{1+x^2}$,　$\mathrm{P}(1, 1)$　　(4) $y = \dfrac{\log x}{x}$,　$\mathrm{P}(1, 0)$

(5) $\dfrac{x^2}{4} + \dfrac{y^2}{9} = 1$,　$\mathrm{P}\left(1, \dfrac{3\sqrt{3}}{2}\right)$　　(6) $x = \dfrac{1}{\cos\theta}$, $y = 2\tan\theta$,　$\mathrm{P}(2, 2\sqrt{3})$

☐ **問題 9**　逆三角関数について，次の問いに答えよ．

(1) 次の値を求めよ．

(i) $\arccos\dfrac{\sqrt{3}}{2}$　　(ii) $\arctan\sqrt{3}$　　(iii) $\arcsin\left(-\dfrac{\sqrt{3}}{2}\right)$

(iv) $\sin\left(\arcsin\dfrac{1}{4}\right)$　　(v) $\sin\left(\arccos\dfrac{3}{5}\right)$　　(vi) $\cos(\arctan 2)$

(2) 次の等式を証明せよ．

(i) $\arcsin(-x) = -\arcsin x$　　(ii) $\arccos(-x) = \pi - \arccos x$

(iii) $\arcsin x + \arccos x = \dfrac{\pi}{2}$　　(iv) $\arctan x + \arctan\dfrac{1}{x} = \dfrac{\pi}{2}$　$(x > 0)$

☐ **問題 10**　三角関数には，正弦関数 $\sin x$，余弦関数 $\cos x$，正接関数 $\tan x$ のほかにも次がある．これらの関数の導関数を求めよ．

$\sec x = \dfrac{1}{\cos x}$: 正割関数 (セカント)

$\operatorname{cosec} x = \dfrac{1}{\sin x}$: 余割関数 (コセカント)

$\cot x = \dfrac{\cos x}{\sin x}$: 余接関数 (コタンジェント)

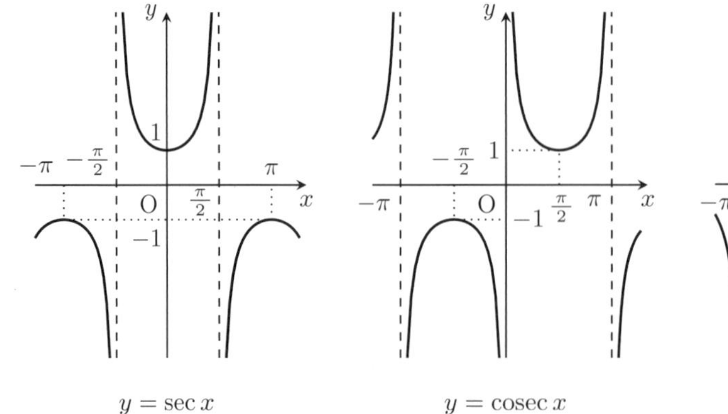

$y = \sec x$　　$y = \operatorname{cosec} x$

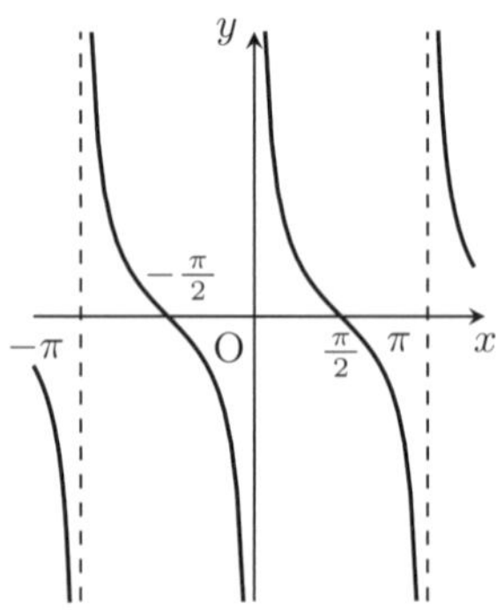

$y = \cot x$

☐ **問題 11** 次の 3 つの関数を双曲線関数という[34), 35)]：

$$\sinh x = \frac{e^x - e^{-x}}{2}$$ ：**双曲線正弦関数** (ハイパボリックサイン),

$$\cosh x = \frac{e^x + e^{-x}}{2}$$ ：**双曲線余弦関数** (ハイパボリックコサイン),

$$\tanh x = \frac{e^x - e^{-x}}{e^x + e^{-x}} = \frac{\sinh x}{\cosh x}$$ ：**双曲線正接関数** (ハイパボリックタンジェント).

このとき，次の問いに答えよ．

(1) 次の関係式が成り立つことを示せ[36)].

(i) $\cosh^2 x - \sinh^2 x = 1$

(ii) $\sinh(x+y) = \sinh x \cosh y + \cosh x \sinh y$

(iii) $\cosh(x+y) = \cosh x \cosh y + \sinh x \sinh y$

(2) $\sinh x$, $\cosh x$, $\tanh x$ の導関数を求めよ．

(3) $\sinh x$ の逆関数を求めよ．

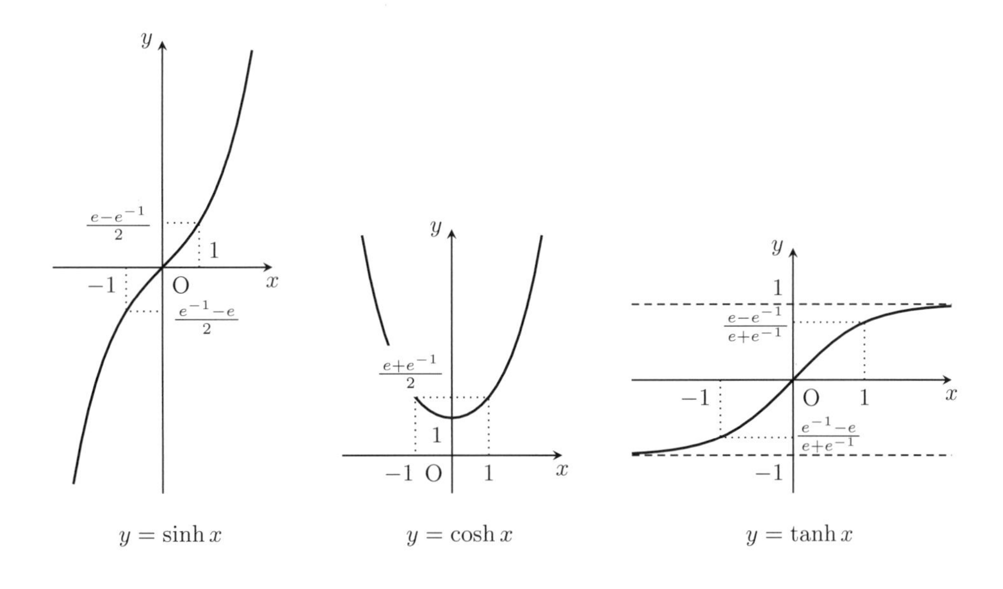

$y = \sinh x$ $y = \cosh x$ $y = \tanh x$

☐ **問題 12** 次の関数の第 n 次導関数を求めよ．

(1) $x^2 e^{-3x}$ (2) $x^2 \sin 3x$ (3) $x^3 \log x$ (4) $\dfrac{x^2}{1-x}$ (5) $\log\left(\dfrac{1+x}{1-x}\right)$

---

34) $y = \cosh x$ のグラフは，**懸垂曲線**とよばれる両端を固定して垂らした紐の形になる．

35) $\sinh x$ と $\sin hx$ (h は定数) を混同しないように注意しよう．

36) (i) により，$x = a\cosh t$, $y = b\sinh t$ は双曲線 $\dfrac{x^2}{a^2} - \dfrac{y^2}{b^2} = 1$ の媒介変数表示を与える．

☑ **問題 13** 次の関数のマクローリン展開を求めよ[37].

(1) x^2e^{-3x} (2) $x^2\sin 3x$ (3) $\dfrac{x^2}{1-x}$ (4) $\log\left(\dfrac{1+x}{1-x}\right)$ (5) $\sin(x^2)$

(6) $\log(1+3x)$ (7) $\cosh x$ (8) $\dfrac{x}{4+x^2}$ (9) $\sin x\cos x$ (10) $\cos^2 x$

☑ **問題 14** 次の関数の与えられた点におけるテイラー展開を求めよ[37].

(1) $x^3,\ x=-1$ (2) $e^{-2x},\ x=1$ (3) $\sin 2x,\ x=\dfrac{\pi}{2}$

(4) $x^2e^{-3x},\ x=-1$ (5) $x^2\sin 3x,\ x=\pi$ (6) $x^3\log x,\ x=1$

(7) $\sqrt{x},\ x=4$ (8) $\sinh x,\ x=e$ (9) $\cos x,\ x=\dfrac{\pi}{4}$

☑ **問題 15** 逆正接関数 $f(x)=\arctan x$ について，次の問いに答えよ．

(1) n を自然数とする．$(1+x^2)f'(x)=1$ の両辺を $(n+1)$ 回微分することにより，$f^{(n+2)}(x)$, $f^{(n+1)}(x)$, $f^{(n)}(x)$ の関係を求めよ．

(2) (1) を利用して，$f^{(n)}(0)$ $(n=0,1,2,\ldots)$ を求めよ．

(3) (2) を利用して，$f(x)$ のマクローリン展開を求めよ．

(4) 等式

$$\frac{\pi}{4}=\arctan\frac{1}{2}+\arctan\frac{1}{3}$$

を証明せよ．

(5) マチンの公式

$$\frac{\pi}{4}=4\arctan\frac{1}{5}-\arctan\frac{1}{239}$$

を証明せよ．

(6) (3), (4), (5) と電卓を利用して，π の近似値を小数第 5 位まで求めよ．

☑ **問題 16** α を定数とする．関数 $f(x)=(1+x)^\alpha$ について，次の問いに答えよ．

(1) $f(x)$ のマクローリン展開が

$$(1+x)^\alpha=\sum_{n=0}^{\infty}\frac{\alpha(\alpha-1)\cdots(\alpha-n+1)}{n!}x^n$$

となる (**一般 2 項展開**) ことを示せ.

(2) $\alpha=\dfrac{1}{4}$ とする．(1) を利用して，$\sqrt[4]{1.01}$ の近似値を小数第 3 位まで求めよ．

---

37) 無限級数に慣れていない読者は，5 次近似式を求めれば十分である．

☐ **問題 17**　n を 2 以上の自然数とし，$f(x)$ を n 次多項式とする．方程式 $f(x)=0$ が $x=a$ を重解にもつための必要十分条件は

$$f(a)=f'(a)=0$$

であることを証明せよ．

☐ **問題 18**　次の極限を求めよ．必要ならば，ロピタルの定理を用いてもよい．

(1) $\displaystyle\lim_{x\to 1}\frac{\log x}{\tan \pi x}$　(2) $\displaystyle\lim_{x\to 0}\frac{e^x-\cos x}{\sin x}$　(3) $\displaystyle\lim_{x\to 0}\frac{e^{x^2}-1}{x\sin x}$　(4) $\displaystyle\lim_{x\to \frac{\pi}{2}}\frac{\sin 2x}{x-\frac{\pi}{2}}$

(5) $\displaystyle\lim_{x\to 0}\frac{\sin x - x\cos x}{x\sin^2 x}$　(6) $\displaystyle\lim_{x\to 0}\frac{e^{2x}-2e^x+1}{\sin^2 x}$　(7) $\displaystyle\lim_{x\to 0}\frac{1-\cos 3x}{x^3}$

(8) $\displaystyle\lim_{x\to +0}x^3\log x$　(9) $\displaystyle\lim_{x\to 1}\frac{e^{\sin \pi x}-1}{x^2-1}$　(10) $\displaystyle\lim_{x\to \infty}x^n e^{-x}$ (n は自然数)

(11) $\displaystyle\lim_{x\to \infty}(x^3-e^x)$　(12) $\displaystyle\lim_{x\to \infty}x^{\frac{1}{x}}$　(13) $\displaystyle\lim_{x\to +0}(\sin x)^x$

(14) $\displaystyle\lim_{x\to \infty}\frac{(\log x)^2}{x}$　(15) $\displaystyle\lim_{x\to 0}\frac{1}{x}\left(\frac{1}{\sin x}-\frac{1}{x}\right)$

☐ **問題 19**　問題 18 (2), (3), (5), (7) の極限を，N 次展開を用いて求めよ．

☐ **問題 20**　次の関数の増減・凹凸表を作り，グラフを描け．

(1) $f(x)=x^3-3x+1$　(2) $f(x)=x^4-4x^2$　(3) $f(x)=x+\cos x$ $(0\leqq x\leqq \pi)$

(4) $f(x)=\dfrac{1}{1+x^4}$　(5) $f(x)=\dfrac{x^2}{2(x-1)}$　(6) $f(x)=e^{-\frac{1}{x}}$

(7) $f(x)=\dfrac{1}{2}\sin 2x+\sin x$ $(0\leqq x\leqq 2\pi)$　(8) $f(x)=x^n e^{-x}$ (n は自然数)

(9) $f(x)=x\sqrt{4-x^2}$　(10) $f(x)=e^{-x}\sin x$

9. 積分の定義

積分の定義と性質

閉区間 $[a, b]$ で定義された関数 $f(x)$ に対して，そのグラフ，x 軸，2 直線 $x = a$, $x = b$ で囲まれた部分の符号付き面積[38)] を，$f(x)$ の $[a, b]$ における**定積分**といい，

$$\int_a^b f(x)\,dx$$

で表す．“符号付き面積” とは，グラフが x 軸より上側にあれば正の面積，x 軸より下側にあれば負の面積[39)] としたときの，それらの和を意味する．$f(x)$ を定積分の**被積分関数**，区間 $[a, b]$ を**積分区間**，a を**下端**，b を**上端**という．被積分関数の変数は x でなくてもよく，ほかの文字を用いてもよい：

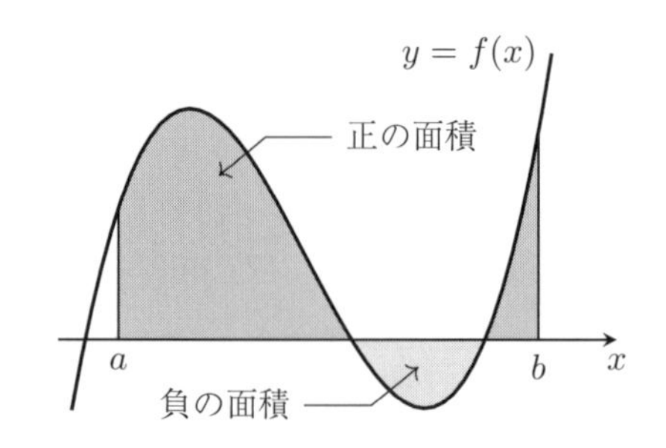

符号付き面積

$$\int_a^b f(x)\,dx = \int_a^b f(t)\,dt = \int_a^b f(\theta)\,d\theta.$$

例題 31. 定積分 $\displaystyle\int_{-2}^{3} x\,dx$ の値を，定義に基づき求めよ．

解 $x \leqq 0$ において底辺と高さが 2 の負の面積の直角三角形，$x \geqq 0$ において底辺と高さが 3 の正の面積の直角三角形が現れるので，求める定積分の値は

$$\int_{-2}^{3} x\,dx = -\frac{1}{2}\cdot 2\cdot 2 + \frac{1}{2}\cdot 3\cdot 3 = \frac{5}{2}$$

となる． □

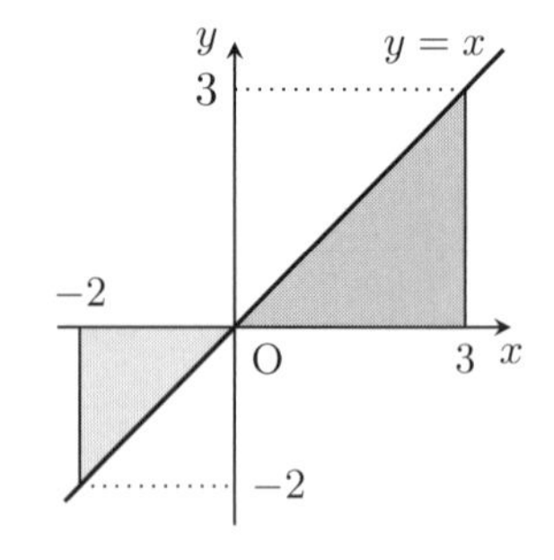

● **問 28** 次の定積分の値を，積分の定義に基づき求めよ．

(1) $\displaystyle\int_0^2 (-2x-1)\,dx$ (2) $\displaystyle\int_0^{\pi} \cos x\,dx$ (3)[40)] $\displaystyle\int_0^1 \sqrt{1-x^2}\,dx$

---

38) 実際には曲線 $y = f(x)$, x 軸，$x = a$, $x = b$ で囲まれた部分の面積をどう定めるかという問題について議論していないが，本節の最後でこれを説明する．

39) 囲まれた部分の通常の意味の面積に (-1) をかけたものを負の面積ということにする．

40) 円の面積公式の証明方法によっては循環論法となるが，ここではその公式を用いてよい．

次の記法を導入しておくと便利である：

$$\int_a^b f(x)\,dx = -\int_b^a f(x)\,dx$$

関数 $f(x)$, $g(x)$ と定数 α, β に対して，次の**定積分の線形性**が成り立つ：

$$\int_a^b (\alpha f(x) + \beta g(x))\,dx = \alpha\int_a^b f(x)\,dx + \beta\int_a^b g(x)\,dx$$

また，次の**積分区間に関する加法性**が，a, b, c の大小に関係なく成り立つ：

$$\int_a^b f(x)\,dx = \int_a^c f(x)\,dx + \int_c^b f(x)\,dx$$

微分積分学の基本定理

上端を変数とした定積分 $\displaystyle\int_a^x f(t)\,dt$ は x の関数となる．これを $f(x)$ の**不定積分**という[41]．区間 $[a,b]$ で連続な関数 $f(x)$ に対して，**微分積分学の基本定理**

$$\frac{d}{dx}\int_a^x f(t)\,dt = f(x)$$

が成り立つ．不定積分のように，導関数が $f(x)$ と等しい関数，すなわち

$$F'(x) = f(x)$$

を満たす関数 $F(x)$ を $f(x)$ の**原始関数**という．$F(x)$ が $f(x)$ の原始関数であれば，$F(x)+C$ (C は定数) も原始関数であり，原始関数はすべてこの形で表される[42]．特に，原始関数は 1 つではない．原始関数を用いると，定積分は

$$\int_a^b f(x)\,dx \left(= \int_a^b F'(x)\,dx \right) = \Big[F(x) \Big]_a^b = F(b) - F(a)$$

で表される．したがって，微分と積分は互いに逆の演算である．

---

41) 不定積分を $\displaystyle\int f(x)\,dx$ で表すこともある．

42) 原始関数のことを不定積分ということがある．C を積分定数ということがある．

原始関数を求めることが定積分の計算において重要な役割を果たす．微分積分学の基本定理に基づき関数 $f(x)$ の原始関数を求めることを，$f(x)$ を**積分する**という．

例題 32. 次の定積分の値を求めよ．

(1) $\displaystyle\int_{-1}^{1}(3x^2-1)\,dx$ (2) $\displaystyle\int_{1}^{5}e^{3x+2}\,dx$ (3) $\displaystyle\int_{0}^{\frac{\pi}{4}}\sin^3 x\cos x\,dx$

考え方：微分して被積分関数となる関数を考える．まず係数を気にせず大まかにその関数を考えて，その後実際に微分することで係数を調整する．(1) $(x^3)'=3x^2$, $(x)'=1$, (2) $\left(e^{3x+2}\right)'=3e^{3x+2}$, (3) $\left(\sin^4 x\right)'=4\sin^3 x\cos x$ に注目しよう．

解 (1) $\displaystyle\int_{-1}^{1}(3x^2-1)\,dx=\left[x^3-x\right]_{-1}^{1}=(1^3-1)-\left\{(-1)^3-(-1)\right\}=0$

(2) $\displaystyle\int_{1}^{5}e^{3x+2}\,dx=\left[\frac{1}{3}e^{3x+2}\right]_{1}^{5}=\frac{1}{3}\left(e^{17}-e^{5}\right)$

(3) $\displaystyle\int_{0}^{\frac{\pi}{4}}\sin^3 x\cos x\,dx=\left[\frac{1}{4}\sin^4 x\right]_{0}^{\frac{\pi}{4}}=\frac{1}{16}$ □

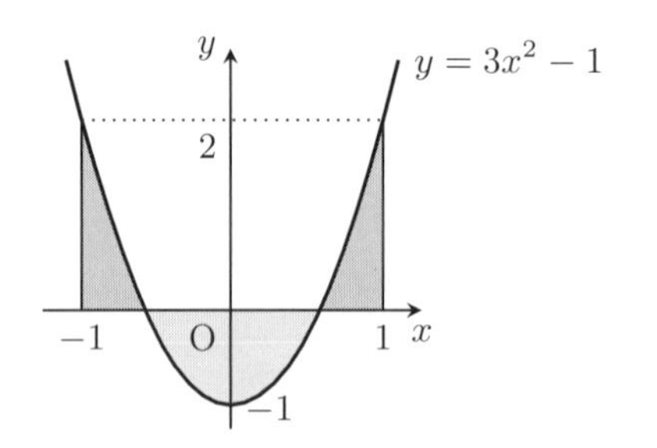

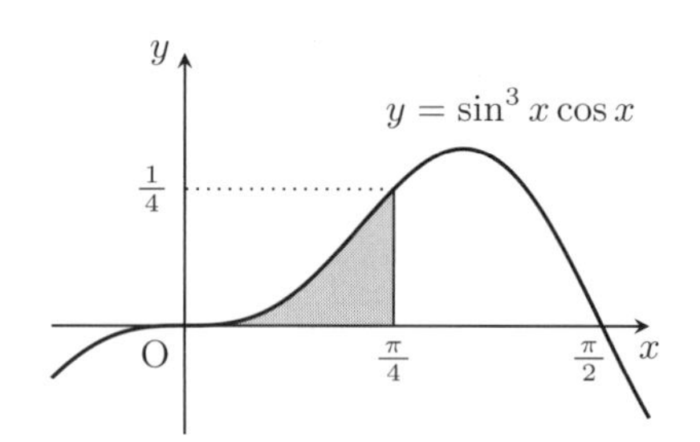

合成関数の微分公式による導関数の計算経験が積分の計算に活かされる．微分積分学の基本定理に基づき原始関数を求めるとき，係数 (定数) を調整することはよいが，関数で強制的に調整してはならないことに注意しよう (p.75：数学トピックス参照)．原始関数を求めたら，実際にそれを微分して被積分関数に戻ることを確認することが重要である．

● 問 29 次の定積分の値を求めよ．

(1) $\displaystyle\int_{-1}^{3}(x^3-2x)\,dx$ (2) $\displaystyle\int_{0}^{\frac{\pi}{2}}\cos 3x\,dx$ (3) $\displaystyle\int_{0}^{1}e^{-2x+3}\,dx$ (4) $\displaystyle\int_{0}^{1}(3x-2)^{10}\,dx$

(5) $\displaystyle\int_{0}^{1}\sqrt{3x+1}\,dx$ (6) $\displaystyle\int_{1}^{3}\frac{dx}{4x-3}$ (7) $\displaystyle\int_{1}^{2}x^2(x^3-1)^3\,dx$ (8) $\displaystyle\int_{0}^{\frac{\pi}{3}}\cos^4 x\sin x\,dx$

(9) $\displaystyle\int_{0}^{2}xe^{x^2}\,dx$ (10) $\displaystyle\int_{-2}^{3}\frac{x}{x^2+1}\,dx$ (11) $\displaystyle\int_{0}^{1}\frac{e^x-e^{-x}}{e^x+e^{-x}}\,dx$ (12) $\displaystyle\int_{0}^{\frac{\pi}{4}}\tan x\,dx$

2 次式が現れる場合，平方完成と逆三角関数の微分公式を利用して，積分を計算できる場合がある．

例題 33. 次の定積分の値を求めよ．

(1) $\displaystyle\int_0^1 \frac{dx}{x^2-2x+4}$　　(2) $\displaystyle\int_2^5 \frac{dx}{\sqrt{5+4x-x^2}}$

解　(1) $$\int_0^1 \frac{dx}{x^2-2x+4} = \int_0^1 \frac{dx}{(x-1)^2+3} = \frac{1}{3}\int_0^1 \frac{dx}{\left(\frac{x-1}{\sqrt{3}}\right)^2+1}$$
$$= \left[\frac{1}{\sqrt{3}}\arctan\left(\frac{x-1}{\sqrt{3}}\right)\right]_0^1 = \frac{\pi}{6\sqrt{3}}$$

(2)[43] $$\int_2^5 \frac{dx}{\sqrt{5+4x-x^2}} = \int_2^5 \frac{dx}{\sqrt{9-(x-2)^2}} = \frac{1}{3}\int_2^5 \frac{dx}{\sqrt{1-\left(\frac{x-2}{3}\right)^2}}$$
$$= \left[\arcsin\left(\frac{x-2}{3}\right)\right]_2^5 = \frac{\pi}{2}$$ □

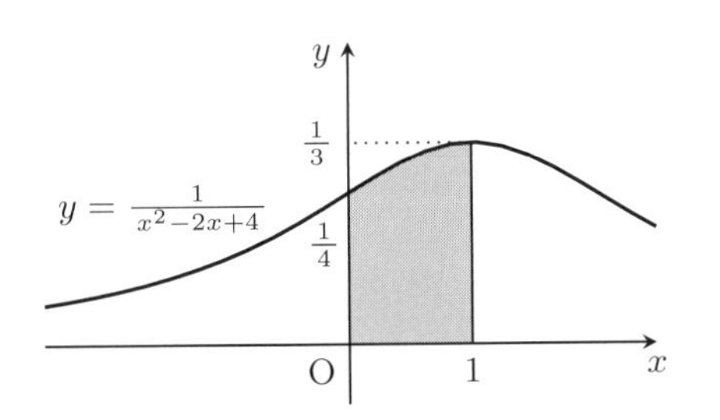

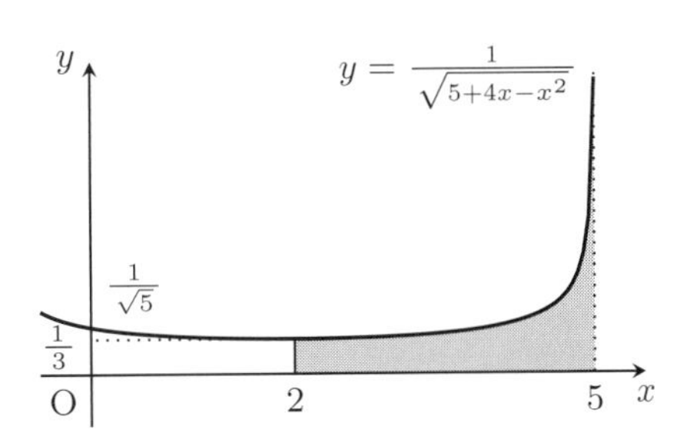

2 次式が現れる場合にいつでもこの方法で計算できるとは限らない．§ 11, 12 で，逆三角関数の微分公式を利用しづらい場合の計算について学ぶ．

問 30　次の定積分の値を求めよ．

(1) $\displaystyle\int_0^{\sqrt{3}} \frac{dx}{\sqrt{4-x^2}}$　　(2) $\displaystyle\int_0^2 \frac{dx}{x^2+4}$　　(3) $\displaystyle\int_{-1}^2 \frac{dx}{\sqrt{3+2x-x^2}}$

(4) $\displaystyle\int_{-1}^1 \frac{dx}{x^2+2x+5}$　　(5) $\displaystyle\int_1^2 \frac{dx}{\sqrt{1+2x-x^2}}$　　(6) $\displaystyle\int_1^5 \frac{dx}{x^2-4x+7}$

---

43)　被積分関数が $x \to 5-0$ で発散しているので，これは § 14 で学ぶ広義積分であるが，ここでは気にせず計算することにする．問 30 (3) も同様である．正しい扱い方を § 14 で学ぶ．

リーマン積分と微分積分学の基本定理*

本書では図形の面積を基に定積分を定義したが，そもそも面積自体の定義をしていなかった[44]．ここでは図形を長方形で近似することで，図形の“面積”，すなわち定積分を定義しよう．

関数 $f(x)$ が閉区間 $[a,b]$ で連続であるとする．ここでの目的は，グラフ $y=f(x)$ と x 軸および2直線 $x=a$, $x=b$ で囲まれた部分の“面積” S を定義することである．基本的な考え方は，区間 $[a,b]$ を分割し，図形を底辺が小さい長方形で近似することである．区間 $[a,b]$ を点 $x_1, \ldots, x_{n-1}$ で n 個の (等分割とは限らない) 小区間に分割し，$x_0=a$, $x_n=b$ とおく：

$$a = x_0 < x_1 < \cdots < x_n = b.$$

小区間 $[x_{i-1}, x_i]$ における $f(x)$ の最大値を M_i，最小値を m_i とすると，小区間 $[x_{i-1}, x_i]$ 上の点 t_i に対して，$m_i \leqq f(t_i) \leqq M_i$ が成り立つ．S は小区間 $[x_{i-1}, x_i]$ を底辺とする長方形の面積の和で，内側と外側から近似できると考えると

$$\sum_{i=1}^{n} m_i(x_i - x_{i-1}) \leqq (\text{今から定める“面積”}\ S) \leqq \sum_{i=1}^{n} M_i(x_i - x_{i-1})$$

が成り立つ．各小区間の幅が0に近づくように n を大きくすると，各小区間で $f(x)$ の最小値 m_i と最大値 M_i の差は小さくなり，両端の極限は一致することが知られている．この極限値を $\displaystyle\int_a^b f(x)\,dx$ で表す．これが符号付き面積 S の定義となる：

$$S = \int_a^b f(x)\,dx = \lim_{n\to\infty} \sum_{i=1}^{n} f(t_i)(x_i - x_{i-1}). \tag{9.1}$$

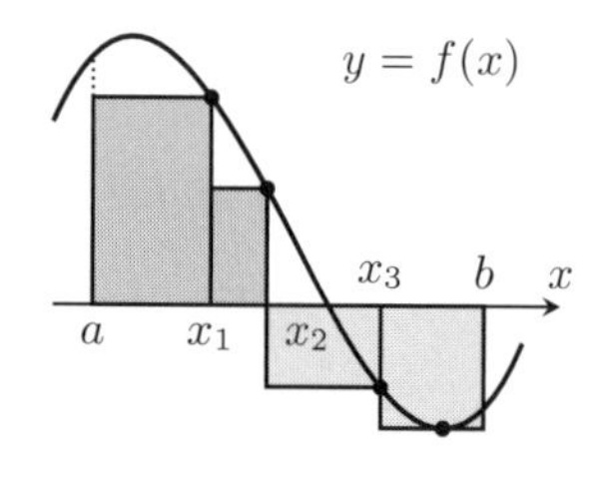

最小値によるリーマン和

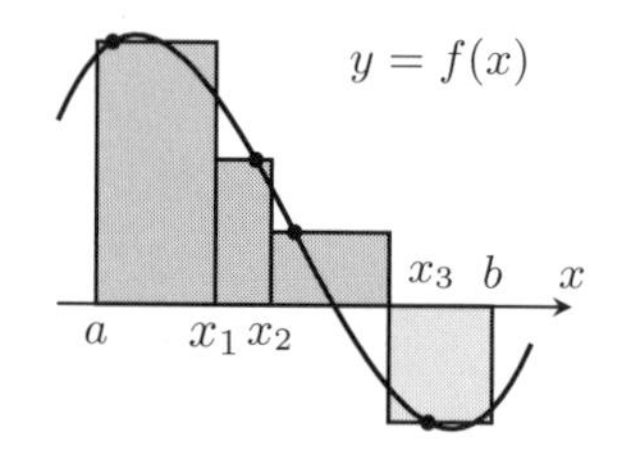

一般のリーマン和

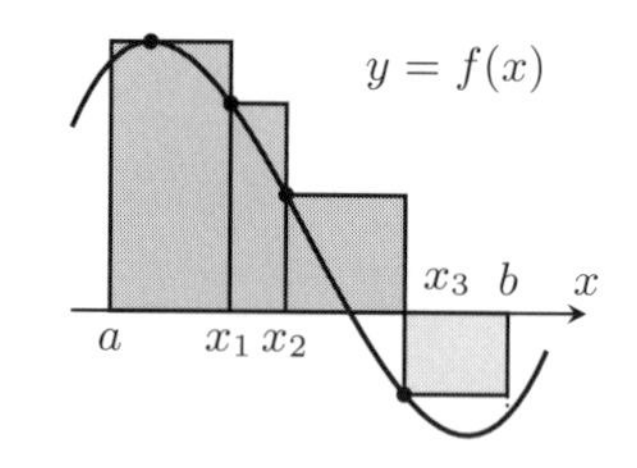

最大値によるリーマン和

(9.1) の右辺の長方形の符号付き面積和を**リーマン和**といい，面積を基に定義されたこの積分を**リーマン積分**という．高等学校で学ぶ区分求積法は，等分割の特別なリーマン和による積分の表示である．リーマン和により，定積分の値を近似計算することもできる．関数 $f(x)$ が連続でなくても，有界 (値が無限に発散しない) で (9.1) の右辺の和の極限が存在すれば，積分を定義することができる．

---

44) 小学校以来，私たちは図形の大きさを表す量として漠然と面積があると考えてきたが，これまで多角形以外の図形の面積にはそもそも定義がなかった．

次に，微分積分学の基本定理

$$\frac{d}{dx}\int_a^x f(t)\,dt = f(x) \tag{9.2}$$

を証明しよう．微分積分学の基本定理により，不定積分 $\displaystyle\int_a^x f(t)\,dt$ が $f(x)$ の原始関数の1つとなる．高等学校では，この「微分と積分が互いに逆の演算であること」を積分の定義として学ぶ．しかし，本書では図形の面積を基にリーマン積分の考え方で積分を定義したので，この新しい積分の定義の下で (9.2) が成り立つことは，定義でもなければ明らかでもなく，証明すべき等式となる．

連続関数 $f(t)$ の区間 $[a, x]$ におけるリーマン積分を

$$S(x) = \int_a^x f(t)\,dt$$

とおく．上端を変数 x と考えることで，$S(x)$ は x の関数となる．$S(x)$ を定義に基づき微分しよう．十分小さな正の数 h に対して，$S(x+h) - S(x)$ は区間 $[x, x+h]$ において $f(x)$ が定める図形の符号付き面積を表す．区間 $[x, x+h]$ における $f(x)$ の最大値を M，最小値を m とすると，区間 $[x, x+h]$ 上の点 t に対して，

$$m \leqq f(t) \leqq M$$

が成り立つ．区間 $[x, x+h]$ において $f(x)$ が定める図形を長方形で近似することにより，

$$mh \leqq S(x+h) - S(x) \leqq Mh$$

であり，

$$m \leqq \frac{S(x+h) - S(x)}{h} \leqq M$$

が成り立つ．$h < 0$ のときも同様である．$h \to 0$ のとき，$t \to x$ であり，$f(x)$ の連続性により，$m \to f(x)$, $M \to f(x)$ となるので，はさみうちの原理により，

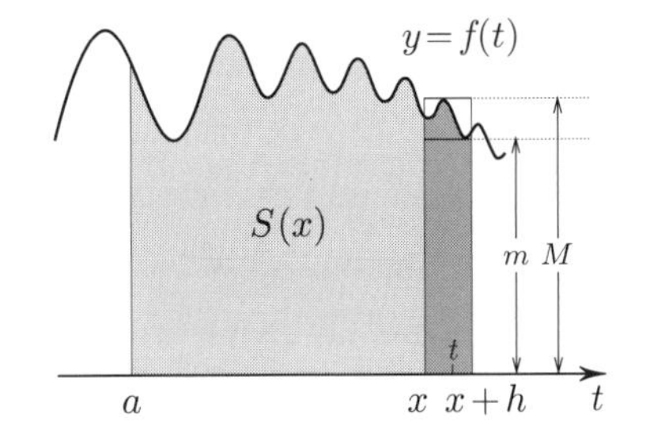

区間 $[x, x+h]$ における面積

$$S'(x) = \lim_{h \to 0} \frac{S(x+h) - S(x)}{h} = f(x)$$

が成り立つ．これで，微分積分学の基本定理が証明された．

幅が小さい区間における関数の変化を捉える考え方は，§13 で学ぶ立体の体積や曲線の長さの定義，Part II で触れる微分方程式を立てる際にも現れる．

10. 部分積分

部分積分公式

被積分関数が2つの関数の積の形である積分を考えよう．一方の関数の微分がもとの関数よりも簡単な形になる場合や，一方の原始関数がわかっている場合，次の**部分積分公式**が有効である：

$$\int_a^b f(x)g'(x)\,dx = \Big[f(x)g(x)\Big]_a^b - \int_a^b f'(x)g(x)\,dx$$

部分積分公式は，積の微分公式を移項した

$$f(x)g'(x) = (f(x)g(x))' - f'(x)g(x)$$

の両辺を積分することによって得られる．また，$G(x)$ を $g(x)$ の原始関数とすると，

$$\int_a^b f(x)g(x)\,dx = \Big[f(x)G(x)\Big]_a^b - \int_a^b f'(x)G(x)\,dx$$

と表すこともできる．

例題 34. 次の定積分の値を求めよ．

(1) $\displaystyle\int_0^1 xe^x\,dx$ (2) $\displaystyle\int_1^2 \log x\,dx$

考え方：(2) では，$\log x = 1 \cdot \log x$ と考える．

解 (1) $\displaystyle\int_0^1 xe^x\,dx = \int_0^1 x(e^x)'\,dx = \Big[xe^x\Big]_0^1 - \int_0^1 1\cdot e^x\,dx = e - \Big[e^x\Big]_0^1 = 1$

(2) $\displaystyle\int_1^2 \log x\,dx = \int_1^2 (x)'\log x\,dx = \Big[x\log x\Big]_1^2 - \int_1^2 x\frac{1}{x}\,dx = 2\log 2 - 1$ □

問 31 部分積分公式を用いて，次の定積分の値を求めよ．

(1) $\displaystyle\int_{-1}^1 (x-1)(x+1)^5\,dx$ (2) $\displaystyle\int_0^\pi x\sin 2x\,dx$ (3) $\displaystyle\int_1^e x\log x\,dx$

(4) $\displaystyle\int_0^2 xe^{-2x}\,dx$ (5) $\displaystyle\int_0^\pi x\cos 3x\,dx$ (6) $\displaystyle\int_e^{2e} \log 2x\,dx$ (7) $\displaystyle\int_0^1 \arctan x\,dx$

例題 35. 定積分 $\displaystyle\int_0^1 x^2e^x\,dx$ の値を求めよ．

解　部分積分公式を 2 回用いることにより，

$$\int_0^1 x^2e^x\,dx \overset{1\text{回目}}{=\!=} \Big[x^2e^x\Big]_0^1 - \int_0^1 2xe^x\,dx$$

$$\overset{2\text{回目}}{=\!=} e-2\left(\Big[xe^x\Big]_0^1 - \int_0^1 1\cdot e^x\,dx\right)$$

$$= e-2$$

となる．　□

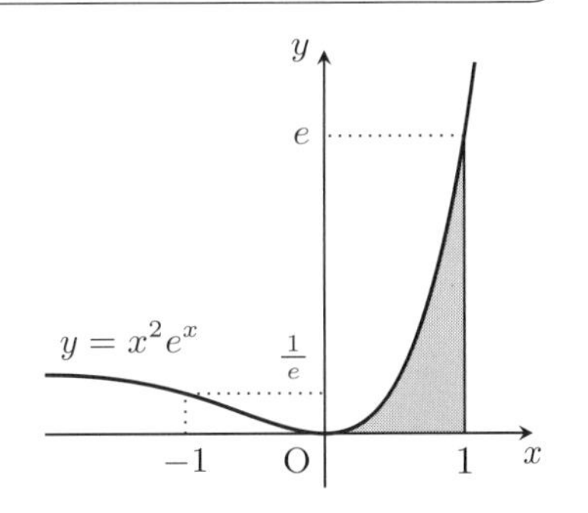

繰り返し微分して形が簡単になる関数を見極めることが計算の鍵となる．部分積分公式を複数回用いる場合，括弧を用いて符号のミスを防ぐ工夫をするとよい．

● **問 32**　部分積分公式を用いて，次の定積分の値を求めよ．

(1) $\displaystyle\int_0^{\frac{\pi}{2}} x^2\cos x\,dx$　　(2) $\displaystyle\int_{-1}^2 (x+1)^2(x-2)^3\,dx$　　(3) $\displaystyle\int_1^2 (\log x)^2\,dx$

部分積分公式を用いて求める定積分についての関係式を得ることで，その値を計算できる場合がある．

例題 36. 定積分 $I=\displaystyle\int_0^{\pi} e^x\sin x\,dx$ の値を求めよ．

解　部分積分公式を 2 回用いることにより，

$$I = \Big[e^x\sin x\Big]_0^{\pi} - \int_0^{\pi} e^x\cos x\,dx$$

$$= \Big[e^x\sin x - e^x\cos x\Big]_0^{\pi} + \int_0^{\pi} e^x(-\sin x)\,dx$$

$$= e^{\pi}+1-I$$

となる．よって，$I=\dfrac{1}{2}(e^{\pi}+1)$ となる．　□

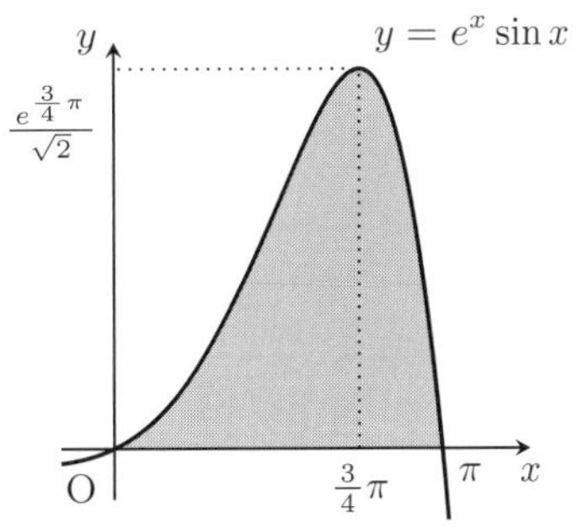

● **問 33**　部分積分公式を用いて，次の定積分の値を求めよ．

(1) $\displaystyle\int_0^{\frac{\pi}{2}} e^{-x}\cos x\,dx$　　(2) $\displaystyle\int_0^1 e^{2x}\sin 3\pi x\,dx$　　(3) $\displaystyle\int_0^{\frac{\pi}{2}} \sin^2 x\,dx$

積分漸化式 (1)

例題 37. 定積分 $I_n = \int_0^{\frac{\pi}{2}} \sin^n x\,dx$ $(n = 0,\,1,\,2,\,\ldots)$ の値を求めよ．

考え方：問 33 (3) のように，部分積分公式を用いて I_n についての関係式を得ることを考える．

解　まず，$I_0 = \int_0^{\frac{\pi}{2}} 1\,dx = \frac{\pi}{2}$，$I_1 = \int_0^{\frac{\pi}{2}} \sin x\,dx = 1$ である．次に，$n \geqq 2$ のとき，$(\cos x)' = -\sin x$ なので，部分積分公式により，

$$\begin{aligned} I_n &= \int_0^{\frac{\pi}{2}} \sin^{n-1} x(-\cos x)'\,dx \\ &= \Big[-\sin^{n-1} x \cos x \Big]_0^{\frac{\pi}{2}} + \int_0^{\frac{\pi}{2}} (n-1)\sin^{n-2} x \cos^2 x\,dx \\ &= (n-1)\int_0^{\frac{\pi}{2}} \sin^{n-2} x(1-\sin^2 x)\,dx \\ &= (n-1)(I_{n-2} - I_n) \end{aligned}$$

となる．よって，I_n は漸化式

$$I_n = \frac{n-1}{n} I_{n-2}$$

を満たし，順に

$$I_2 = \frac{1}{2}I_0 = \frac{\pi}{4}, \qquad I_4 = \frac{3}{4}I_2 = \frac{3}{16}\pi, \qquad I_6 = \frac{5}{6}I_4 = \frac{5}{32}\pi, \qquad \cdots$$

$$I_3 = \frac{2}{3}I_1 = \frac{2}{3}, \qquad I_5 = \frac{4}{5}I_3 = \frac{8}{15}, \qquad I_7 = \frac{6}{7}I_5 = \frac{16}{35}, \qquad \cdots$$

が得られる．一般に，

$$I_0 = \frac{\pi}{2}, \quad I_1 = 1, \quad I_{2n} = \frac{(2n-1)!!}{(2n)!!}\frac{\pi}{2}, \quad I_{2n+1} = \frac{(2n)!!}{(2n+1)!!} \quad (n = 1,\,2,\,\ldots)$$

となる． □

例題 37 の解に現れた **2 重階乗**は

$$(2n)!! = 2n(2n-2)\cdots 4\cdot 2 = 2^n n!,$$

$$(2n-1)!! = (2n-1)(2n-3)\cdots 3\cdot 1 = \frac{(2n-1)!}{(2n-2)!!}$$

を意味する．π は無理数であることが知られているので，I_{2n} は無理数となり，I_{2n+1} は有理数となる．I_n の値は，n の偶奇によって性質が異なる興味深い数である．

● **問 34**　定積分 $J_n = \int_0^{\frac{\pi}{2}} \cos^n x\,dx$ $(n = 0, 1, 2, \ldots)$ の値を求めよ．

テイラーの定理*

§6で，一般の関数を多項式で近似する方法である N 次展開やテイラー展開について学んだ．ここでは，部分積分を利用して，関数の多項式近似を求めてみよう．

$f(x)$ を無限回微分可能な関数とする．まず，微分積分学の基本定理により，

$$f(x) - f(a) = \int_a^x f'(t)\,dt$$

が成り立つ．ここで，$f'(t) = 1 \cdot f'(t) = (t-x)'f'(t)$ と見て[45]部分積分を繰り返すと，

$$\begin{aligned}
f(x) &= f(a) + \Big[(t-x)f'(t)\Big]_a^x - \int_a^x (t-x)f''(t)\,dt \\
&= f(a) + f'(a)(x-a) - \left[\frac{1}{2}(t-x)^2 f''(t)\right]_a^x + \int_a^x \frac{1}{2}(t-x)^2 f'''(t)\,dt \\
&= f(a) + f'(a)(x-a) + \frac{f''(a)}{2}(x-a)^2 \\
&\quad + \left[\frac{1}{3!}(t-x)^3 f'''(t)\right]_a^x - \int_a^x \frac{1}{3!}(t-x)^3 f^{(4)}(t)\,dt \\
&\ \ \vdots \\
&= f(a) + f'(a)(x-a) + \frac{f''(a)}{2}(x-a)^2 + \cdots + \frac{f^{(N-1)}(a)}{(N-1)!}(x-a)^{N-1} \\
&\quad + (-1)^{N-1}\left[\frac{1}{N!}(t-x)^N f^{(N)}(t)\right]_a^x + (-1)^N \int_a^x \frac{1}{N!}(t-x)^N f^{(N+1)}(t)\,dt \\
&= f(a) + f'(a)(x-a) + \cdots + \frac{f^{(N)}(a)}{N!}(x-a)^N + \int_a^x \frac{f^{(N+1)}(t)}{N!}(x-t)^N\,dt
\end{aligned}$$

が得られる．

$$f_N(x) = f(a) + f'(a)(x-a) + \cdots + \frac{f^{(N)}(a)}{N!}(x-a)^N$$

を $f(x)$ の N 次近似式といった（§6参照）．$f(x)$ と $f_N(x)$ の間の誤差を表す

$$R_N(x) = \int_a^x \frac{f^{(N+1)}(t)}{N!}(x-t)^N\,dt$$

を**ベルヌーイ剰余項**という．N 次展開をベルヌーイ剰余項を用いて表した等式

$$f(x) = f_N(x) + R_N(x)$$

を**テイラーの定理**という．なお，剰余項の表示には，**ラグランジュ剰余項**とよばれる

$$\frac{f^{(N+1)}(\theta)}{(N+1)!}(x-a)^{N+1} \quad (\theta \text{ は } x \text{ を含む式})$$

の形も知られている．

---

45) x を固定し，t についての微分を考える．$(t-x)$ の指数を増やすことが考え方となる．

11. さまざまな積分計算

三角関数を含む積分 (1)

三角関数には，相互関係，倍角の公式，積和公式などさまざまな関係式がある．次数が大きい三角関数の式を含む積分は，関係式を用いて § 9 で学んだ特別な場合に帰着させたり，次数を下げて三角関数の 1 次式に変形することにより計算できる場合がある．また，周期性や対称性を利用することが鍵となる場合もある．

例題 38. 次の定積分の値を求めよ．

(1) $\displaystyle\int_0^{\frac{\pi}{3}} \sin^2 x\,dx$　　(2) $\displaystyle\int_0^{\frac{\pi}{3}} \sin 2x \cos x\,dx$

解 1　(1) 半角の公式 (または，2 倍角の公式，積和公式 (付録参照)) により，

$$\int_0^{\frac{\pi}{3}} \sin^2 x\,dx = \int_0^{\frac{\pi}{3}} \frac{1-\cos 2x}{2}\,dx = \frac{1}{2}\left[x - \frac{1}{2}\sin 2x\right]_0^{\frac{\pi}{3}} = \frac{\pi}{6} - \frac{\sqrt{3}}{8}$$

となる．

(2) 積和公式により，

$$\int_0^{\frac{\pi}{3}} \sin 2x \cos x\,dx = \int_0^{\frac{\pi}{3}} \frac{1}{2}(\sin 3x + \sin x)\,dx = \frac{1}{2}\left[-\frac{1}{3}\cos 3x - \cos x\right]_0^{\frac{\pi}{3}} = \frac{7}{12}$$

となる．

解 2　(2) 2 倍角の公式により，

$$\int_0^{\frac{\pi}{3}} \sin 2x \cos x\,dx = \int_0^{\frac{\pi}{3}} 2\sin x \cos^2 x\,dx = \left[-\frac{2}{3}\cos^3 x\right]_0^{\frac{\pi}{3}} = \frac{7}{12}$$

となる． □

三角関数を含む積分計算では，符号や関数の書き間違いのミスが起こりやすい．原始関数を求めたら，実際に微分して被積分関数に戻ることを確認してから上端と下端を代入するようにしよう．

● **問 35**　次の定積分の値を求めよ．

(1) $\displaystyle\int_0^{\frac{\pi}{6}} \cos^2 x\,dx$　　(2) $\displaystyle\int_{\frac{\pi}{3}}^{\pi} \cos 2x \cos 3x\,dx$　　(3) $\displaystyle\int_{-\frac{\pi}{2}}^{\frac{\pi}{4}} \sin^2 2x \cos^2 2x\,dx$

(4) $\displaystyle\int_{-\frac{\pi}{3}}^{\frac{2}{3}\pi} \cos^3 x\,dx$　　(5) $\displaystyle\int_0^{\frac{5}{6}\pi} \sin 3x \sin 5x\,dx$　　(6) $\displaystyle\int_{-\frac{\pi}{2}}^{\frac{\pi}{2}} \sin^4 x\,dx$

有理関数の扱い方

多項式 $f(x)$, $g(x)$ を用いて $\dfrac{g(x)}{f(x)}$ の形で表される関数を**有理関数**という．分子 $g(x)$ を分母 $f(x)$ で割り算したときの商を $q(x)$，余りを $r(x)$ とすると，有理関数 $\dfrac{g(x)}{f(x)}$ は，多項式 $q(x)$ と，分母の次数が分子の次数よりも大きな有理関数 $\dfrac{r(x)}{f(x)}$ の和で表される：

$$\frac{g(x)}{f(x)} = \frac{f(x)q(x) + r(x)}{f(x)} = q(x) + \frac{r(x)}{f(x)}.$$

したがって，有理関数の積分計算は，分母 $f(x)$ の次数が分子 $g(x)$ の次数よりも大きい有理関数の場合に帰着できる．

§9 で学んだ，微分積分学の基本定理を用いて積分を計算できる有理関数は，

$$\frac{1}{(ax+b)^n}, \qquad \frac{f'(x)}{(f(x))^n}, \qquad \frac{1}{(x-\alpha)^2+\beta^2}$$

($f(x)$ は多項式，a, b, α, β は定数，n は自然数) の 3 通りであった．

例題 39. 次の定積分の値を求めよ．

(1) $\displaystyle\int_0^1 \frac{x^3+3x}{x^2+1}\,dx$ (2) $\displaystyle\int_{-1}^1 \frac{x+2}{x^2+2x+3}\,dx$

解 (1) 分子を $x^3+3x = (x^2+1)x + 2x = (x^2+1)x + (x^2+1)'$ と変形すると，

$$\int_0^1 \frac{x^3+3x}{x^2+1}\,dx = \int_0^1 \left\{ x + \frac{(x^2+1)'}{x^2+1} \right\} dx$$
$$= \left[\frac{1}{2}x^2 + \log(x^2+1) \right]_0^1 = \frac{1}{2} + \log 2$$

となる．

(2) 分子を $x+2 = \dfrac{1}{2}(2x+2)+1 = \dfrac{1}{2}(x^2+2x+3)'+1$ と変形すると，

$$\int_{-1}^1 \frac{x+2}{x^2+2x+3}\,dx = \int_{-1}^1 \left\{ \frac{1}{2}\frac{(x^2+2x+3)'}{x^2+2x+3} + \frac{1}{2}\frac{1}{1+\left(\frac{x+1}{\sqrt{2}}\right)^2} \right\} dx$$
$$= \left[\frac{1}{2}\log\left(x^2+2x+3\right) + \frac{1}{\sqrt{2}}\arctan\left(\frac{x+1}{\sqrt{2}}\right) \right]_{-1}^1$$
$$= \frac{1}{2}\log 3 + \frac{1}{\sqrt{2}}\arctan\sqrt{2}$$

となる． □

部分分数分解

実数係数の多項式は 1 次または 2 次の多項式の積に因数分解できることが知られている[46]ので，有理関数は分母が 1 次または 2 次の多項式，またはそれらのべき乗である有理関数の和の形に分解することができる．この分解を**部分分数分解**という．有理関数を積分するとき，原始関数がわかる形に部分分数分解する必要がある．

例題 40. 有理関数 $\dfrac{2x+3}{x^4+2x^3+2x^2+2x+1}$ を部分分数分解せよ．

考え方：分母は $x^4+2x^3+2x^2+2x+1=(x+1)^2(x^2+1)$ と因数分解されるので，与えられた有理関数を原始関数がわかる形に変形するために，

$$\frac{a}{x+1}+\frac{b}{(x+1)^2}+\frac{2cx}{x^2+1}+\frac{d}{x^2+1} \qquad (a,\,b,\,c,\,d\ \text{は定数})$$

の形に分解することを考える．3 項目は，分子が分母の導関数の定数倍となっている．

解　a, b, c, d を定数とし，

$$\frac{2x+3}{x^4+2x^2+2x^2+2x+1}=\frac{a}{x+1}+\frac{b}{(x+1)^2}+\frac{2cx}{x^2+1}+\frac{d}{x^2+1}$$

が成り立つとする．両辺の分母を払って整理すると，恒等式

$$2x+3=(a+2c)x^3+(a+b+4c+d)x^2+(a+2c+2d)x+a+b+d$$

が成り立つ．a, b, c, d に関する連立 1 次方程式

$$\begin{cases} a \phantom{{}+b} + 2c \phantom{{}+2d} = 0 \\ a + b + 4c + d = 0 \\ a \phantom{{}+b} + 2c + 2d = 2 \\ a + b \phantom{{}+2c} + d = 3 \end{cases}$$

を解くことにより，$a=\dfrac{3}{2}, b=\dfrac{1}{2}, c=-\dfrac{3}{4}, d=1$ を得る．よって，

$$\frac{2x+3}{x^4+2x^3+2x^2+2x+1}=\frac{3}{2}\frac{1}{x+1}+\frac{1}{2}\frac{1}{(x+1)^2}-\frac{3}{4}\frac{2x}{x^2+1}+\frac{1}{x^2+1}$$

となる．□

部分分数分解により，有理関数は次の形の関数の定数倍の和で表すことができる：

$$\text{(i)}\ \frac{1}{(x-\alpha)^n}, \qquad \text{(ii)}\ \frac{x-\alpha}{\{(x-\alpha)^2+\beta^2\}^n}, \qquad \text{(iii)}\ \frac{1}{\{(x-\alpha)^2+\beta^2\}^n}$$

(α, β は定数，n は自然数)．(i), (ii), (iii) ($n=1$ の場合) の積分はすでに学んだ方法で計算でき，(iii) ($n \geqq 2$ の場合) の積分は本節の最後で説明する積分漸化式を用いて計算できる．よって，必ず有理関数の原始関数を求めることができる．

---

46) **代数学の基本定理**という．

例題 41. 定積分 $\displaystyle\int_0^1 \frac{2x+3}{x^4+2x^3+2x^2+2x+1}\,dx$ の値を求めよ．

解　例題 40 より，

$$\begin{aligned}
&\int_0^1 \frac{2x+3}{x^4+2x^3+2x^2+2x+1}\,dx \\
&\quad = \frac{3}{2}\int_0^1 \frac{dx}{x+1} + \frac{1}{2}\int_0^1 \frac{dx}{(x+1)^2} - \frac{3}{4}\int_0^1 \frac{2x}{x^2+1}\,dx + \int_0^1 \frac{dx}{x^2+1} \\
&\quad = \left[\frac{3}{2}\log|x+1| - \frac{1}{2}\frac{1}{x+1} - \frac{3}{4}\log(x^2+1) + \arctan x\right]_0^1 \\
&\quad = \frac{1}{4} + \frac{3}{4}\log 2 + \frac{\pi}{4}
\end{aligned}$$

となる．　□

問 36　次の定積分の値を求めよ．

(1) $\displaystyle\int_0^1 \frac{x^3+x+1}{x^2+1}\,dx$　(2) $\displaystyle\int_0^1 \frac{x+3}{(x+1)(x+2)}\,dx$　(3) $\displaystyle\int_1^2 \frac{2x^2-3}{x(x-3)}\,dx$

(4) $\displaystyle\int_0^1 \frac{dx}{x^3+1}$　(5) $\displaystyle\int_0^1 \frac{x^2}{(x+1)^2(x-2)}\,dx$　(6) $\displaystyle\int_{-1}^0 \frac{x^3}{(x^2+1)(x-1)^2}\,dx$

積分漸化式 (2)*

自然数 n に対して，定積分

$$I_n = \int_a^b \frac{dx}{\{(x-\alpha)^2+\beta^2\}^n} \qquad (\alpha,\beta \text{ は定数，} \beta \neq 0)$$

が満たす漸化式を求めよう．$n=1$ のとき，

$$I_1 = \frac{1}{\beta}\int_a^b \frac{\frac{1}{\beta}}{1+(\frac{x-\alpha}{\beta})^2}\,dx = \left[\frac{1}{\beta}\arctan\left(\frac{x-\alpha}{\beta}\right)\right]_a^b$$

となる．$n \geqq 2$ のとき，$1=(x-\alpha)'$ なので，部分積分公式により，

$$\begin{aligned}
I_n &= \left[\frac{x-\alpha}{\{(x-\alpha)^2+\beta^2\}^n}\right]_a^b + 2n\int_a^b \frac{(x-\alpha)^2+\beta^2-\beta^2}{\{(x-\alpha)^2+\beta^2\}^{n+1}}\,dx \\
&= \left[\frac{x-\alpha}{\{(x-\alpha)^2+\beta^2\}^n}\right]_a^b + 2n(I_n - \beta^2 I_{n+1})
\end{aligned}$$

となる．よって，I_n は漸化式

$$I_{n+1} = \frac{2n-1}{2n\beta^2}I_n + \frac{1}{2n\beta^2}\left[\frac{x-\alpha}{\{(x-\alpha)^2+\beta^2\}^n}\right]_a^b$$

を満たす．

12. 置換積分

置換積分公式

§9で学んだように，積分計算においては，被積分関数からうまく積分できる塊をみつけることが重要であった．しかし，いつでもうまくいくとは限らない．本節では，塊を基に積分変数の置き換え (**置換**または**変数変換**ともいう) を行う方法を学ぶ．

$F(x)$ を $f(x)$ の原始関数とする．x が t の微分可能な関数 $x=g(t)$ で表されるとき，$y=F(x)=F(g(t))$ は t の関数となる．合成関数の微分公式により

$$\frac{dy}{dx}=F'(x)=f(x), \qquad \frac{dy}{dt}=\frac{dy}{dx}\frac{dx}{dt}=f(x)g'(t)=f(g(t))g'(t)$$

であるので，$a=g(\alpha), b=g(\beta)$ とすると，次の**置換積分公式**が成り立つ：

$$\int_a^b f(x)\,dx=\int_\alpha^\beta f(g(t))g'(t)\,dt$$

置換積分を行うと，被積分関数だけでなく dx や積分区間も変化することに注意しよう．$\dfrac{dx}{dt}=g'(t)$ と範囲の変化を，形式的に

$$dx=g'(t)\,dt, \qquad \begin{array}{c|ccc} x & a & \to & b \\ \hline t & \alpha & \to & \beta \end{array}$$

で表すと扱いやすい．置換積分では，公式よりも式の書き換え方が重要となる．

例題 42. 定積分 $\displaystyle\int_1^2 x\sqrt{x-1}\,dx$ の値を求めよ．

解1 $t=x-1$ とおく．$x=t+1$ より，$dx=dt$，$\begin{array}{c|c} x & 1\to 2 \\ \hline t & 0\to 1 \end{array}$ となるので，

$$\int_1^2 x\sqrt{x-1}\,dx=\int_0^1 (t+1)\sqrt{t}\,dt=\left[\frac{2}{5}t^{\frac{5}{2}}+\frac{2}{3}t^{\frac{3}{2}}\right]_0^1=\frac{16}{15}$$

となる．

解2 $t=\sqrt{x-1}$ とおく．$x=t^2+1$ より，$dx=2t\,dt$，$\begin{array}{c|c} x & 1\to 2 \\ \hline t & 0\to 1 \end{array}$ となるので，

$$\int_1^2 x\sqrt{x-1}\,dx=\int_0^1 (t^2+1)t\cdot 2t\,dt=\left[\frac{2}{5}t^5+\frac{2}{3}t^3\right]_0^1=\frac{16}{15}$$

となる． □

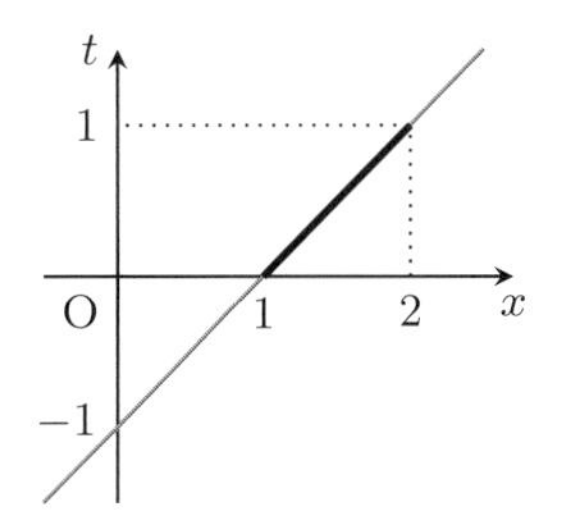

解 1：置換 $t = x - 1$ による対応

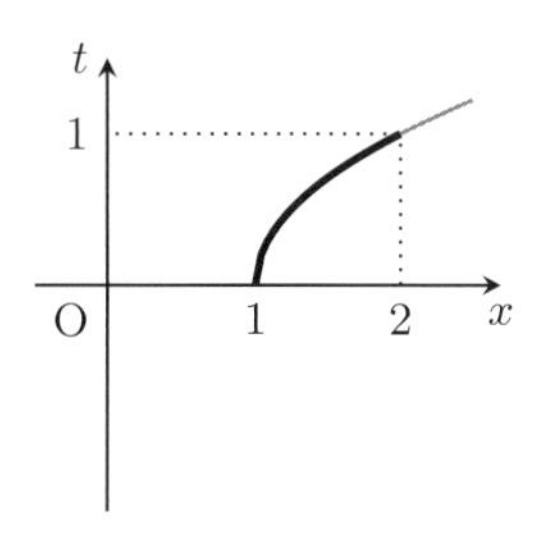

解 2：置換 $t = \sqrt{x - 1}$ による対応

以降，本節の目的は与えられた置換を用いて式の書き換えに慣れることとするが，どのように置換するとうまく積分を計算できるかは試行錯誤によるところが大きい．また，§ 9 で学んだ基本的な積分を仮にうまく計算できなかった場合，置換積分が有効な方法になる．例えば，例題 32 (3) を次のように計算することもできる．

> **例題 43.** 置換 $t = \sin x$ により，定積分 $\displaystyle\int_0^{\frac{\pi}{4}} \sin^3 x \cos x \, dx$ の値を求めよ．

解　$dt = \cos x \, dx$, $\begin{array}{c|c} x & 0 \to \frac{\pi}{4} \\ \hline t & 0 \to \frac{1}{\sqrt{2}} \end{array}$ となるので，

$$\int_0^{\frac{\pi}{4}} \sin^3 x \cos x \, dx = \int_0^{\frac{1}{\sqrt{2}}} t^3 \, dt$$

$$= \left[\frac{1}{4} t^4 \right]_0^{\frac{1}{\sqrt{2}}} = \frac{1}{16}$$

となる．□

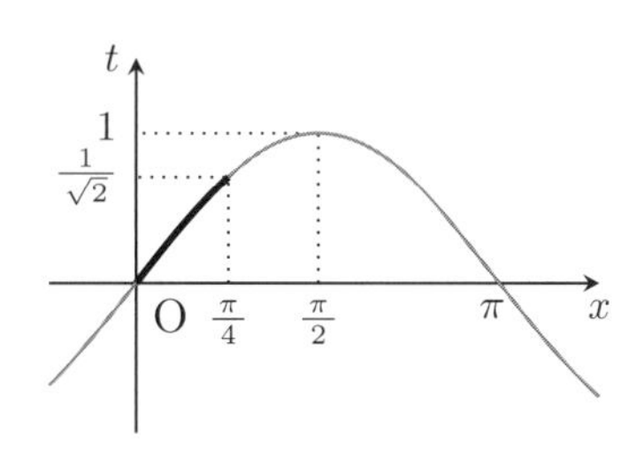

置換 $t = \sin x$ による対応

● **問 37**　与えられた置換を用いて，次の定積分の値を求めよ．

(1) $\displaystyle\int_0^1 x\sqrt{2x+1} \, dx \quad (t = 2x + 1)$　　(2) $\displaystyle\int_0^1 x(1-x)^5 \, dx \quad (t = 1 - x)$

(3) $\displaystyle\int_{-1}^0 \frac{x}{\sqrt{1-3x}} \, dx \quad (t = \sqrt{1-3x})$　　(4) $\displaystyle\int_1^2 \frac{dx}{e^x - 1} \quad (t = e^x)$

(5) $\displaystyle\int_{\frac{\pi}{3}}^{\frac{\pi}{2}} \frac{dx}{\sin x} \quad (t = \cos x)$　　(6) $\displaystyle\int_0^1 e^{-\sqrt{x}} \, dx \quad (t = \sqrt{x})$

置換積分を行うとき，もとの変数を残してはならない．変数をすべて置き換えたことと積分範囲の書き直しを行ったことを確認することが大切である．

三角関数を含む積分 (2)

三角関数 $\sin x, \cos x$ を含む関数の積分計算において，これまで学んだ方法で原始関数を求めることができない場合，

$$t = \tan\frac{x}{2}$$

による置換が有効な場合がある．$t = \tan\frac{x}{2}$ のとき，2 倍角の公式 (付録参照) により，

$$\sin x = 2\sin\frac{x}{2}\cos\frac{x}{2} = \frac{2\sin\frac{x}{2}\cos\frac{x}{2}}{\cos^2\frac{x}{2}+\sin^2\frac{x}{2}} = \frac{2\tan\frac{x}{2}}{1+\tan^2\frac{x}{2}} = \frac{2t}{1+t^2},$$

$$\cos x = \cos^2\frac{x}{2} - \sin^2\frac{x}{2} = \frac{\cos^2\frac{x}{2}-\sin^2\frac{x}{2}}{\cos^2\frac{x}{2}+\sin^2\frac{x}{2}} = \frac{1-\tan^2\frac{x}{2}}{1+\tan^2\frac{x}{2}} = \frac{1-t^2}{1+t^2}$$

であり，さらに，

$$\frac{dt}{dx} = \frac{1}{2}\frac{1}{\cos^2\frac{x}{2}} = \frac{1}{2}\left(1+\tan^2\frac{x}{2}\right) = \frac{1}{2}(1+t^2)$$

により，$dx = \dfrac{2}{1+t^2}\,dt$ である．この方法によって，例えば三角関数の有理式の積分は t の有理関数の積分に帰着できるので，必ず原始関数を求めることができる．

例題 44. 置換 $t = \tan\frac{x}{2}$ により，定積分 $\displaystyle\int_{\frac{\pi}{3}}^{\frac{\pi}{2}} \frac{dx}{\sin x}$ の値を求めよ．

解 $dx = \dfrac{2}{1+t^2}\,dt$,

x	$\frac{\pi}{3} \to \frac{\pi}{2}$
t	$\frac{\sqrt{3}}{3} \to 1$

となるので，

$$\int_{\frac{\pi}{3}}^{\frac{\pi}{2}} \frac{dx}{\sin x} = \int_{\frac{\sqrt{3}}{3}}^{1} \frac{1+t^2}{2t}\frac{2}{1+t^2}\,dt = \Big[\log|t|\Big]_{\frac{\sqrt{3}}{3}}^{1} = \frac{1}{2}\log 3$$

となる． □

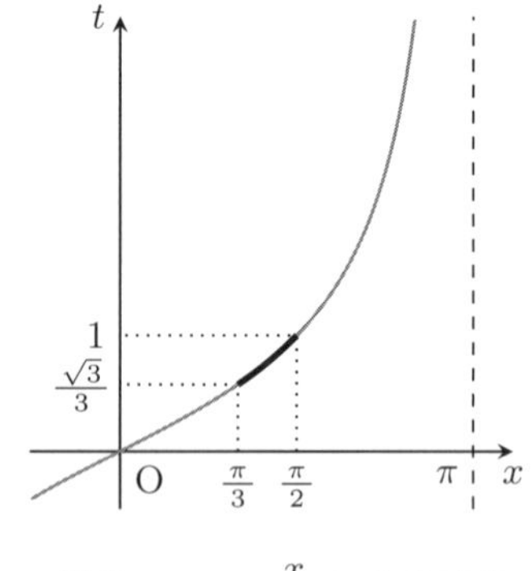

置換 $t = \tan\frac{x}{2}$ による対応

問 38 置換 $t = \tan\frac{x}{2}$ により，次の定積分の値を求めよ．

(1) $\displaystyle\int_0^{\frac{\pi}{2}} \frac{dx}{1+\sin x}$ (2) $\displaystyle\int_0^{\frac{\pi}{3}} \frac{dx}{3+\cos x}$ (3) $\displaystyle\int_{\frac{\pi}{2}}^{\frac{2}{3}\pi} \frac{dx}{1+\cos x+\sin x}$

数学トピックス：変数変換 $t=\tan\dfrac{\theta}{2}$ の幾何的な意味

前頁の置換に現れた関数 $t=\tan\dfrac{\theta}{2}$ の幾何的な意味を考えよう．単位円 $x^2+y^2=1$ を S とする．S 上の点 P は媒介変数 θ を用いて

$$x=\cos\theta, \qquad y=\sin\theta$$

と表すことができる．$\theta\neq\pi$ のとき，S 上の異なる 2 点 $\mathrm{A}(-1,0)$ と $\mathrm{P}(\cos\theta,\sin\theta)$ を通る直線を ℓ とする．三角形 OAP は 2 等辺三角形なので，ℓ と x 軸とのなす角は $\dfrac{\theta}{2}$ であり，ℓ の傾き t は θ を用いて

$$t=\tan\frac{\theta}{2}$$

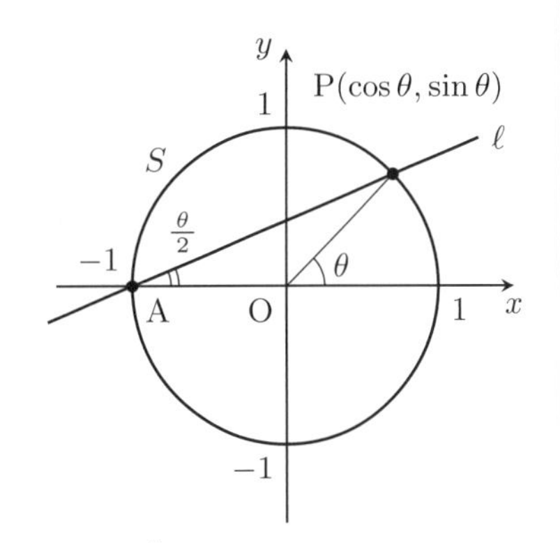

$\tan\dfrac{\theta}{2}$ と $\cos\theta, \sin\theta$ の対応

と表される．また，ℓ の方程式は $y=t(x+1)$ なので，$x^2+y^2=1$ に代入することにより，

$$(x+1)\{(1+t^2)x-(1-t^2)\}=0$$

となる．よって，$\mathrm{P}(\cos\theta,\sin\theta)$ の座標は t を用いて

$$x=\cos\theta=\frac{1-t^2}{1+t^2}, \qquad y=\sin\theta=t(x+1)=\frac{2t}{1+t^2}$$

と表される．これが変換 $t=\tan\dfrac{\theta}{2}$ と $\cos\theta, \sin\theta$ の幾何的な対応である．

数学トピックス ☕ ： ネイピア数 e

自然対数の底 e は，対数の概念を考え出したジョン・ネイピアに由来して，ネイピア数とよばれています．しかし，その定義は連続複利の元利計算のなかでヤコブ・ベルヌーイによって考えられたといわれています．元金 1 を年利 1 で 1 年貯金する場合，年に n 回利息が付くとすると，1 回につき利息 $\dfrac{1}{n}$ が付くので，1 年後には元利合計が $\left(1+\dfrac{1}{n}\right)^n$ になります．利息が付く回数が多くなればなるほど元利合計が増えていくことになり，その極限値がネイピア数 e です．

ネイピア数は「微分によって指数関数を保存する数」として微分積分学において重要な役割を果たしています．その重要性を見い出したのはゴットフリート・ライプニッツですが，その記号に e を用い出したのはレオンハルト・オイラーであるといわれていて，欧米では e をオイラー数とよぶことがあります．

2 次式を含む関数の積分*

2 次式を含む関数の積分には，これまで学んだ方法ではうまく計算できないものもあった．そこで，定数 $a\ (\neq 0), b, c$ に対して，2 次式 ax^2+bx+c を

$$ax^2+bx+c=a\left(x+\frac{b}{2a}\right)^2+c-\frac{b^2}{4a} \tag{12.1}$$

と平方完成する．$x+\dfrac{b}{2a}$，$c-\dfrac{b^2}{4a}$ をそれぞれ X, k とおき，(12.1) を aX^2+k で表す．2 次式を含む関数の積分は，(12.1) をうまく使って，$\sqrt{\left|\dfrac{a}{k}\right|}X$ を

$$t, \qquad \tan t, \qquad \frac{1}{\tan t}, \qquad \sin t, \qquad \frac{1}{\sin t}$$

で置換することにより，逆三角関数や三角関数の積分に帰着できる場合がある．また，無理式 $\sqrt{X^2+k}$ が現れる場合，置換 $t=X+\sqrt{X^2+k}$ が有効な場合がある．

例題 45. 置換 $x=2\sin t$ により，定積分 $\displaystyle\int_0^1 \sqrt{4-x^2}\,dx$ の値を求めよ．

解 $dx=2\cos t\,dt$, $\begin{array}{c|c} x & 0\to 1 \\ \hline t & 0\to \frac{\pi}{6}\end{array}$ となるので，

$$\begin{aligned}\int_0^1 \sqrt{4-x^2}\,dx &= \int_0^{\frac{\pi}{6}} \sqrt{4-4\sin^2 t}\cdot 2\cos t\,dt = \int_0^{\frac{\pi}{6}} 4\cos^2 t\,dt \\ &= \int_0^{\frac{\pi}{6}} 2(1+\cos 2t)\,dt = 2\left[t+\frac{1}{2}\sin 2t\right]_0^{\frac{\pi}{6}} = \frac{\pi}{3}+\frac{\sqrt{3}}{2}\end{aligned}$$

となる[47]． □

問 39 与えられた置換を用いて，次の定積分の値を求めよ．

(1) $\displaystyle\int_0^{\frac{3\sqrt{3}}{2}} \frac{dx}{\sqrt{9-x^2}} \quad (x=3\sin t)$

(2) $\displaystyle\int_0^{\frac{3\sqrt{3}}{2}} \sqrt{9-x^2}\,dx \quad (x=3\sin t)$

(3) $\displaystyle\int_0^1 \frac{dx}{\sqrt{x^2+1}} \quad (t=x+\sqrt{x^2+1})$

(4) $\displaystyle\int_0^1 \frac{dx}{\sqrt{x^2+1}} \quad (x=\tan t)$

(5) $\displaystyle\int_1^{\frac{2\sqrt{3}}{3}} \frac{dx}{\sqrt{x^2-1}} \quad \left(x=\frac{1}{\sin t}\right)$

(6) $\displaystyle\int_1^{\frac{2\sqrt{3}}{3}} \sqrt{x^2-1}\,dx \quad \left(x=\frac{1}{\sin t}\right)$

(7) $\displaystyle\int_0^{\sqrt{3}} \frac{dx}{\sqrt{x^2+9}} \quad \left(x=\frac{3}{\tan t}\right)$

(8) $\displaystyle\int_0^3 \sqrt{x^2+9}\,dx \quad \left(x=\frac{3}{\tan t}\right)$

---

47) 値の計算だけならば，面積に対応させて扇形と三角形の面積の和を求めればよい．

数学トピックス：調和級数とリーマンのゼータ関数

§9で学んだリーマン積分の考え方を利用して，級数 (数列の和)

$$\sum_{n=1}^{N} \frac{1}{n} = 1 + \frac{1}{2} + \frac{1}{3} + \frac{1}{4} + \cdots + \frac{1}{N}$$

を調べよう．$\frac{1}{n}$ を底辺の長さ1，高さ $\frac{1}{n}$ の長方形の面積と考えて面積を比較すると，

$$\log(N+1) = \int_1^{N+1} \frac{dx}{x} < 1 + \frac{1}{2} + \cdots + \frac{1}{N} < 1 + \int_1^{N} \frac{dx}{x} = 1 + \log N$$

が成り立つ．$N \to \infty$ のとき，$\log(N+1) \to \infty$ により，$\sum_{n=1}^{\infty} \frac{1}{n} = \infty$ となる．

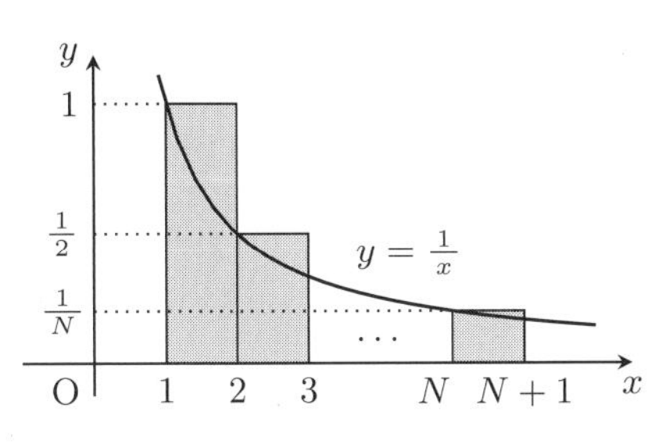

外側からの長方形近似

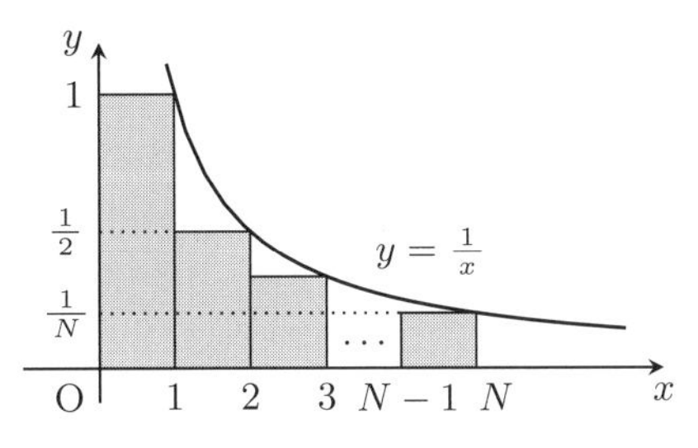

内側からの長方形近似

また，級数

$$\sum_{n=1}^{N} \frac{1}{n^2} = 1 + \frac{1}{2^2} + \frac{1}{3^2} + \frac{1}{4^2} + \cdots + \frac{1}{N^2}$$

を考えよう．さきほどと同様に，

$$1 - \frac{1}{N+1} = \int_1^{N+1} \frac{dx}{x^2} < 1 + \frac{1}{2^2} + \cdots + \frac{1}{N^2} < 1 + \int_1^{N} \frac{dx}{x^2} = 2 - \frac{1}{N}$$

が成り立つ．よって，$N \to \infty$ のとき，$1 < \sum_{n=1}^{\infty} \frac{1}{n^2} < 2$ であることがわかる．

一般に，変数 s に対して，無限級数 $\sum_{n=1}^{\infty} \frac{1}{n^s}$ を**リーマンのゼータ関数**といい，$\zeta(s)$ で表す．$s \leqq 1$ のときこの無限級数は発散し，$s > 1$ のときこの無限級数は収束する．特に，偶数点 $s = 2k$ (k は自然数) において，

$$\zeta(2) = \frac{\pi^2}{6}, \quad \zeta(4) = \frac{\pi^4}{90}, \quad \zeta(6) = \frac{\pi^6}{945}, \quad \zeta(8) = \frac{\pi^8}{9450}, \quad \cdots$$

となることが知られている[a]．リーマンのゼータ関数は素数の分布にもかかわる数学における最も重要な関数の1つであり，現在もさまざまな研究が進んでいる[b]．

---

a) 奇数点 $s = 2k+1$ (k: 自然数) における $\zeta(s)$ の値は今日においても知られていない．

b) 例えば，**解析接続の原理**により，発散する $\zeta(-1) = 1+2+3+4+\cdots$ を $-\frac{1}{12}$ と解釈することができる．また，**リーマン予想**とよばれる未解決問題もある．

13. 積分の応用

面　積

§ 9 で符号付き面積を定積分と定義したが，私たちが普段扱う図形の大きさを表す面積は正の値をとる．高等学校で学んだように，2 つの曲線 $y = f(x)$ と $y = g(x)$ および 2 つの直線 $x = a,\ x = b$ で囲まれた図形の面積 S について，次が成り立つ：

$$S = \int_a^b |g(x) - f(x)|\,dx$$

これは，曲線 $y = f(x)$ と x 軸，$x = a,\ x = b$ で囲まれた部分の符号付き面積と，曲線 $y = g(x)$ と x 軸，$x = a,\ x = b$ で囲まれた部分の符号付き面積に分けて考えればよい (下左図)．曲線の上下関係に注意しよう．

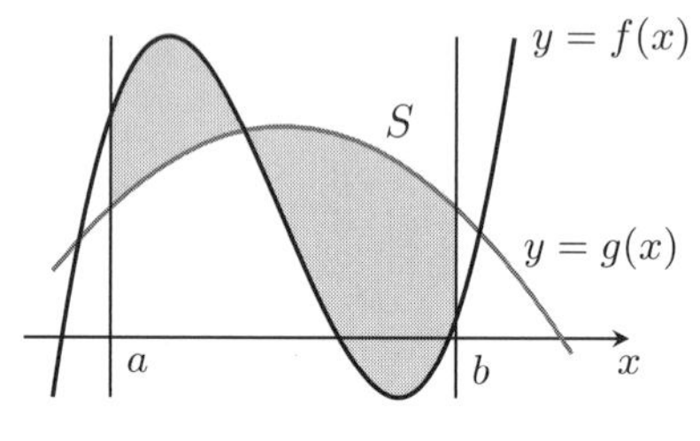

2 つの曲線 $y = f(x)$ と $y = g(x)$

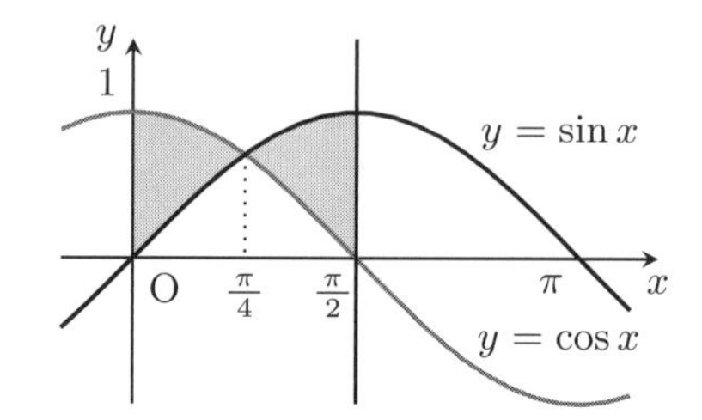

例題 46 の図

例題 46. 曲線 $y = \sin x,\ y = \cos x$ および直線 $x = 0,\ x = \dfrac{\pi}{2}$ で囲まれた図形の面積 S を求めよ．

解　区間 $\left[0, \dfrac{\pi}{2}\right]$ において 2 つの曲線 $y = \sin x,\ y = \cos x$ の交点の x 座標は，方程式 $\sin x = \cos x$ の解なので，$x = \dfrac{\pi}{4}$ である．区間 $\left[0, \dfrac{\pi}{4}\right]$ において $\cos x \geqq \sin x$ であり，区間 $\left[\dfrac{\pi}{4}, \dfrac{\pi}{2}\right]$ において $\sin x \geqq \cos x$ なので，求める面積 S は

$$S = \int_0^{\frac{\pi}{4}} (\cos x - \sin x)\,dx + \int_{\frac{\pi}{4}}^{\frac{\pi}{2}} (\sin x - \cos x)\,dx = 2\sqrt{2} - 2$$

となる．□

問 40　次の曲線や直線で囲まれた図形の面積を求めよ．

(1) $y = e^{3x}$, x 軸, $x = 0,\ x = 2$　　(2) $y = x^2,\ y = \sqrt{x}$　　(3) $y = \sin x,\ y = \dfrac{2}{\pi}x$

例題 47. 楕円 $\dfrac{x^2}{9}+\dfrac{y^2}{4}=1$ で囲まれた図形の面積 S を求めよ．

解　楕円 $\dfrac{x^2}{9}+\dfrac{y^2}{4}=1$ は x 軸および y 軸に関して対称なので，$x \geqq 0, y \geqq 0$ の部分の面積を 4 倍すればよい．$y \geqq 0$ のとき，$y=\dfrac{2}{3}\sqrt{9-x^2}$ となるので，求める面積 S は

$$S = 4\int_0^3 \frac{2}{3}\sqrt{9-x^2}\,dx = 4\cdot\frac{2}{3}\cdot\frac{9\pi}{4} = 6\pi$$

となる．□

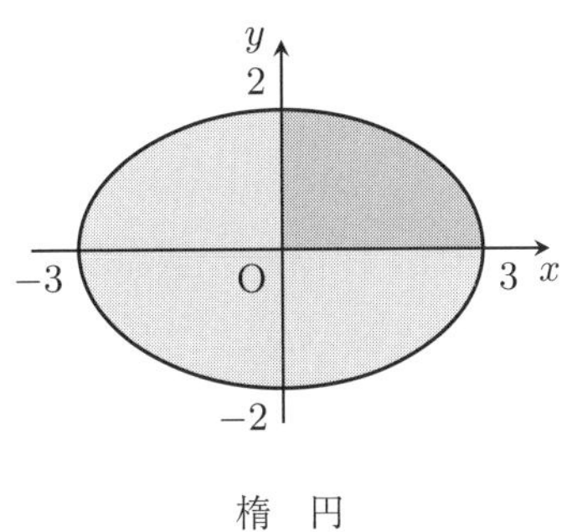

楕　円

● **問 41**　次の方程式で表される曲線で囲まれた図形の面積を求めよ．

(1) $\dfrac{x^2}{9}+\dfrac{y^2}{16}=1$　　(2) $y^2=x^2(1-x^2)$　　(3) $2x^2-2xy+y^2=4$

体　　積

空間内の立体を x 軸の区間 $[a,b]$ 上の点 t を通り x 軸に垂直な平面 $x=t$ で切った断面の面積を $S(t)$ とすると，$a \leqq t \leqq b$ の範囲におけるこの立体の体積 V について，次が成り立つ[48)]：

$$V = \int_a^b S(t)\,dt$$

この公式を得るには § 9 で学んだ微分積分学の基本定理の証明と同じように考えればよい[49)]．立体のうち，区間 $[a,t]$ の範囲に含まれる部分の体積を $V(t)$ で表す．十分小さな正の数 h に対して，$V(t+h)-V(t)$ は区間 $[t,t+h]$ における部分の体積を表す．区間 $[t,t+h]$ における断面積 $S(x)$ の最大値を M，最小値を m とする．区間 $[t,t+h]$ 上の点 x に対して，$m \leqq S(x) \leqq M$ が成り立つので，

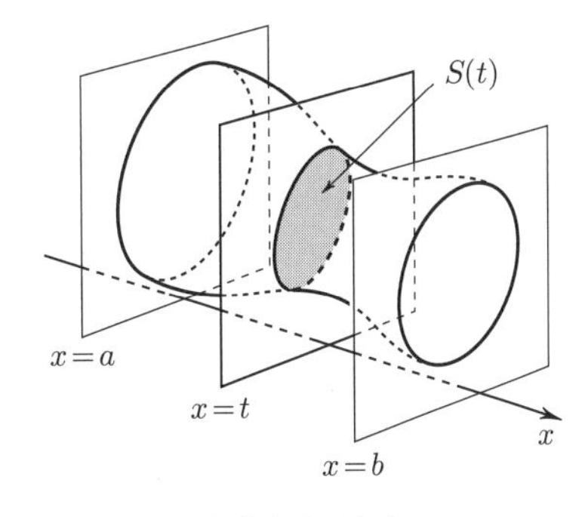

立体と切断面

48)　空間内の直線を x 軸とみなして，これに垂直な平面による断面を考えることで，x 軸以外の場合でも計算することができる．

49)　§ 9 でこれを未修の読者は公式の説明部分を読み飛ばして例題 48 に進んでかまわない．

$$mh \leqq V(t+h) - V(t) \leqq Mh$$

であり，

$$m \leqq \frac{V(t+h) - V(t)}{h} \leqq M$$

が成り立つ．$h < 0$ のときも同様である．$h \to 0$ のとき，$m \to S(t)$, $M \to S(t)$ となるので，はさみうちの原理により，

$$V'(t) = \lim_{h \to 0} \frac{V(t+h) - V(t)}{h} = S(t)$$

が成り立つ．したがって，

$$V = V(b) = \int_a^b V'(t)\,dt = \int_a^b S(t)\,dt$$

が成り立つ．

例題 48. 底面の半径が r，高さが h の円錐の体積 V を求めよ．

解 底面と平行で底面からの距離が t $(0 < t < h)$ である平面で円錐を切断すると，切断面は円板であり，その半径は $r\left(1 - \dfrac{t}{h}\right)$ である．したがって，断面の面積は

$$\pi r^2 \left(1 - \frac{t}{h}\right)^2$$

となる．したがって，求める体積 V は

$$V = \int_0^h \pi r^2 \left(1 - \frac{t}{h}\right)^2 dt = \frac{1}{3}\pi r^2 h$$

となる[50]． □

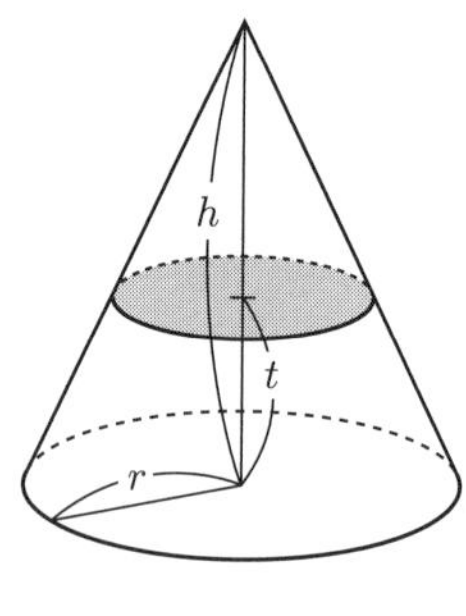

円　錐

● 問 42　次の立体の体積を求めよ．

(1) 底面積が S，高さが h の錐体．

(2) 半径が r の球．

(3) 半径が r，高さが a $(\geqq \sqrt{3}r)$ の直円柱を，底面のある直径を含み底面と $\dfrac{\pi}{3}$ の傾きをなす平面で切断したときの小さい方の立体．

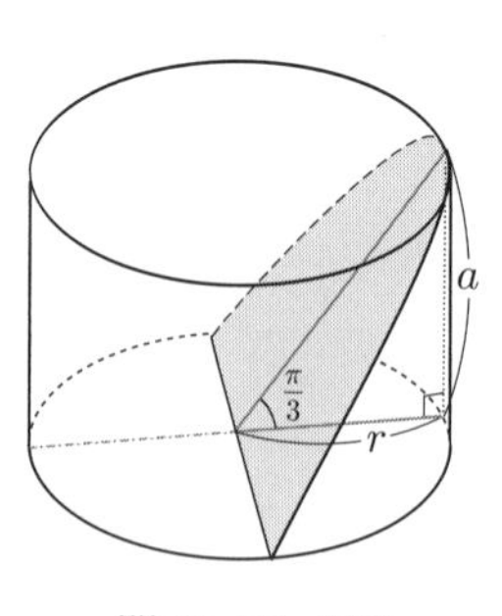

問 42 (3) の図

50) 図は直円錐 (頂点と円の中心を結ぶ線分が底面に垂直な円錐) であるが，斜円錐 (頂点と円の中心を結ぶ線分が底面に垂直でない円錐) でも同様の考察，計算となる．

曲線の長さ

曲線 C が媒介変数 t を用いて $x=F(t), y=G(t)$ で表されているとき，$a \leqq t \leqq b$ における曲線 C の長さ L について，次が成り立つ：

$$L=\int_a^b \sqrt{(F'(t))^2+(G'(t))^2}\,dt$$

曲線 C の区間 $[a,t]$ における部分の長さを $L(t)$ で表す．十分小さな正の数 h に対して，$\mathrm{P}(F(t),G(t))$, $\mathrm{Q}(F(t+h),G(t+h))$ とするとき，$L(t+h)-L(t)$ は曲線 C の P から Q までの長さを表す (下左図)．これは線分 PQ の長さで近似できるので，

$$\frac{L(t+h)-L(t)}{h} \fallingdotseq \frac{\mathrm{PQ}}{h}=\sqrt{\left(\frac{F(t+h)-F(t)}{h}\right)^2+\left(\frac{G(t+h)-G(t)}{h}\right)^2}$$

であり，$h \to 0$ とすると，

$$L'(t)=\sqrt{(F'(t))^2+(G'(t))^2}$$

が成り立つ．両辺を $[a,b]$ で積分することにより，公式が得られる．

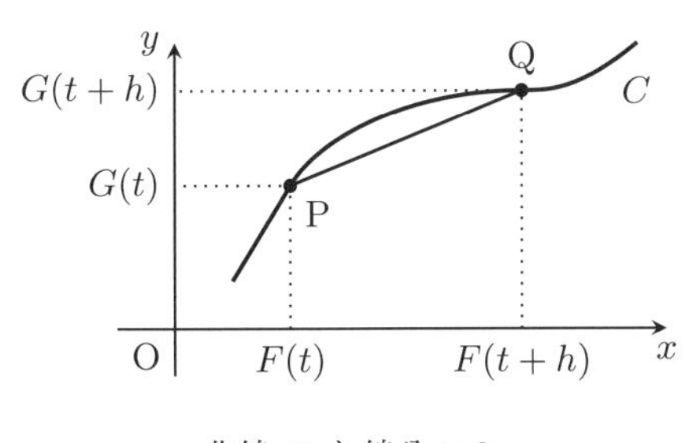

曲線 C と線分 PQ

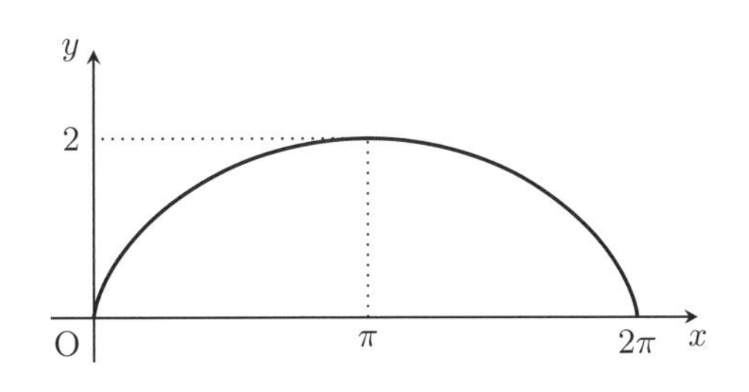

例題 49 の図 (サイクロイド)

例題 49. 曲線 $x=t-\sin t,\ y=1-\cos t\ (0 \leqq t \leqq 2\pi)$ の長さ L を求めよ．

解　$F(t)=t-\sin t,\ G(t)=1-\cos t$ とおくと，$F'(t)=1-\cos t,\ G'(t)=\sin t$ なので，求める長さ L は

$$L=\int_0^{2\pi}\sqrt{(1-\cos t)^2+\sin^2 t}\,dt=\int_0^{2\pi}\sqrt{4\sin^2\frac{t}{2}}\,dt=2\int_0^{2\pi}\left|\sin\frac{t}{2}\right|dt=8$$

となる． □

◉ **問 43**　次の曲線の長さを求めよ．

(1) $x=\cos t, y=\sin t\quad (0 \leqq t \leqq 2\pi)$　　(2) $y=\dfrac{1}{2}(e^x+e^{-x})\quad (0 \leqq x \leqq 1)$

14. 広義積分

積分区間の端点や途中の点で被積分関数の値が発散する場合や，積分区間が数直線全体など無限に広がる場合に，積分の定義を拡張しよう．これを**広義積分**という[51]．重要な考え方は，積分区間を内側から有界閉区間で近似することである．

b を実数または記号 ∞ とする．半開区間 $[a,b)$ $(a \leqq x < b)$ で連続な関数 $f(x)$ に対して，極限値

$$\lim_{c \to b-0} \int_a^c f(x)\,dx$$

が存在するとき，$f(x)$ は $[a,b)$ で**広義積分可能**，または広義積分は収束するといい，その極限値を $\displaystyle\int_a^b f(x)\,dx$ で表す．すなわち，関数 $f(x)$ の原始関数を $F(x)$ とすると，

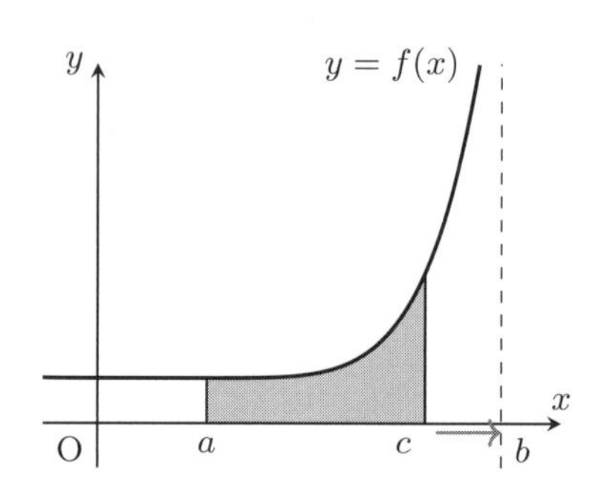

端点 b で発散している関数

$$\int_a^b f(x)\,dx = \lim_{c \to b-0} \int_a^c f(x)\,dx = \left(\lim_{c \to b-0} F(c) \right) - F(a)$$

である．極限値が存在しないとき，広義積分は発散するという．積分の下端についての広義積分も同様に定義する．

例題 50. 広義積分 $\displaystyle\int_0^1 \frac{dx}{\sqrt{x}}$ の値を求めよ．

解　関数 $\dfrac{1}{\sqrt{x}}$ の値が $x=0$ で発散する (定義されていない) 場合の広義積分なので，

$$\int_0^1 \frac{dx}{\sqrt{x}} = \lim_{c \to +0} \int_c^1 \frac{dx}{\sqrt{x}}$$
$$= \lim_{c \to +0} \Big[2\sqrt{x} \Big]_c^1 = 2 - \lim_{c \to +0} 2\sqrt{c} = 2$$

となる．□

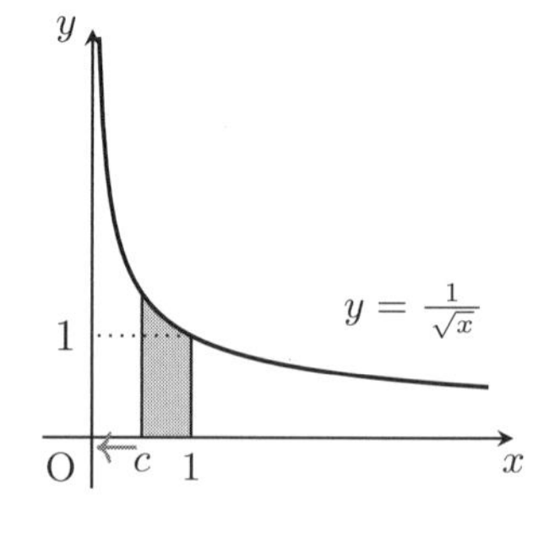

無限に広がる図形の "面積" は一見 ∞ と思えるが，例題 50 の広義積分の値は 2 であり，これは関数 $y = \dfrac{1}{\sqrt{x}}$ $(0 < x \leqq 1)$ のグラフ，x 軸，y 軸，$x=1$ で "囲まれた図形の面積" を表すとみなすことができる[52]．

---

51) **広義**とは，定義が拡張されたことを表す．
52) 厳密には，無限に広がる図形の "面積" を本書では定義していない．

例題 51. 広義積分 $\displaystyle\int_1^\infty \frac{dx}{x^2}$ の値を求めよ．

解　積分区間が無限に広がる場合の広義積分なので，

$$\int_1^\infty \frac{dx}{x^2} = \lim_{c\to\infty}\int_1^c \frac{dx}{x^2} = \lim_{c\to\infty}\left[-\frac{1}{x}\right]_1^c = -\lim_{c\to\infty}\frac{1}{c} + 1 = 1$$

となる．　□

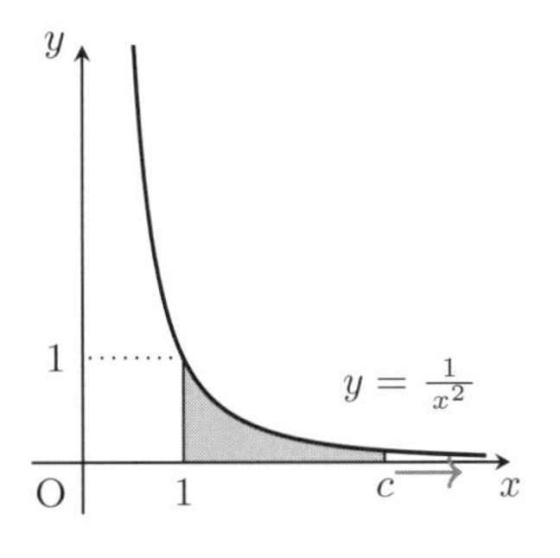

積分区間の途中の点で関数の値が発散する場合，その点で積分区間を分割し，それぞれの区間で広義積分を考える．いずれの広義積分も収束するとき，もとの広義積分は収束すると定義し，それらの和を広義積分の値と定義する．例えば，例題50により，

$$\int_{-1}^1 \frac{dx}{\sqrt{|x|}} = \lim_{c\to -0}\int_{-1}^c \frac{dx}{\sqrt{|x|}} + \lim_{d\to +0}\int_d^1 \frac{dx}{\sqrt{|x|}} = 4$$

となり，広義積分は収束する．一方，

$$\int_{-1}^1 \frac{dx}{x} = \lim_{c\to -0}\int_{-1}^c \frac{dx}{x} + \lim_{d\to +0}\int_d^1 \frac{dx}{x}$$

であり，それぞれの項は

$$\lim_{c\to -0}\int_{-1}^c \frac{dx}{x} = \lim_{c\to -0}\log|c| = -\infty,$$

$$\lim_{d\to +0}\int_d^1 \frac{dx}{x} = -\lim_{d\to +0}\log|d| = \infty$$

となるので，広義積分 $\displaystyle\int_{-1}^1 \frac{dx}{x}$ は発散する．

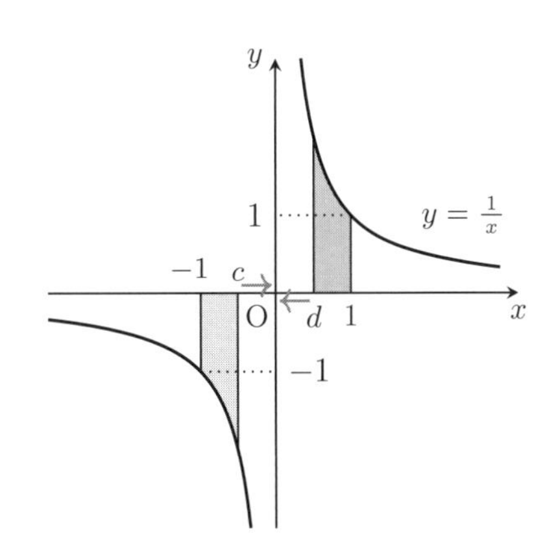

積分範囲が正の方向にも負の方向にも無限に広がる場合や積分区間の両端点で関数の値が発散する場合も，積分区間を分割し，それぞれの区間で広義積分を考える．

問 44　次の広義積分の値を求めよ．

(1) $\displaystyle\int_1^9 \frac{dx}{\sqrt[3]{x-1}}$　(2) $\displaystyle\int_0^2 \frac{dx}{(x-2)^3}$　(3) $\displaystyle\int_0^1 \log x\,dx$　(4) $\displaystyle\int_0^\infty e^{-x}\,dx$

(5) $\displaystyle\int_0^\infty xe^{-x}\,dx$　(6) $\displaystyle\int_1^\infty \frac{dx}{1+x^2}$　(7) $\displaystyle\int_1^\infty \frac{x}{1+x^2}\,dx$　(8) $\displaystyle\int_{-1}^1 \frac{dx}{\sqrt{1-x^2}}$

ガンマ関数

例題 52. 広義積分 $I_n = \displaystyle\int_0^\infty x^n e^{-x}\,dx$ $(n = 0, 1, 2, \ldots)$ の値を求めよ．

解 $n \geqq 1$のとき，$c > 0$ に対して，部分積分公式により，

$$\int_0^c x^n e^{-x}\,dx = -c^n e^{-c} + n\int_0^c x^{n-1}e^{-x}\,dx$$

が成り立つ．ロピタルの定理 (§ 8 問題18 (10) 参照) により，

$$\lim_{c\to\infty} c^n e^{-c} = 0$$

が成り立つ．よって，$I_{n-1} = \displaystyle\int_0^\infty x^{n-1}e^{-x}\,dx$ が収束すれば，I_n も収束し，漸化式

$$I_0 = \int_0^\infty e^{-x}\,dx = 1,$$

$$I_n = nI_{n-1} \quad (n = 1, 2, \ldots) \tag{14.1}$$

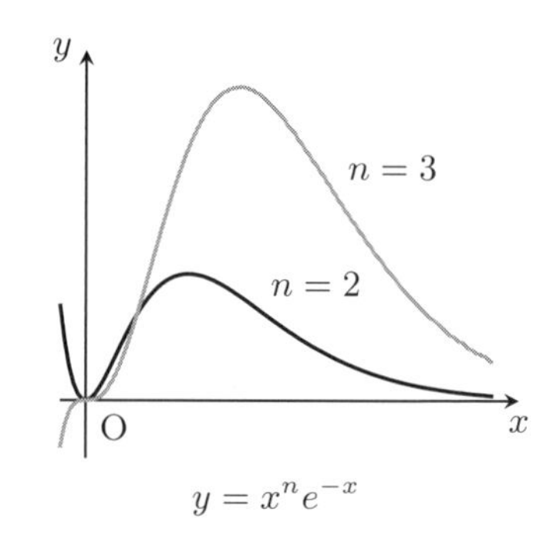

$y = x^n e^{-x}$

が成り立つ．このとき，

$$I_1 = 1\cdot I_0 = 1, \quad I_2 = 2I_1 = 2, \quad I_3 = 3I_2 = 3\cdot 2 = 3!, \quad I_4 = 4I_3 = 4\cdot 3! = 4!, \ldots$$

となり，

$$I_n = n! \quad (n = 0, 1, 2, \ldots)$$

が得られる． □

一般に，整数とは限らない正の数 x に対して，広義積分

$$\Gamma(x) = \int_0^\infty t^{x-1}e^{-t}\,dt$$

は収束することが知られており[53]，**ガンマ関数**という重要な関数を定める．ガンマ関数は，三角関数との関係式

$$\Gamma(1-x)\Gamma(x) = \frac{\pi}{\sin \pi x} \qquad (0 < x < 1)$$

(相反公式) を満たすことが知られており，$x = \dfrac{1}{2}$ を代入することにより，

$$\Gamma\left(\frac{1}{2}\right) = \sqrt{\pi} \tag{14.2}$$

が得られる．例題 52 により，ガンマ関数は階乗を正の整数以外に拡張したものと

53) $x > 0$ において積分区間が無限に広がる場合の広義積分であり，$0 < x < 1$ のときはさらに $t = 0$ で値が発散する場合の広義積分でもある．

考えられる．実際，部分積分公式により，(14.1) に対応した性質である関係式

$$\Gamma(x+1) = x\Gamma(x) \qquad (x>0) \tag{14.3}$$

が得られる．(14.2), (14.3) により，半整数 $x = \dfrac{1}{2} + n$ (n は自然数) におけるガンマ関数の値は

$$\Gamma\left(\frac{1}{2}+n\right) = \frac{(2n-1)!!}{2^n}\sqrt{\pi}$$

となることがわかる．

ガンマ関数の極限等式として有名なものに次の**スターリングの公式**がある：

$$\lim_{x\to\infty} \frac{\Gamma(x)}{\sqrt{2\pi x}\, x^{x-1}e^{-x}} = 1.$$

これは十分大きな x に対して，ガンマ関数 $\Gamma(x)$ の値やその挙動は $\sqrt{2\pi x}\, x^{x-1}e^{-x}$ で良く近似できることを表しており[54]，大きな数の階乗の近似計算に用いられる．

数学トピックス：微積分の計算における注意

微積分の典型的な計算間違い例を紹介する．次のような計算を**してはならない**：

$$(f(x)g(x))' \not= f'(x)g'(x), \qquad \left(\frac{f(x)}{g(x)}\right)' \not= \frac{f'(x)g(x)+f(x)g'(x)}{(g(x))^2},$$

$$(e^{x^2})' \not= x^2e^{x^2-1}, \qquad (\sin^2 x)' \not= \cos^2 x,$$

$$\int_a^b e^{-x^2}\,dx \not= \left[-\frac{1}{2x}e^{-x^2}\right]_a^b, \qquad \int_a^b \sin^2 x\,dx \not= \left[\frac{1}{3\cos x}\sin^3 x\right]_a^b,$$

$$\int_a^b xe^x\,dx \not= \Big[xe^x\Big]_a^b + \int_a^b e^x\,dx \qquad \int_{-1}^1 \frac{dx}{x} \not= \Big[\log|x|\Big]_{-1}^1 = 0.$$

積分は微分と異なりいつでも計算できるとは限らない．それは計算テクニックや公式が足りないからではない．実は，例えば次の関数の原始関数を初等関数 (私たちが普段扱う関数) で表すことはできないことが知られている：

$$e^{-x^2}, \quad \frac{\sin x}{x}, \quad \cos(x^2), \quad \frac{1}{\log x}, \quad \log\log x, \quad \frac{1}{\sqrt{1-x^3}}, \quad x^x.$$

特別な区間の定積分，または広義積分の値を原始関数を経由せずに計算できる場合もあるが，これらの関数に対して原始関数を求めることはあきらめざるをえない．

---

54) $\Gamma(x)$ が $\sqrt{2\pi x}\, x^{x-1}e^{-x}$ に**漸近する**といい，$\Gamma(x) \sim \sqrt{2\pi x}\, x^{x-1}e^{-x}$ $(x\to\infty)$ で表す．

15. 理解を深める演習問題 (2)

☑ **問題 21** 次の定積分の値を求めよ.

(1) $\displaystyle\int_1^8 x\sqrt[3]{x}\,dx$ (2) $\displaystyle\int_{-1}^0 \frac{dx}{(2x+3)^3}$ (3) $\displaystyle\int_2^3 (5-x)^4\,dx$

(4) $\displaystyle\int_{-2}^2 (x^3+1)^3\,dx$ (5) $\displaystyle\int_1^3 \frac{x-2}{\sqrt[3]{x}}\,dx$ (6) $\displaystyle\int_1^4 \frac{(\sqrt{x}-1)^2}{x}\,dx$

(7) $\displaystyle\int_0^1 x\sqrt{1+2x^2}\,dx$ (8) $\displaystyle\int_1^2 \frac{2x+1}{(x^2+x)^2}\,dx$ (9) $\displaystyle\int_1^{\sqrt{2}} \frac{x^3}{\sqrt{1+x^4}}\,dx$

(10) $\displaystyle\int_{-1}^0 \frac{x^2-2x}{x-1}\,dx$ (11) $\displaystyle\int_{-2}^{-1} \frac{x^3}{x^2-x}\,dx$ (12) $\displaystyle\int_0^2 \frac{dx}{x^2+2x+2}$

(13) $\displaystyle\int_2^3 \frac{dx}{x^2+2x-3}$ (14) $\displaystyle\int_{-1}^{-\frac{1}{2}} \frac{dx}{x^3-1}$ (15) $\displaystyle\int_0^{\frac{2}{\sqrt{3}}} \frac{dx}{x^4-16}$

(16) $\displaystyle\int_0^{\frac{\pi}{3}} \sin^3 2x\,dx$ (17) $\displaystyle\int_0^{\frac{\pi}{3}} \sin 5x\cos 3x\,dx$ (18) $\displaystyle\int_{\frac{\pi}{4}}^{\frac{2}{3}\pi} \sin 2x\cos^2 x\,dx$

(19) $\displaystyle\int_{\frac{\pi}{6}}^{\frac{\pi}{4}} \sin^3 2x\cos 3x\,dx$ (20) $\displaystyle\int_{\frac{\pi}{2}}^{\frac{2}{3}\pi} \frac{\sin x}{(1+\cos x)^3}\,dx$ (21) $\displaystyle\int_{\frac{\pi}{4}}^{\frac{\pi}{2}} \frac{\cos^3 x}{\sin x}\,dx$

(22) $\displaystyle\int_0^{\sqrt{\pi}} x\sin(x^2)\,dx$ (23) $\displaystyle\int_{-\pi}^{\pi} \sqrt{1-\sin x}\,dx$ (24) $\displaystyle\int_0^{\frac{\pi}{2}} \frac{1-\sin x}{1+\sin x}\,dx$

(25) $\displaystyle\int_{\frac{\pi}{3}}^{\frac{2}{3}\pi} \frac{dx}{1+\sin x-\cos x}$ (26) $\displaystyle\int_0^{\frac{5}{6}\pi} \frac{dx}{4+5\sin x}$ (27) $\displaystyle\int_0^{\frac{\pi}{3}} \cos^4 x\,dx$

(28) $\displaystyle\int_0^{2\pi} x^2\sin 3x\,dx$ (29) $\displaystyle\int_0^{\frac{\pi}{4}} \frac{dx}{2+\tan x}$ (30) $\displaystyle\int_0^{2\pi} |\sin x|\,dx$

(31) $\displaystyle\int_0^1 \frac{e^{2x}+4}{e^x}\,dx$ (32) $\displaystyle\int_0^1 \frac{e^x}{e^{2x}+4}\,dx$ (33) $\displaystyle\int_{-3}^1 (x+3)^2 e^{2x}\,dx$

(34) $\displaystyle\int_0^{\frac{1}{2}} (\arcsin x)^2\,dx$ (35) $\displaystyle\int_1^3 x^2(\log x)^2\,dx$ (36) $\displaystyle\int_0^1 \log(1+x^2)\,dx$

(37) $\displaystyle\int_1^e \frac{\log(x^2)}{x}\,dx$ (38) $\displaystyle\int_1^e \frac{(\log x)^2}{x}\,dx$ (39) $\displaystyle\int_e^{e^e} \frac{dx}{x\log x}$

(40) $\displaystyle\int_0^{\pi} e^{-3x}\cos^2 2x\,dx$ (41) $\displaystyle\int_0^{\frac{3}{2}\pi} e^{2x}\sin x\cos x\,dx$ (42) $\displaystyle\int_0^1 \frac{dx}{\sqrt{e^x+1}}$

(43) $\displaystyle\int_0^{\pi^2} \sin\sqrt{x}\,dx$ (44) $\displaystyle\int_0^1 \log(1+\sqrt{x})\,dx$ (45) $\displaystyle\int_0^1 \frac{dx}{2+3e^x+e^{2x}}$

☐ **問題 22**　次の定積分の値を求めよ[55]．

(1) $\displaystyle\int_0^{16}\sqrt{4-\sqrt{x}}\,dx$　(2) $\displaystyle\int_1^2\frac{1}{x}\sqrt{\frac{2-x}{2+x}}\,dx$　(3) $\displaystyle\int_0^1\sqrt{x^2+x+1}\,dx$

(4) $\displaystyle\int_1^2\sqrt{3x-2-x^2}\,dx$　(5) $\displaystyle\int_1^3\frac{dx}{\sqrt{x^2-4x+5}}$　(6) $\displaystyle\int_1^2\frac{x}{\sqrt{x^2+2x-3}}\,dx$

☐ **問題 23**　次の広義積分の値を求めよ．

(1) $\displaystyle\int_2^3\frac{dx}{(x-2)^{\frac{2}{3}}}$　(2) $\displaystyle\int_{-\infty}^{\infty}\frac{dx}{x^2+2x+3}$　(3) $\displaystyle\int_0^2\frac{dx}{\sqrt{x(2-x)}}$

(4) $\displaystyle\int_1^2\frac{dx}{x\sqrt{x-1}}$　(5) $\displaystyle\int_0^{\infty}\frac{\arctan x}{1+x^2}\,dx$　(6) $\displaystyle\int_{-\infty}^0 xe^x\,dx$　(7) $\displaystyle\int_1^{\infty}\frac{\log x}{x^3}\,dx$

(8) $\displaystyle\int_0^{\infty}x^5e^{-x^2}\,dx$　(9) $\displaystyle\int_{-1}^1\frac{dx}{(x+2)\sqrt{1-x^2}}$　(10) $\displaystyle\int_0^{\infty}\frac{dx}{x^3+1}$

(11) $\displaystyle\int_2^5\frac{x}{\sqrt{5+4x-x^2}}\,dx$　(12) $\displaystyle\int_1^{\infty}\frac{dx}{x\sqrt{x^2-1}}$　(13) $\displaystyle\int_0^{\frac{\pi}{2}}\frac{\sin x}{\sqrt{\cos x}}\,dx$

(14) $\displaystyle\int_0^{\frac{\pi}{2}}\frac{dx}{\tan x}$　(15) $\displaystyle\int_0^{\pi}\frac{dx}{\sin x}$　(16) $\displaystyle\int_0^{\infty}e^{-x}\sin x\,dx$　(17) $\displaystyle\int_{-\infty}^{\infty}e^{x-2|x|}\,dx$

(18) $\displaystyle\int_0^1(\log x)^3\,dx$　(19) $\displaystyle\int_0^{\infty}\frac{dx}{e^x\sqrt{e^{2x}+1}}$　(20) $\displaystyle\int_0^{\infty}\frac{x^2}{x^4+4}\,dx$

☐ **問題 24**　次の問いに答えよ．

(1) $\displaystyle I=\int_0^{\pi}x\sin^3x\,dx,\ J=\int_0^{\pi}\frac{x\sin x}{3+\sin^2x}\,dx$ とおく．置換 $t=\pi-x$ を利用して，定積分 I, J の値を求めよ．

(2) $\displaystyle I=\int_0^{\frac{\pi}{2}}\frac{\cos x}{\cos x+\sin x}\,dx,\ J=\int_0^{\frac{\pi}{2}}\frac{\sin x}{\cos x+\sin x}\,dx$ とおく．

(i) $I=J$ を示せ．

(ii) 定積分 I の値を求めよ．

(3) $\displaystyle I=\int_0^{\frac{\pi}{2}}\frac{\cos^3x}{\cos x+\sin x}\,dx,\ J=\int_0^{\frac{\pi}{2}}\frac{\sin^3x}{\cos x+\sin x}\,dx$ とおく．

(i) $I=J$ を示せ．

(ii) 定積分 I の値を求めよ．

---

55)　ヒント：次で置換するとよい．(1) $t=4-\sqrt{x}$,　(2) $t=\sqrt{\dfrac{2-x}{2+x}}$,　(3) $\dfrac{2x+1}{\sqrt{3}}=\dfrac{1}{\tan t}$, (4) $2x-3=\sin t$,　(5) $x-2=\tan t$,　(6) $\dfrac{x+1}{2}=\dfrac{1}{\sin t}$.

☑ **問題 25** $I = \int_0^{\frac{\pi}{2}} \log(\sin x)\, dx$, $J = \int_0^{\frac{\pi}{2}} \log(\cos x)\, dx$ とおく．次の問いに答えよ．

(1) $I = J$ を示せ．

(2) $I = \dfrac{1}{2}\int_0^{\pi} \log(\sin x)\, dx = \int_0^{\frac{\pi}{2}} \log(\sin 2x)\, dx$ を示せ．

(3) (1), (2) を用いて，広義積分 I の値を求めよ．

☑ **問題 26** $I_n = \int_0^{\frac{\pi}{4}} \tan^n x\, dx$ $(n = 0, 1, 2, \ldots)$ とおく．次の問いに答えよ．

(1) I_0, I_1, I_2 の値を求めよ．

(2) 漸化式 $I_{n+1} = \dfrac{1}{n} - I_{n-1}$ $(n = 1, 2, \ldots)$ が成り立つことを示せ．

(3) (2) を用いて，I_5 の値を求めよ．

☑ **問題 27** $I_n = \int_0^1 \dfrac{dx}{(x^2+1)^n}$ $(n = 0, 1, 2, \ldots)$ とおく．次の問いに答えよ．

(1) I_0, I_1 の値を求めよ．

(2) 漸化式 $I_{n+1} = \dfrac{1}{n\,2^{n+1}} + \dfrac{2n-1}{2n} I_n$ $(n = 1, 2, \ldots)$ が成り立つことを示せ．

(3) (2) を用いて，I_3 の値を求めよ．

☑ **問題 28** 次の曲線や直線で囲まれた図形の面積を求めよ．

(1) $y = x^2$, $y = |x|$

(2) $y = x^2$, $y = 1 - x^2$, $x = 1$, $x = -1$

(3) $y = (x-1)^2(x-2)$, x 軸

(4) $y = \sqrt{x}(\sqrt{x} - 1)^2$, x 軸

(5) $y = \cos 2x$, $y = \sin x$, $x = 0$, $x = \pi$ $(0 \leqq x \leqq \pi)$

(6) $y = e^x \cos x$, $y = e^x \sin x$ $(0 < x < 2\pi)$

(7) $y = \arcsin x$, $y = \arccos x$, x 軸

(8) $\sqrt{|x|} + \sqrt{|y|} = 1$

(9) $x^2 + 3y^2 = 4$

(10) $x^2 + 3y^2 = 4$ $(y \geqq 0)$, $y = x^2$

☐ **問題 29** 次の立体の体積を求めよ.

(1) $y=\sqrt{x}$, $x=1$, x 軸で囲まれた図形を x 軸の周りに 1 回転してできる立体.

(2) $y=\sqrt{x}$, $y=1$, y 軸で囲まれた図形を y 軸の周りに 1 回転してできる立体.

(3) $y=\sin x\ (0 \leqq x \leqq \pi)$ と x 軸で囲まれた図形を x 軸の周りに 1 回転してできる立体.

(4) $y=\sin x\ (0 \leqq x \leqq \pi)$ と x 軸で囲まれた図形を y 軸の周りに 1 回転してできる立体.

(5) $\sqrt{|x|}+\sqrt{|y|} \leqq 1$ を x 軸の周りに 1 回転してできる立体.

☐ **問題 30** 次の曲線の長さを求めよ.

(1) $y=\dfrac{1}{2}x^2 \quad (0 \leqq x \leqq 1)$

(2) $y=x\sqrt{x} \quad (0 \leqq x \leqq 4)$

(3) $x=\cos^3 t,\ y=\sin^3 t \quad (0 \leqq t \leqq 2\pi)$

(4) $x=e^{-t}\cos t,\ y=e^{-t}\sin t \quad (0 \leqq t \leqq \pi)$

(5) $\sqrt{|x|}+\sqrt{|y|}=1$

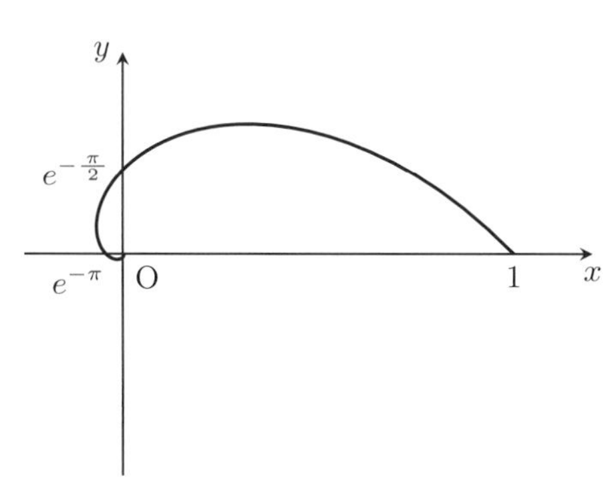

$x=e^{-t}\cos t,\ y=e^{-t}\sin t$

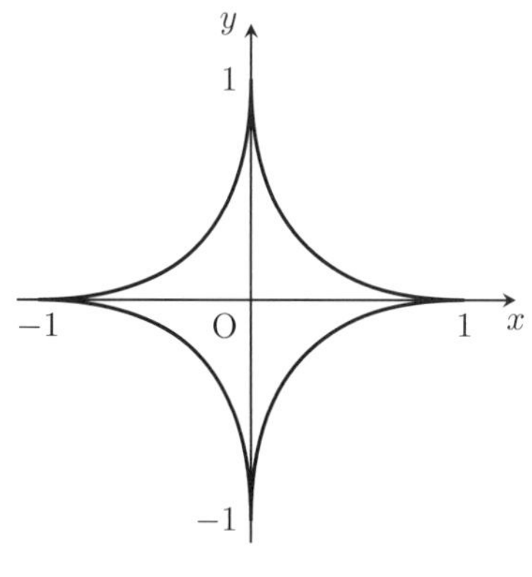

$\sqrt{|x|}+\sqrt{|y|}=1$

Part II

２変数関数の
微 分 積 分

16. 2変数関数とそのグラフ

2変数関数とは

Part I で学んだ 1 変数関数 $z = f(x)$ は，1つの変数 x に値を与えることで z の値を得る規則のことであった．Part Ⅱ では変数の数を増やしたものを考えよう．2つの変数 x, y に値を与えることで z の値がただ 1 つに定まるとき，その規則を **(2 変数) 関数**といい，$z = f(x, y)$ または単に $f(x, y)$ で表す．例えば，関数 $f(x, y) = x^2 + y^2$ は，$x = 2, y = 1$ に対して $f(2, 1) = 2^2 + 1^2 = 5$ を得る規則である．

例えば，地表における気温の分布は，場所を定める緯度・経度という 2 つの変数の関数である．また，縄跳びをしているとき，縄の各点の高さは，縄に沿った点の位置と時間という 2 つの変数の関数である．このように，変数の数を増やすと，より多くの身近な現象を関数を用いて表現できるようになる．

2 変数関数はここではじめて登場したものではない．例えば 1 変数関数 $g(x) = e^{ax}$ (a は定数) は，a をさまざまな値を代入する補助的な変数 (パラメータ) と考えると，a, x の 2 変数関数でもある．このように 2 変数関数の変数の 1 つを固定して 1 変数関数とみることは，2 変数関数を扱ううえで最も基本的な考え方である．また，1 変数関数は 1 つの変数が固定された特別な 2 変数関数とみなすこともできる．本書では 2 変数関数の基本的な性質を学ぶが，3 つ以上の変数をもつ関数についても基本的な考え方や扱い方は同じである．

2変数関数のグラフ

関数を視覚的に捉えるためには，そのグラフを考えることが有効である．1 変数関数 $z = f(x)$ のグラフは，xz 平面において，a を動かしたときの高さ $f(a)$ の点 $(a, f(a))$ の軌跡であり，これは一般には曲線を描いた．関数の微分係数 $f'(a)$ はこの曲線の傾きを，2 次微分係数 $f''(a)$ はこの曲線の曲がり具合を表し，定積分 $\displaystyle\int_a^b f(x)\,dx$ はグラフと x 軸の間に現れる部分の符号付き面積を表していた．

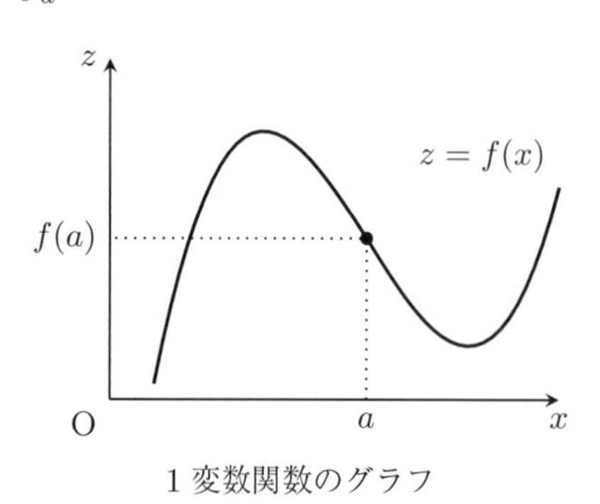

1 変数関数のグラフ

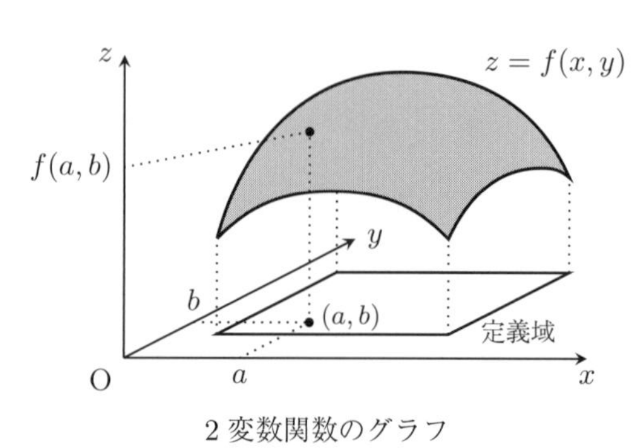

2 変数関数のグラフ

2変数関数 $z=f(x,y)$ のグラフとは，xyz 空間において，a,b を動かしたときの高さ $f(a,b)$ の点 $(a,b,f(a,b))$ の軌跡であり，これは一般には曲面を描く．点 (a,b) が動く xy 平面内の範囲を2変数関数 $f(x,y)$ の**定義域**という．これは平面全体 $\mathbb{R}^2$ やその一部分となるが，微分積分学では関数の定義域として境界をまったく含まない集合や境界をすべて含む集合を考えることが多い．これらをそれぞれ**開集合**，**閉集合**という．このPart IIでは，2変数関数の微分が曲面の傾きや曲がり具合を表し，積分がグラフと xy 平面の間に現れる部分の符号付き体積を表すことを学ぶ．私たちの身の回りの物体は曲面で囲まれてできている．その意味で，2変数関数の微積分は今まで以上に身近なものの解析に役立つ数学であろう．

一般に，2変数関数のグラフを描くことは容易ではない．まずは最も素朴に，等高線を利用してグラフの概形を把握してみよう．この方法は，地図上で地形の立体的な様子を知るのに用いられている．

例題 53. 関数 $f(x,y)=x^2+y^2$ を考える．

(1) k を定数とする．xy 平面内に $f(x,y)=k$ で表される集合を図示せよ．

(2) 曲面 $z=f(x,y)$ の高さ $z=k$ における切り口が (1) の曲線であることを利用して，この曲面の概形を把握せよ．

解 (1) 方程式 $x^2+y^2=k$ で表される集合は，$k<0$ のとき空集合，$k=0$ のとき1点 $(0,0)$ のみ，$k>0$ のとき点 $(0,0)$ を中心とする半径 $\sqrt{k}$ の円である．

(2) 曲面 $z=x^2+y^2$ は，$z<0$ のとき現れず，$z=0$ のとき1点 $(0,0,0)$ のみ，$z>0$ のとき xy 平面に平行な平面による切り口が z 軸上の点を中心とする半径 $\sqrt{z}$ の円である[1]． □

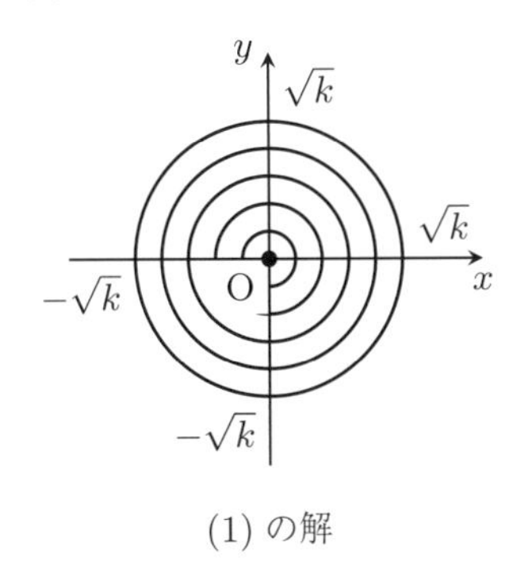

(1) の解

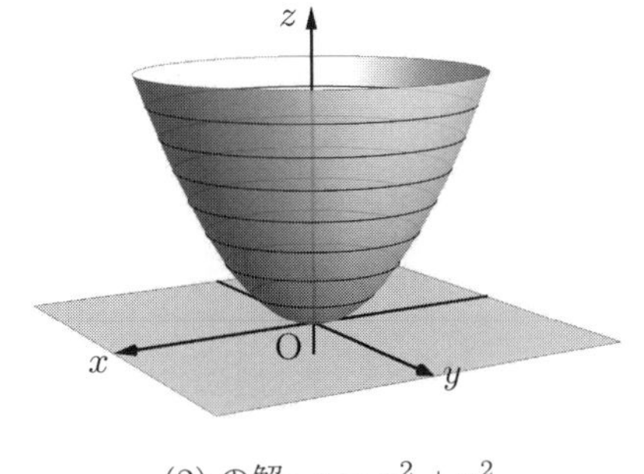

(2) の解: $z=x^2+y^2$

問 45 例題53の方法で，次の関数のグラフの概形を把握せよ．

(1) $f(x,y)=x+2y$ (2) $f(x,y)=2xy$ (3) $f(x,y)=\sqrt{1-x^2-y^2}$

1) 曲面 $z=x^2+y^2$ は**回転放物面**とよばれ，z 軸に平行に入射した波 (光や音) が焦点に集まる性質をもち，パラボラアンテナや反射望遠鏡に応用されている．

2 変数関数の極値

次に，曲面を z 軸に平行な平面で切断することで，1 点の近くでのグラフの様子を調べてみよう．この方法は 2 変数関数の微積分の基本的な考え方につながる．

例題 54. 関数 $f(x,y)=x^2+y^2$，$g(x,y)=x^2-y^2$ を考える．

(1) θ を定数とする．xz 平面内に $z=f(x\cos\theta, x\sin\theta)$, $z=g(x\cos\theta, x\sin\theta)$ で表される集合をそれぞれ図示せよ．

(2) 曲面 $z=f(x,y)$, $z=g(x,y)$ の平面 $x\sin\theta-y\cos\theta=0$ (z 軸を含み xz 平面とのなす角が θ である平面) による切り口がそれぞれ (1) の曲線であることを利用して，2 つの曲面の点 O(0,0,0) の近くにおける概形を把握せよ．

解　(1) $z=f(x\cos\theta, x\sin\theta)=x^2$ により，これは xz 平面内で点 $(0,0)$ を頂点とする下に凸な放物線を表す．また，$z=g(x\cos\theta, x\sin\theta)=x^2\cos 2\theta$ により，これは xz 平面内で，$\cos 2\theta>0$ のとき $(0,0)$ を頂点とする下に凸な放物線，$\cos 2\theta<0$ のとき $(0,0)$ を頂点とする上に凸な放物線，$\cos 2\theta=0$ のとき直線をそれぞれ表す．

(2) $z=x^2+y^2$ は，放物線 $z=x^2$ を z 軸の周りに回転させた回転面である．$z=x^2-y^2$ は，xy 平面内の傾き ± 1 の直線を含み，傾き m $(|m|<1)$ の直線に沿って点 O で極小，傾き m $(|m|>1)$ の直線に沿って O で極大となる曲面である．□

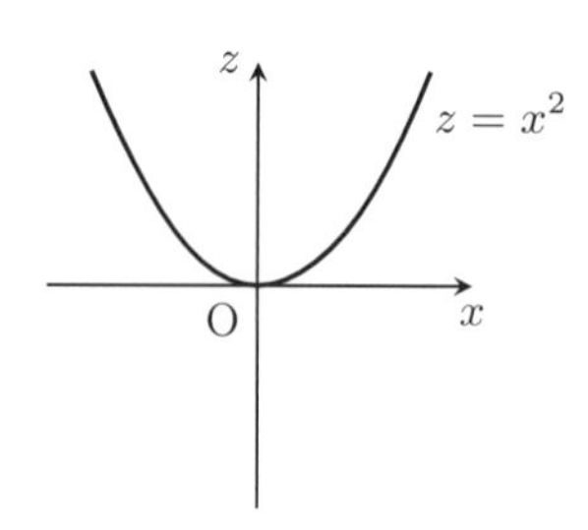

(1) の解: $z=f(x\cos\theta, x\sin\theta)$

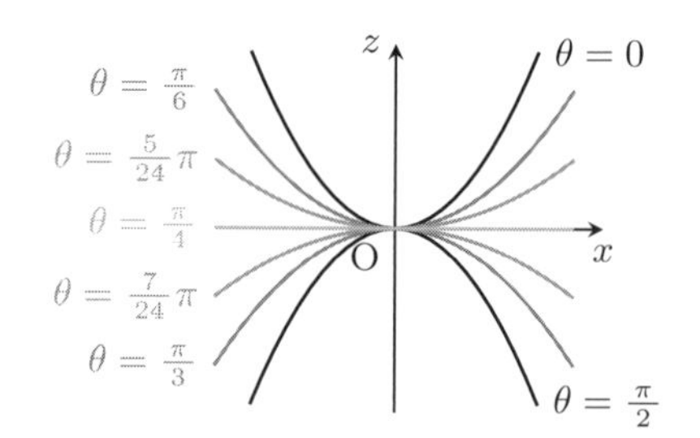

(1) の解: $z=g(x\cos\theta, x\sin\theta)$

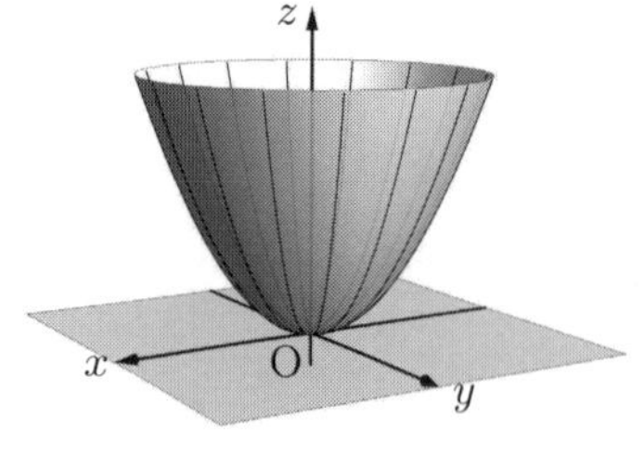

(2) の解: $z=x^2+y^2$

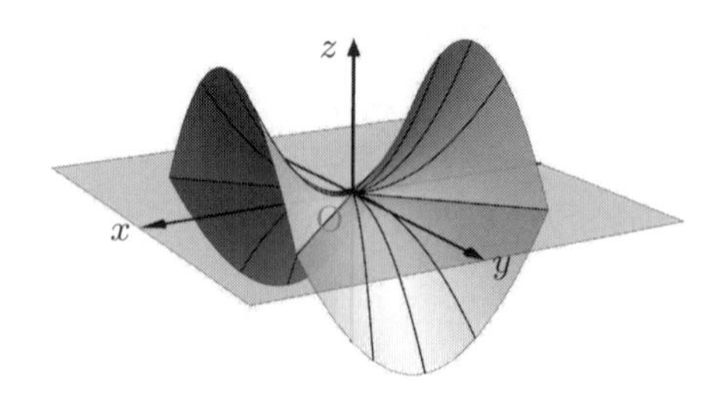

(2) の解: $z=x^2-y^2$

● **問 46**　例題 54 の方法で，次の関数のグラフの点 $(0,0,f(0,0))$ の近くにおける概形を把握せよ．

(1) $f(x,y)=x+2y$　　(2) $f(x,y)=2xy$　　(3) $f(x,y)=\sqrt{1-x^2-y^2}$

2変数関数のグラフの概形を知るためには，その極値が重要な手がかりとなる．

2変数関数 $f(x,y)$ が点 (a,b) で**極大**であるとは，点 (x,y) が点 (a,b) に十分近いとき，点 (a,b) のみで $f(x,y)$ が最大となること，すなわち

$$f(x,y) < f(a,b) \quad ((x,y) \neq (a,b))$$

が成り立つことである．$f(a,b)$ を $f(x,y)$ の**極大値**という．関数 $f(x,y)$ が点 (a,b) で極大であるとき，そのグラフは点 $(a,b,f(a,b))$ の近くでこの点を頂きとする山のような形になる．同様に，$f(x,y)$ が点 (a,b) で**極小**であるとは，点 (x,y) が点 (a,b) に十分近いとき，点 (a,b) のみで $f(x,y)$ が最小となること，すなわち

$$f(x,y) > f(a,b) \quad ((x,y) \neq (a,b))$$

が成り立つことである．$f(a,b)$ を $f(x,y)$ の**極小値**という．関数 $f(x,y)$ が点 (a,b) で極小であるとき，そのグラフは点 $(a,b,f(a,b))$ の近くでこの点を底とする谷のような形になる．例えば，例題 54 で扱った関数 $f(x,y)=x^2+y^2$ は点 $(0,0)$ で極小値 0 をとる．極大値と極小値をあわせて**極値**という．

関数 $f(x,y)$ が点 (a,b) で極大 (または極小) ならば，点 $(a,b,f(a,b))$ を通り z 軸に平行で xz 平面とのなす角が θ である平面

$$(\sin\theta)(x-a)-(\cos\theta)(y-b)=0$$

でグラフ $z=f(x,y)$ を切断した切り口に現れる曲線は，どの θ に対しても対応する点で極大 (または極小) である．なお，2変数関数の場合，ある断面では対応する点で極大で，ある断面では対応する点で極小となる場合がある．このとき，関数 $f(x,y)$ は点 (a,b) で極値をとらないが，グラフ上の点 $(a,b,f(a,b))$ を**鞍点**(あんてん) (または**峠点**) という[2]．例えば，例題 54 で扱った関数 $g(x,y)=x^2-y^2$ は点 $(0,0)$ で極値をとらないが，$y=0$ による切り口 $z=x^2$ は $x=0$ で極小，$x=0$ による切り口 $z=-y^2$ は $y=0$ で極大なので，点 $(0,0,0)$ は曲面 $z=x^2-y^2$ の鞍点である．

2変数関数の微分を利用することで，効率良くその極値を求めることができることを，§22 で学ぶ．

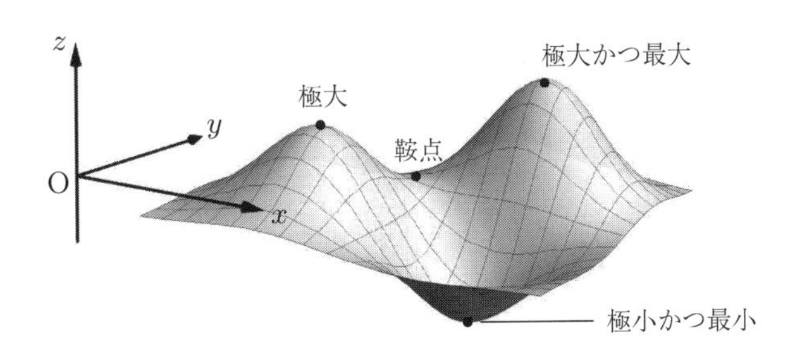

2変数関数の極値やグラフの鞍点

2) 鞍(くら)とは馬の背に乗せる椅子のことで，形が似ていることからこの名が付いている．

17. 2変数関数の極限

2変数関数の極限

関数の解析における基本的な概念が**極限**である．関数 $f(x,y)$ に対して，点 (x,y) が点 (a,b) に限りなく近づくとき，その近づき方によらずに，$f(x,y)$ の値が一定の値 A に近づくことを，$f(x,y)$ の点 (a,b) における**極限 (値)** が A である，または $f(x,y)$ が A に**収束**するといい，

$$\lim_{(x,y)\to(a,b)} f(x,y) = A$$

で表す．1変数関数の極限とは異なり，2変数関数の極限では点 (x,y) の点 (a,b) への近づき方が無限に多く存在する．それらを1つずつ確かめていてはいつまでも極限の存在を説明することはできない．そこで巻網漁法をヒントに，点 (a,b) を中心とする半径 r の円を描き，r を0に絞ってみよう (下左図)．どんな近づき方もいずれはこの円の内側に入るので，r を0に絞ることですべての近づき方を一気に捕まえることができる．極座標を利用してこの考え方で2変数関数の極限を表現しよう．

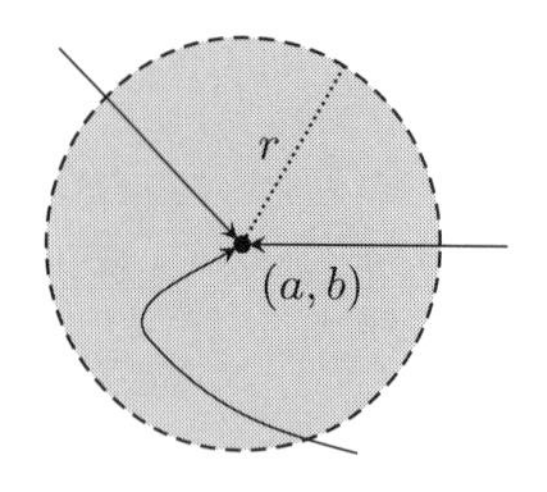

点 (a,b) への近づき方

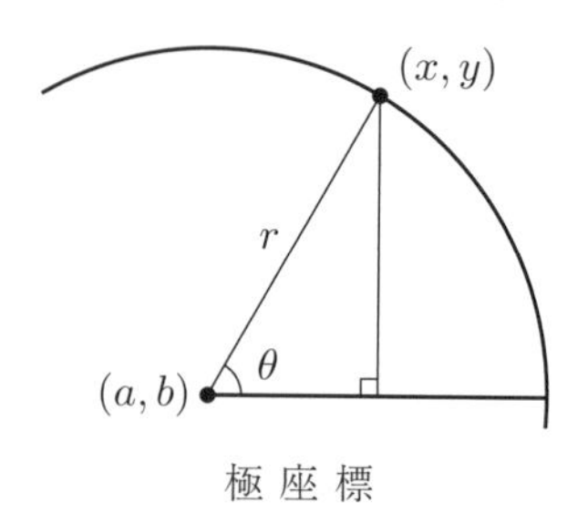

極 座 標

2点 (a,b) と (x,y) を線分で結ぶ．この線分の長さを r，x 軸の正の方向とのなす角を θ とすると，次が成り立つ．これを，点 (a,b) を中心とする**極座標**表示という：

$$x = a + r\cos\theta, \qquad y = b + r\sin\theta.$$

例題 55. 関数 $f(x,y) = \dfrac{x^2y}{x^2+y^2}$ の点 $(0,0)$ における極限を求めよ．

解　$x = r\cos\theta,\ y = r\sin\theta$ を代入すると，$(x,y)\to(0,0)$ は $r\to+0$ に対応する．このとき，

$$\lim_{(x,y)\to(0,0)} \frac{x^2y}{x^2+y^2} = \lim_{r\to+0} \frac{r^3\cos^2\theta\sin\theta}{r^2} = \lim_{r\to+0} r\cos^2\theta\sin\theta \overset{(*)}{=} 0$$

となる[3]． □

3)　厳密には，$(*)$ において極限が θ に関係なく収束していることを証明する必要がある．

例題 56. 関数 $f(x,y)=\dfrac{x^2-y^2}{x^2+y^2}$ の点 $(0,0)$ における極限を求めよ．

解 $x=r\cos\theta,\ y=r\sin\theta$ を代入すると，$(x,y)\to(0,0)$ は $r\to+0$ に対応する．このとき，

$$\lim_{(x,y)\to(0,0)}\frac{x^2-y^2}{x^2+y^2}=\lim_{r\to+0}\frac{r^2\cos^2\theta-r^2\sin^2\theta}{r^2}=\lim_{r\to+0}\cos 2\theta$$

となる．これは $\theta=0$ のとき 1 となり，$\theta=\dfrac{\pi}{2}$ のとき 0 となる．近づき方によって値が異なるので，極限は存在しない． □

$\theta=0,\ \dfrac{\pi}{2}$ は点 (x,y) が点 $(0,0)$ にそれぞれ x 軸の正の方向，y 軸の正の方向からまっすぐ近づくことを表している[4)]．曲面 $z=\dfrac{x^2-y^2}{x^2+y^2}$ は z 軸の $-1\leqq z\leqq 1$ の部分に貼り付いていて z 軸上で断崖絶壁のように見える[5)]．

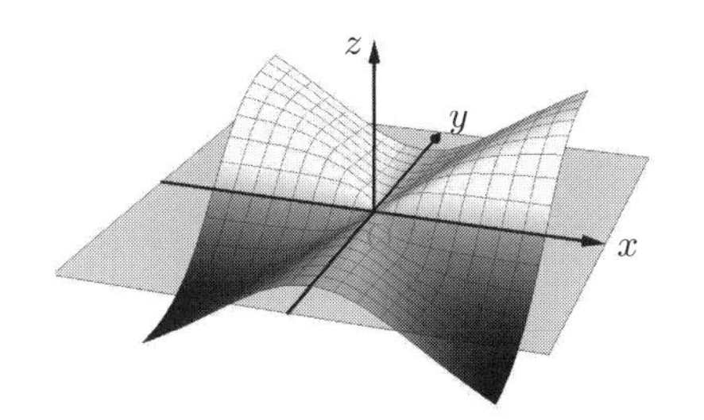

例題 55 の曲面: $z=\dfrac{x^2y}{x^2+y^2}$

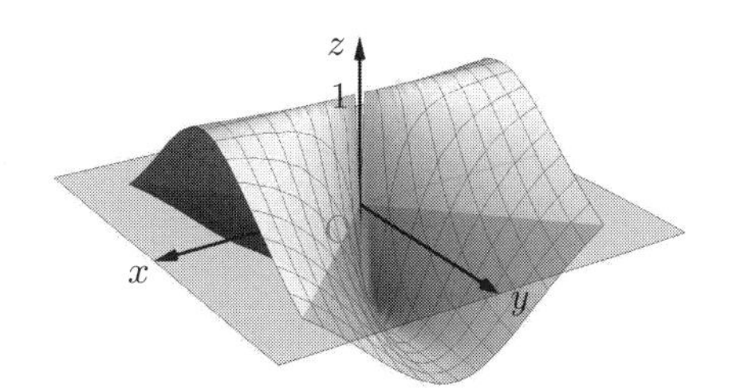

例題 56 の曲面: $z=\dfrac{x^2-y^2}{x^2+y^2}$

1 変数関数の極限と同様に，2 変数関数の極限について次の性質が成り立つ：

$\displaystyle\lim_{(x,y)\to(a,b)}f(x,y)=A,\ \lim_{(x,y)\to(a,b)}g(x,y)=B$ とし，k を定数とするとき，

$$\lim_{(x,y)\to(a,b)}(f(x,y)+g(x,y))=A+B,\qquad \lim_{(x,y)\to(a,b)}kf(x,y)=kA,$$

$$\lim_{(x,y)\to(a,b)}f(x,y)g(x,y)=AB,\qquad \lim_{(x,y)\to(a,b)}\frac{f(x,y)}{g(x,y)}=\frac{A}{B}\quad(B\neq 0)$$

問 47 次の極限を求めよ．

(1) $\displaystyle\lim_{(x,y)\to(0,0)}\frac{y}{\sqrt{x^2+y^2}}$ (2) $\displaystyle\lim_{(x,y)\to(0,0)}\frac{x^2-y^3+y^2}{x^2+y^2}$ (3) $\displaystyle\lim_{(x,y)\to(1,2)}(x-y)$

4) 点 $(0,0)$ への近づき方には曲がりながら近づく場合もあり，そのとき θ は r の関数である．
5) 関数は点 $(0,0)$ では定義されておらず，実際には点 $(0,0)$ の上に曲面はない．

2 変数連続関数

1 変数関数のときと同様に，極限と代入の操作の結果が等しくなる場合を考えよう．関数 $f(x,y)$ に対して，$f(a,b)$ が定義されていて，点 (a,b) において関数 $f(x,y)$ が $f(a,b)$ に収束するとき，関数 $f(x,y)$ は点 (a,b) で**連続**であるという：

$$\lim_{(x,y)\to(a,b)} f(x,y) = f(a,b).$$

このとき，$z=f(x,y)$ のグラフは点 (a,b) で穴にならずにつながった曲面になる．定義域のすべての点で連続な関数を**連続関数**という．定義域 D を明示するときには，$\boldsymbol{D}$ で**連続**であるという．極限の性質により，連続関数は次の性質をもつ：

> 連続関数の和，実数倍，積，商 (分母 $\neq 0$)，合成関数は，連続関数である

例えば，関数

$$f(x,y)=\begin{cases}\dfrac{x^2y}{x^2+y^2} & ((x,y)\neq(0,0)),\\ 0 & ((x,y)=(0,0)),\end{cases}\qquad g(x,y)=\begin{cases}\dfrac{x^2-y^2}{x^2+y^2} & ((x,y)\neq(0,0)),\\ 0 & ((x,y)=(0,0))\end{cases}$$

を考えよう．例題 55 により，関数 $f(x,y)$ は点 $(0,0)$ で連続であり，それ以外の点でも連続なので，これは連続関数である．また，例題 56 により，関数 $g(x,y)$ は点 $(0,0)$ で連続でない．

さらに，1 変数連続関数を 1 つの変数が固定された 2 変数関数とみなすと，これは 2 変数連続関数でもある．したがって，1 変数関数の合成で表された関数，例えば $h(x,y)=e^{-x^2-y^2}$ や $i(x,y)=\sin(x+e^y)$ は連続関数であることがわかる (下図)．

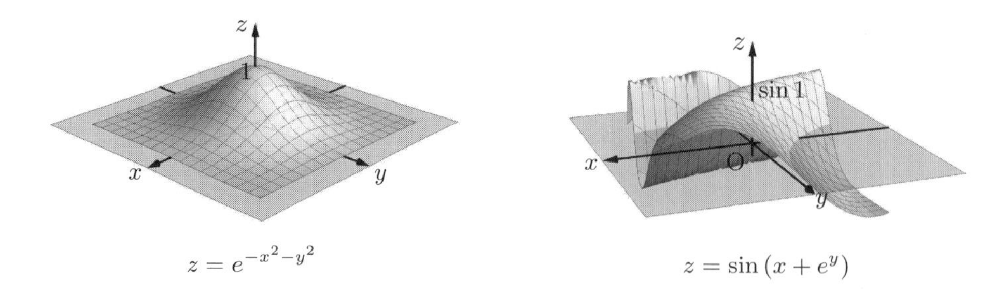

$z=e^{-x^2-y^2}$　　　　$z=\sin(x+e^y)$

また，1 変数連続関数と同様に，2 変数連続関数に対して次の定理が成り立つ[6)]：

> 有界閉集合で連続な関数は最大値と最小値をもつ

6)　ある長方形に含まれる集合を**有界**という．例えば，$x^2+y^2 \leqq 1$ (円板) で表される集合は有界閉集合である．また，$x^2+y^2<1$ で表される集合は有界な開集合であり，$x \geqq 0$ で表される集合は有界でない閉集合である．

2 変数関数の極限の厳密な取り扱い*

本節では，巻網漁法をヒントに 2 変数関数の極限を極座標

$$x = a + r\cos\theta, \qquad y = b + r\sin\theta$$

を用いて考えた．そこでは，x, y についての 2 変数関数 $f(x, y)$ の $(x, y) \to (a, b)$ における極限を r についての 1 変数関数 $f(a + r\cos\theta, b + r\sin\theta)$ の $r \to +0$ における極限に読み替えたが，実はこれは正確でない．

θ は点 (x, y) が点 (a, b) に近づく方向を表している．θ が定数であれば，点 (x, y) は点 (a, b) にまっすぐ近づいていくが，θ は一般に r の関数であり，このとき点 (x, y) は点 (a, b) に曲がりながら近づいていく．例えば，極限 $\lim\limits_{r\to+0} r\theta$ は，θ が定数ならば 0 に収束するが，$\theta = \dfrac{1}{r}$ ならば 1 に収束する．このように，r と θ の式において，r のみについての極限を扱うときには注意が必要である．2 変数関数 $f(x, y)$ の極限において $(x, y) \to (a, b)$ を $r \to +0$ に読み替えるとき，極限は θ に関係なく収束していなければならない．θ がたとえ r の関数であっても $f(a + r\cos\theta, b + r\sin\theta)$ の値が同じ値に近づいてはじめて，点 (x, y) の点 (a, b) への近づき方によらずに $f(x, y)$ の値が同じ値に近づいていることを表すのである：

$$\lim_{(x,y)\to(a,b)} f(x, y) = \lim_{r\to+0} f(a + r\cos\theta, b + r\sin\theta) \qquad (\theta \text{ に関係なく}).$$

ここで，例題 55 で求めた極限

$$\lim_{(x,y)\to(0,0)} \frac{x^2 y}{x^2 + y^2} = 0$$

をもう一度考えよう．極座標 $x = r\cos\theta$, $y = r\sin\theta$ を代入すると，$(x, y) \to (0, 0)$ は $r \to +0$ に対応する．このとき，

$$\lim_{(x,y)\to(0,0)} \frac{x^2 y}{x^2 + y^2} = \lim_{r\to+0} \frac{r^3\cos^2\theta\sin\theta}{r^2} = \lim_{r\to+0} r\cos^2\theta\sin\theta \overset{(*)}{=} 0$$

となるのであった．$(*)$ は，θ が定数であればもちろん成り立つが，θ が具体的にはわからない r の関数であっても成り立つかどうかは明らかではない．そこで，$(*)$ をはさみうちの原理で証明しよう．$(*)$ の前後で関数の差をとり，絶対値ではさむ．次に，それを θ の入っていない r のみの式を用いて不等式ではさむと

$$0 \leqq |r\cos^2\theta\sin\theta - 0| \leqq r$$

となる．ここで，$|\cos\theta|, |\sin\theta| \leqq 1$ を用いた．$r \to +0$ のとき，最右辺 r は θ に関係なく 0 に収束している．はさみうちの原理により，$r\cos^2\theta\sin\theta$ も θ に関係なく 0 に収束していることが証明できた．

2 変数関数の極限では，このような論証を行ってはじめてその値を求めることができるが，以降本書ではこのような論証を省略する．

18. 偏微分

偏微分の定義

2 変数関数の微分を定義しよう．§ 2 で学んだ 1 変数関数の微分の定義や性質を思い出すと，2 変数関数の微分には 2 種類の定義が考えられる．本節ではその 1 つ目として，1 つの変数を固定して 1 変数関数を作り，それを微分するものについて学ぶ．これを**偏微分**という．§ 19 で 2 つ目の微分 (全微分) について学ぶ．

2 変数関数 $f(x,y)$ が点 (a,b) で x について**偏微分可能**であるとは，1 変数関数 $f(x,b)$ が $x=a$ で微分可能であること，すなわち 1 変数関数の極限値

$$\lim_{h\to 0}\frac{f(a+h,b)-f(a,b)}{h}$$

が存在することである．このとき，この極限値を $f_x(a,b)$ や $\dfrac{\partial f}{\partial x}(a,b)$ で表し[7]，x についての**偏微分係数**という．$f(x,y)$ が定義域の各点で x について偏微分可能であるとき，2 変数関数 $f_x(x,y)$ が得られる．これを $f(x,y)$ の x についての**偏導関数**といい，$f_x(x,y)$ や $\dfrac{\partial f}{\partial x}(x,y)$ で表す．

同様に，$f(x,y)$ が点 (a,b) で y について**偏微分可能**であるとは，1 変数関数 $f(a,y)$ が $y=b$ で微分可能であること，すなわち 1 変数関数の極限値

$$\lim_{h\to 0}\frac{f(a,b+h)-f(a,b)}{h}$$

が存在することである．このとき，この極限値を $f_y(a,b)$ や $\dfrac{\partial f}{\partial y}(a,b)$ で表し，y についての**偏微分係数**という．x と同様に y についての**偏導関数**が定義でき，これを $f_y(x,y)$ や $\dfrac{\partial f}{\partial y}(x,y)$ で表す．関数 $f(x,y)$ に対して，その偏導関数を求めることを，$f(x,y)$ を**偏微分する**という．

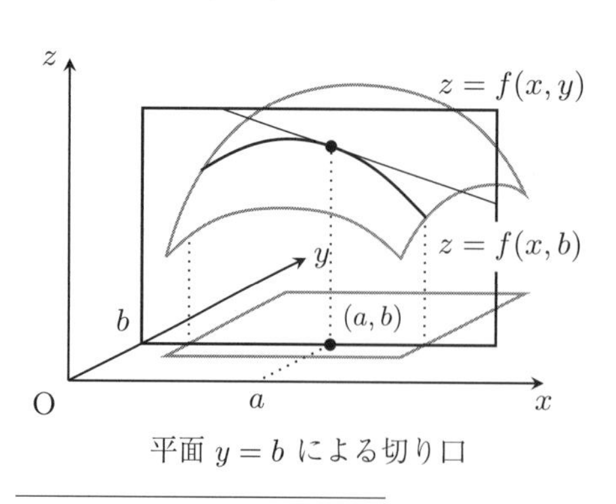

平面 $y=b$ による切り口

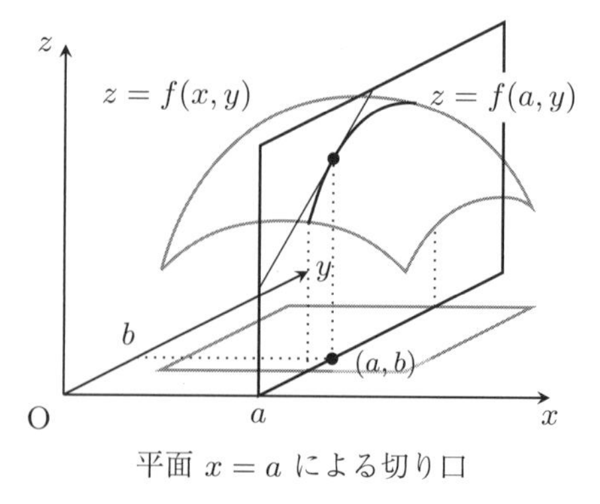

平面 $x=a$ による切り口

7) ∂ は偏微分を表す記号で,「パーシャル」「デル」「ラウンドディー」などと読む.

例題 57. 関数 $f(x,y)=x^2-y^2$ が点 $(3,1)$ で x について偏微分可能であることを定義に基づき証明せよ．

解 y を $y=1$ で固定した 1 変数関数 $f(x,1)=x^2-1$ を考える．

$$\lim_{h\to 0}\frac{f(3+h,1)-f(3,1)}{h}=\lim_{h\to 0}\frac{\{(3+h)^2-1\}-(3^2-1)}{h}=\lim_{h\to 0}(h+6)=6$$

により，$f(x,y)$ は x について偏微分可能である．特に，$f_x(3,1)=6$ である． □

問 48　関数 $f(x,y)=x^2-y^2$ が点 $(3,1)$ で y について偏微分可能であることを定義に基づき証明せよ．

偏微分の性質

1 変数関数の場合，微分可能な関数は連続関数であった．しかし，2 変数関数の場合，偏微分可能性と連続性はまったく関係がない．実際に，次の例が知られている：

- $f(x,y)=x^2-y^2$ は $\mathbb{R}^2$ で連続で偏微分可能な関数，
- $g(x,y)=\begin{cases}\dfrac{xy}{x^2+y^2} & ((x,y)\neq(0,0)),\\ 0 & ((x,y)=(0,0))\end{cases}$ は点 $(0,0)$ で不連続で偏微分可能な関数，
- $h(x,y)=|x|+|y|$ は $\mathbb{R}^2$ で連続で点 $(0,0)$ で偏微分不可能な関数，
- $i(x,y)=\begin{cases}1 & ((x,y)\neq(0,0)),\\ 0 & ((x,y)=(0,0))\end{cases}$ は点 $(0,0)$ で不連続で偏微分不可能な関数．

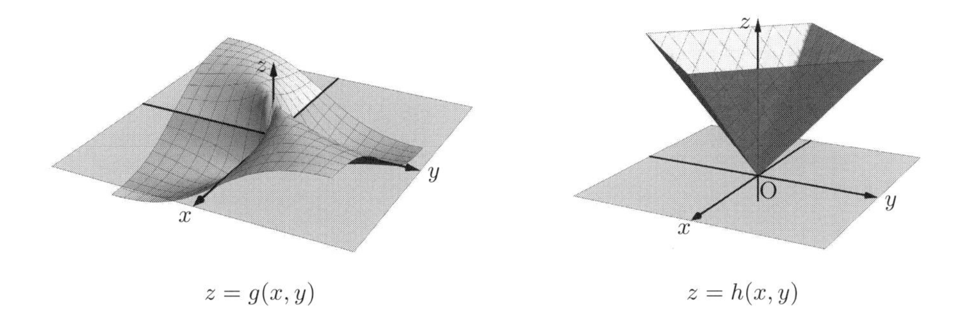

$z=g(x,y)$　　　$z=h(x,y)$

一般に，関数 $f(x,y)$ が点 (a,b) で x について偏微分可能であれば，幾何的には曲面 $z=f(x,y)$ を平面 $y=b$ で切断した切り口に現れる曲線 $z=f(x,b)$ 上の点 $(a,b,f(a,b))$ における xz 平面に平行な接線が存在する (前頁の左図)．y についても同様である．上の例の $g(x,y)$ では，グラフが z 軸の一部に貼り付き崖のようになっているので，点 $(0,0)$ で連続ではないが，x 軸，y 軸がグラフに含まれていて，これらが点 $(0,0,0)$ における接線になっているので，点 $(0,0)$ で偏微分可能である．

偏導関数の計算

関数を x について偏微分するときには，y を定数と思って微分する．それは，y をパラメータとする x についての 1 変数関数の (x についての) 微分である．同様に y について偏微分するときには，x を定数と思って微分する．したがって，偏導関数の計算においては，1 変数関数のさまざまな微分公式を使うことができる．

例題 58. 関数 $f(x,y)=x^3+2xy^2-3y^4$ を x, y について偏微分せよ．

解 $f_x(x,y)=3x^2+2y^2$，$f_y(x,y)=4xy-12y^3$ である． □

問 49 次の関数を x, y について偏微分せよ．

(1) $f(x,y)=x^3y$ (2) $f(x,y)=2x^3-3xy+4y^2$ (3) $f(x,y)=(x+2y)^5$

(4) $f(x,y)=\sin(x-2y)$ (5) $f(x,y)=e^{-3x+4y}$ (6) $f(x,y)=e^{-x}\cos 2y$

(7) $f(x,y)=\cos xy$ (8) $f(x,y)=e^{x^2+y^2}$ (9) $f(x,y)=\dfrac{y}{x}$

高次偏導関数

偏導関数 $f_x(x,y)$, $f_y(x,y)$ は 2 変数関数なので，これらがさらに偏微分可能であれば，$f(x,y)$ を 2 回偏微分することができる．それは全部で 4 種類あり，$f(x,y)$ の **第 2 次偏導関数**という：

$$f_{xx}(x,y)=(f_x)_x(x,y)=\frac{\partial f_x}{\partial x}(x,y)=\frac{\partial^2 f}{\partial x^2}(x,y),$$

$$f_{xy}(x,y)=(f_x)_y(x,y)=\frac{\partial f_x}{\partial y}(x,y)=\frac{\partial^2 f}{\partial y\partial x}(x,y),$$

$$f_{yx}(x,y)=(f_y)_x(x,y)=\frac{\partial f_y}{\partial x}(x,y)=\frac{\partial^2 f}{\partial x\partial y}(x,y),$$

$$f_{yy}(x,y)=(f_y)_y(x,y)=\frac{\partial f_y}{\partial y}(x,y)=\frac{\partial^2 f}{\partial y^2}(x,y).$$

例えば，$f_{xy}(x,y)$ は x についての偏導関数 $f_x(x,y)$ を y について偏微分して得られた第 2 次偏導関数である．∂ を用いて表記する場合，これを $\dfrac{\partial}{\partial y}\dfrac{\partial}{\partial x}f(x,y)$ と考えて $\dfrac{\partial^2 f}{\partial y\partial x}(x,y)$ で表す．一般には，偏微分の操作を表す $\dfrac{\partial}{\partial x}$ と $\dfrac{\partial}{\partial y}$ を，行列[8]の積のように入れ替えることはできない：

$$f_{xy}(x,y)=\frac{\partial}{\partial y}\frac{\partial}{\partial x}f(x,y)\neq\frac{\partial}{\partial x}\frac{\partial}{\partial y}f(x,y)=f_{yx}(x,y).$$

8) 行列については,『線形代数学 30 講』を参照すること．

例題 59. 関数 $f(x,y)=x^3+2xy^2-3y^4$ の第 2 次偏導関数を求めよ．

解　例題 58 により $f_x(x,y)=3x^2+2y^2$，$f_y(x,y)=4xy-12y^3$ なので，

$$f_{xx}(x,y)=6x, \qquad f_{xy}(x,y)=f_{yx}(x,y)=4y, \qquad f_{yy}(x,y)=4x-36y^2$$

である．□

例題 59 のように，$f_{xy}(x,y)=f_{yx}(x,y)$ が成り立つことがある．一般に，$f_{xy}(x,y)$ と $f_{yx}(x,y)$ が点 (a,b) で連続であれば，

$$f_{xy}(a,b)=f_{yx}(a,b)$$

が成り立つことが知られている．すなわち，第 2 次偏導関数が連続関数ならば，次が成り立つ：

偏微分の結果は偏微分する変数の順序によらない

本書では特に断らない限りこのような関数，すなわち

$$f_{xy}(x,y)=\frac{\partial}{\partial y}\frac{\partial}{\partial x}f(x,y)=\frac{\partial}{\partial x}\frac{\partial}{\partial y}f(x,y)=f_{yx}(x,y)$$

が成り立つ関数のみを扱う．3 回以上偏微分する場合についても同様である．$f(x,y)$ が x について m 回，y について n 回偏微分可能であるとき，その偏微分した第 $m+n$ 次偏導関数は全部で ${}_{m+n}\mathrm{C}_m$ 種類あるが，すべて $\dfrac{\partial^{m+n}f}{\partial x^m \partial y^n}(x,y)$ で表す[9)]．

問 50　次の関数の第 2 次偏導関数を求めよ．

(1) $f(x,y)=x^3y$　(2) $f(x,y)=2x^3-3xy+4y^2$　(3) $f(x,y)=(x+2y)^5$

(4) $f(x,y)=\sin(x-2y)$　(5) $f(x,y)=e^{-3x+4y}$　(6) $f(x,y)=e^{-x}\cos 2y$

(7) $f(x,y)=\cos xy$　(8) $f(x,y)=e^{x^2+y^2}$　(9) $f(x,y)=\dfrac{y}{x}$

問 51　次の関数の第 3 次偏導関数を求めよ．

(1) $f(x,y)=x^3y$　(2) $f(x,y)=2x^3-3xy+4y^2$　(3) $f(x,y)=(x+2y)^5$

(4) $f(x,y)=\sin(x-2y)$　(5) $f(x,y)=e^{-3x+4y}$　(6) $f(x,y)=e^{-x}\cos 2y$

---

9)　第 N 次偏導関数は，偏微分する変数の順序を区別すれば全部で 2^N 種類あるが，区別しなければ $N+1$ 種類ある．

19. 全 微 分

全微分の定義

§ 2 で学んだように，1 変数関数 $f(x)$ が $x=a$ で微分可能であることは，1 次展開

$$f(x) = f(a) + f'(a)(x-a) + (x-a)R(x)$$

が得られることと同値であった．ただし，$R(x)$ は $R(a)=0$ を満たす $x=a$ で連続な関数である．本節では，2 変数関数の 1 次展開を利用した微分について学ぶ．

2 変数関数 $f(x,y)$ が点 (a,b) で**全微分可能**であるとは，$f(x,y)$ が点 (a,b) で x と y について偏微分可能であり，

$$\begin{aligned} f(x,y) = f(a,b) &+ f_x(a,b)(x-a) + f_y(a,b)(y-b) \\ &+ \sqrt{(x-a)^2+(y-b)^2}\,R(x,y) \end{aligned} \tag{19.1}$$

と表されることである．ただし，$R(x,y)$ は $R(a,b)=0$ を満たす点 (a,b) で連続な関数である．(19.1) を $f(x,y)$ の点 (a,b) における **1 次展開**という．x, y の 1 次式

$$f_1(x,y) = f(a,b) + f_x(a,b)(x-a) + f_y(a,b)(y-b)$$

を $f(x,y)$ の点 (a,b) における **1 次近似式**という[10]．$\sqrt{(x-a)^2+(y-b)^2}\,R(x,y)$ は，$f(x,y)$ と 1 次近似式 $f_1(x,y)$ との間の誤差を表しており，これを**剰余項**という．

> **例題 60.** 関数 $f(x,y)=xy$ が点 $(0,0)$ で全微分可能であることを証明せよ．

解 $f_x(x,y)=y$, $f_y(x,y)=x$ により，$f(x,y)$ の点 $(0,0)$ における 1 次展開は

$$\begin{aligned} xy = f(x,y) &= f(0,0) + f_x(0,0)x + f_y(0,0)y + \sqrt{x^2+y^2}\,R(x) \\ &= 0 + 0x + 0y + \sqrt{x^2+y^2}\,R(x,y) \end{aligned}$$

である[11]．ここで，$R(x,y)$ の点 $(0,0)$ における連続性を示す．$x=r\cos\theta$, $y=r\sin\theta$ を代入すると，$(x,y)\to(0,0)$ は $r\to+0$ に対応する．このとき，

$$\begin{aligned} \lim_{(x,y)\to(0,0)} R(x,y) &= \lim_{(x,y)\to(0,0)} \frac{xy}{\sqrt{x^2+y^2}} \\ &= \lim_{r\to+0} \frac{r^2\cos\theta\sin\theta}{r} = \lim_{r\to+0} r\cos\theta\sin\theta = 0 \end{aligned}$$

となる．$R(0,0)=0$ なので，$R(x,y)$ は点 $(0,0)$ で連続である．よって，$f(x,y)$ は点 $(0,0)$ で全微分可能である． □

---

10) $f_1(x,y)$ が 0 次式になることもあるが，便宜上このようによぶ．

11) 1 次近似式は $f_1(x,y)=0$ である．1 次近似式を求めたら，x, y の係数が定数で，$f_1(x,y)$ が x, y の 1 次 (以下) の多項式になっていることを確かめよう．

偏微分の定義に現れる極限は1変数関数の極限であったのに対して，全微分の定義に現れる極限は $R(x,y)$ の連続性における2変数関数の極限である．

問 52　次の2変数関数が点 $(0,0)$ で全微分可能であることを定義に基づき証明せよ．

(1) $f(x,y)=y$　　(2) $f(x,y)=x^2+y^2$　　(3) $f(x,y)=xy+x$

全微分の性質

1変数関数の場合，微分可能な関数は連続関数であった．2変数関数の場合，全微分可能性が連続性と関係する (§23 問題38参照)：

> 関数 $f(x,y)$ が点 (a,b) で全微分可能ならば，$f(x,y)$ は点 (a,b) で連続である

偏微分と全微分の定義に現れる極限の違いをみると，偏微分では xy 平面において点 (a,b) に対して上下左右の4方向からの近づき方のみが用いられ，全微分ではあらゆる方向からの近づき方が用いられた．この考察からも，全微分可能性は偏微分可能性に比べて強い性質であることがわかる．

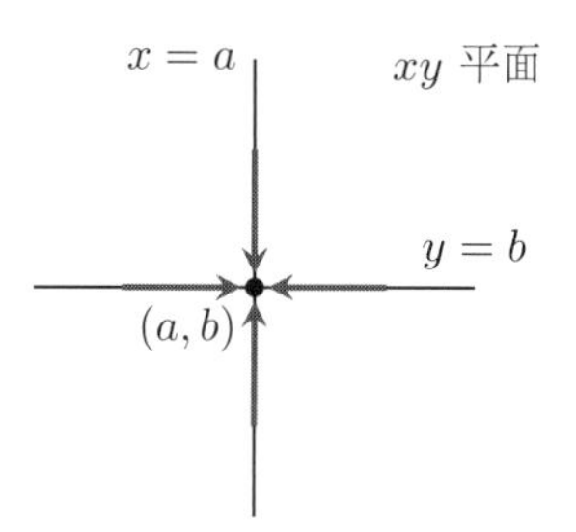

偏微分に現れる極限

全微分可能性の定義により，次が成り立つ：

> 関数 $f(x,y)$ が点 (a,b) で全微分可能ならば，$f(x,y)$ は点 (a,b) で x, y について偏微分可能である

しかし，一般に逆は成り立たない．例えば

$$f(x,y)=\begin{cases}\dfrac{xy}{x^2+y^2} & ((x,y)\neq(0,0)),\\ 0 & ((x,y)=(0,0))\end{cases}$$

は，点 $(0,0)$ で偏微分可能であるが全微分可能ではない[12)]．一般に，全微分可能性を定義から証明することはやさしくはないが，次の性質が知られている：

> 関数 $f(x,y)$ が点 (a,b) とその十分近くで偏微分可能で，偏導関数 $f_x(x,y)$, $f_y(x,y)$ が点 (a,b) で連続ならば，$f(x,y)$ は点 (a,b) で全微分可能である

12)　$f(x,y)$ は点 $(0,0)$ で連続でない (§23 問題34参照)．連続でなければ，全微分可能でない．

接平面の方程式

全微分の幾何的な意味を考えよう．まず，1 変数関数 $f(x)$ が $x=a$ で微分可能であれば，1 次近似式

$$z=f(a)+f'(a)(x-a)$$

は xz 平面において，曲線 $z=f(x)$ 上の点 $(a,f(a))$ における接線の方程式にほかならなかった．この拡張として，2 変数関数 $f(x,y)$ が点 (a,b) で全微分可能であれば，1 次近似式

$$z=f(a,b)+f_x(a,b)(x-a)+f_y(a,b)(y-b)$$

は xyz 空間において，曲面 $S\colon z=f(x,y)$ 上の点 $\mathrm{A}(a,b,f(a,b))$ における**接平面** H の方程式[13)]となることが次のようにしてわかる (§ 2 参照)．S 上の点 $\mathrm{B}(x,y,f(x,y))$ と H 上の点 $\mathrm{D}(x,y,f_1(x,y))$ をとる．B から H に垂線 BE を下ろすと，

$$0\leqq\sin\angle\mathrm{BAD}=\frac{\mathrm{BE}}{\mathrm{AB}}\leqq\frac{|f(x,y)-f_1(x,y)|}{\sqrt{(x-a)^2+(y-b)^2}}=|R(x,y)|\overset{(x,y)\to(a,b)}{\longrightarrow}0$$

となる．はさみうちの原理により，$(x,y)\to(a,b)$ のとき $\sin\angle\mathrm{BAD}\to 0$ となる．特に，$\angle\mathrm{BAD}$ が 0 に近づく．これは，点 B が点 A に近づいていくと曲面 S と平面 H の見分けがつかなくなること，すなわち H が A で S に接することを表している．

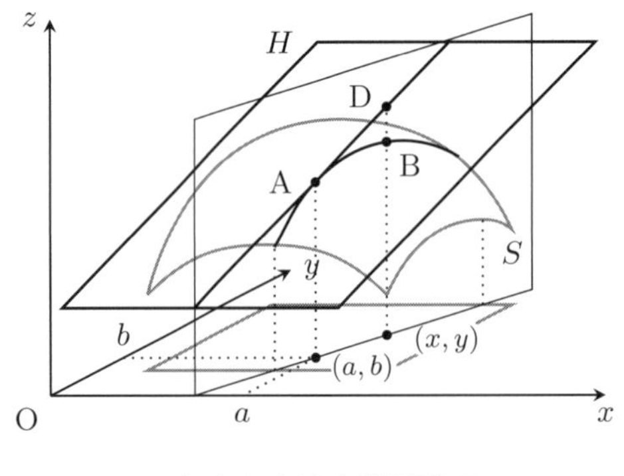

点 A における接平面 H

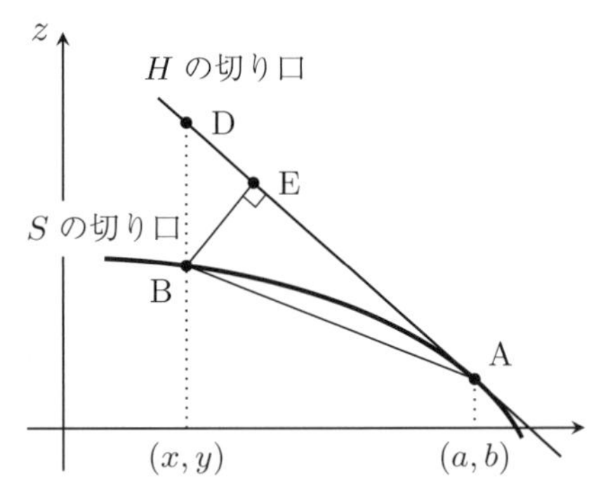

平面 ABD による断面

一方，§ 18 で学んだように，関数 $f(x,y)$ が点 (a,b) で x について偏微分可能であれば，幾何的に曲面 S の平面 $y=b$ による切り口に現れる曲線 $z=f(x,b)$ に対して，この点 $(a,f(a,b))$ における接線が存在する．y についても同様である (p.90 の図参照)．2 方向に接線が存在するからといって，接平面が存在するとは限らないことに注意しよう．幾何的な考察からも，全微分可能性は偏微分可能性に比べて強い性質であることがわかる．

13)　1 次方程式 $z=\alpha x+\beta y+\gamma$ (α, β, γ は定数) は xyz 空間において平面を表す．詳しくは『線形代数学 30 講』を参照すること．

例題 61. 曲面 $z = x^2 + y^2$ の点 $(2, 1, 5)$ における接平面の方程式を求めよ．

解 $f(x, y) = x^2 + y^2$ とおく．$f_x(x, y) = 2x$, $f_y(x, y) = 2y$ により，$f(x, y)$ の点 $(2, 1)$ における 1 次近似式は

$$\begin{aligned} z = f_1(x, y) &= f(2, 1) + f_x(2, 1)(x - 2) + f_y(2, 1)(y - 1) \\ &= 5 + 4(x - 2) + 2(y - 1) \end{aligned}$$

である[14)]．よって，求める接平面の方程式は $z = 4x + 2y - 5$ である． □

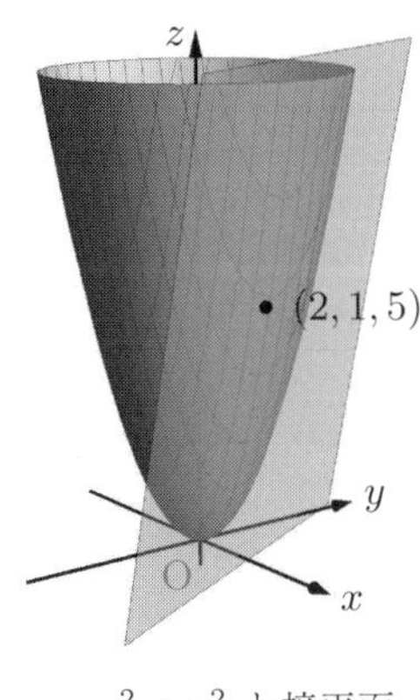

$z = x^2 + y^2$ と接平面

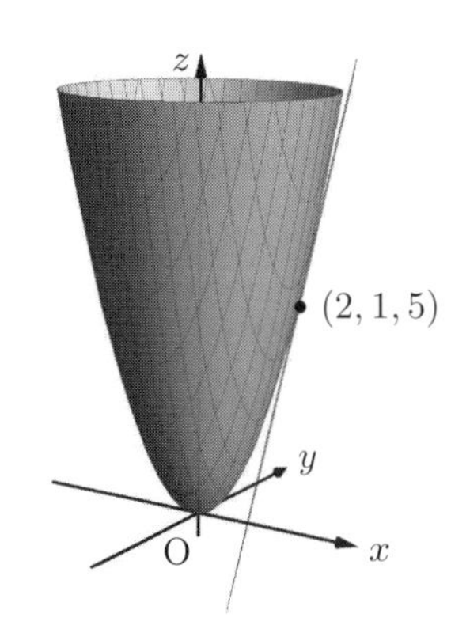

接平面を真横から眺めた図

問 53 次の関数のグラフの与えられた点における接平面の方程式を求めよ．

(1) $f(x, y) = xy$, $(1, -2, f(1, -2))$　(2) $f(x, y) = x^3 - 3xy + y^3$, $(2, 1, f(2, 1))$

(3) $f(x, y) = e^{-x^2 - y^2}$, $(-1, 0, f(-1, 0))$　(4) $f(x, y) = \sin(x + 3y)$, $(\pi, \pi, f(\pi, \pi))$

数学トピックス：円周率 π

人生で最初に出会ったギリシア文字が π であるという人は多いでしょう．自然科学において，π は円の直径に対する円周の長さの比率である円周率を表し，その値が

$$3.14159265358979323846264338327950288 \cdots\cdots$$

となる無理数 (さらに超越数) であることが知られています．π はギリシア語で周を表す $\pi\varepsilon\rho\iota\mu\varepsilon\tau\rho o\varsigma$ (perimetros) の頭文字が由来です．日本においても江戸時代から円周率の研究が盛んに行われていました．江戸時代の数学は「和算」とよばれ，そのなかでも円を対象とした数学は「円理」とよばれていました．円の内接多角形の周の長さを計算することにより，円周率の近似値が 3.14 であることは当時からよく知られていました．今では円周率 π のさまざまな表示式が知られており，アルゴリズムやコンピュータの性能評価を示す挑戦課題として π の近似値計算が利用されています．

14) 1 次近似式を求めたら，$x - 2$, $y - 1$ の係数が定数で，$f_1(x, y)$ が x, y の 1 次式になっていることを確かめよう．

20. 連鎖律

合成関数の偏微分

1 変数関数の導関数の計算において，合成関数の微分公式が重要な役割を果たした．具体的な 2 変数関数の偏導関数の計算においては 1 変数関数の合成関数の微分公式を用いれば十分であるが，座標変換や変数変換などの抽象的な 2 変数関数を扱うときには，合成関数の偏微分公式である連鎖律が重要な役割を果たす．

例えば，関数

$$f(x,y) = \sin(x+3y), \qquad \varphi(s,t) = st^2, \qquad \psi(s,t) = e^{-s}$$

を考えよう[15]．$f(x,y)$ の x, y に $x = \varphi(s,t)$, $y = \psi(s,t)$ を代入すると，新たに s, t についての関数

$$F(s,t) = f(\varphi(s,t), \psi(s,t)) = \sin(st^2 + 3e^{-s})$$

が得られる[16]．これを s で偏微分すると

$$\frac{\partial F}{\partial s} = \cos(st^2 + 3e^{-s}) \cdot (t^2 - 3e^{-s})$$

となる．これを $f(x,y)$, $\varphi(s,t)$, $\psi(s,t)$ の偏導関数

$$\frac{\partial f}{\partial x} = \cos(x+3y), \qquad \frac{\partial f}{\partial y} = 3\cos(x+3y), \qquad \frac{\partial \varphi}{\partial s} = t^2, \qquad \frac{\partial \psi}{\partial s} = -e^{-s}$$

を用いて書き直してみると

$$\frac{\partial F}{\partial s} = \cos(st^2 + 3e^{-s}) \cdot t^2 + 3\cos(st^2 + 3e^{-s}) \cdot (-e^{-s}) = \frac{\partial f}{\partial x}\frac{\partial \varphi}{\partial s} + \frac{\partial f}{\partial y}\frac{\partial \psi}{\partial s}$$

となる．合成関数 F はもともと f で，φ, ψ はもともと x, y であったので，これは

$$\frac{\partial f}{\partial s} = \frac{\partial f}{\partial x}\frac{\partial x}{\partial s} + \frac{\partial f}{\partial y}\frac{\partial y}{\partial s}$$

と表すことができる．実は，$f(x,y)$, $\varphi(s,t)$, $\psi(s,t)$ が全微分可能であれば，これは一般に成り立つ．この公式を**連鎖律**という．t についての偏微分も同様である．

$$\frac{\partial f}{\partial s} = \frac{\partial f}{\partial x}\frac{\partial x}{\partial s} + \frac{\partial f}{\partial y}\frac{\partial y}{\partial s}, \qquad \frac{\partial f}{\partial t} = \frac{\partial f}{\partial x}\frac{\partial x}{\partial t} + \frac{\partial f}{\partial y}\frac{\partial y}{\partial t}$$

連鎖律は，1 変数関数の合成関数の微分公式のような単純な“約分”ではなく，∂x, ∂y を約分すると $\dfrac{1}{2}$ が現れる“半約分”と考えると公式を覚えやすい．

15) $\psi(s,t)$ は t を含まない 2 変数関数であると考える．
16) このような代入操作を関数の**合成**といった．

● 問 54　次の 2 変数関数の組について合成関数を作り，直接 s,t で偏微分したものと，連鎖律を適用して計算したものを比較せよ．

(1) $f(x,y)=x^3-y^2,\ \ x=\sin t,\ y=e^{-t}$

(2) $f(x,y)=x^2+y^2,\ \ x=e^{s+t},\ y=e^{s-t}$

(3) $f(x,y)=\sin(xy),\ \ x=s-t,\ y=st$

(4) $f(x,y)=e^{xy},\ \ x=s\cos t,\ y=s\sin t$

連鎖律の応用

連鎖律は，具体的な関数よりも抽象的な関数における合成関数の偏導関数の計算を行うときに重要な役割を果たす．

例題 62. 関数 $f(x,y)$ に対して，$x=st^2,\ y=e^{-s}$ とするとき，$\dfrac{\partial f}{\partial t},\ \dfrac{\partial^2 f}{\partial s\partial t}$ を f の偏導関数 (高次を含む) や $s,\ t$ を用いて表せ．

解　連鎖律により

$$\frac{\partial f}{\partial t}=\frac{\partial f}{\partial x}\frac{\partial x}{\partial t}+\frac{\partial f}{\partial y}\frac{\partial y}{\partial t}=f_x(st^2,e^{-s})\cdot 2st+f_y(st^2,e^{-s})\cdot 0=f_x(st^2,e^{-s})\cdot 2st$$

となる．次に，積の微分公式により

$$\frac{\partial^2 f}{\partial s\partial t}=\frac{\partial}{\partial s}(f_x(st^2,e^{-s})\cdot 2st)=\left(\frac{\partial}{\partial s}f_x(st^2,e^{-s})\right)\cdot 2st+f_x(st^2,e^{-s})\cdot 2t$$

となる．$f_x(st^2,e^{-s})$ は合成関数なので，再び連鎖律により

$$\frac{\partial f_x}{\partial s}=\frac{\partial f_x}{\partial x}\frac{\partial x}{\partial s}+\frac{\partial f_x}{\partial y}\frac{\partial y}{\partial s}=f_{xx}(st^2,e^{-s})\cdot t^2+f_{xy}(st^2,e^{-s})\cdot(-e^{-s})$$

となる．したがって，

$$\begin{aligned}\frac{\partial^2 f}{\partial s\partial t}&=\{f_{xx}(st^2,e^{-s})t^2+f_{xy}(st^2,e^{-s})(-e^{-s})\}2st+f_x(st^2,e^{-s})2t\\&=2f_{xx}(st^2,e^{-s})st^3-2f_{xy}(st^2,e^{-s})e^{-s}st+2f_x(st^2,e^{-s})t\end{aligned}$$

となる．　□

● 問 55　例題 62 において，$\dfrac{\partial f}{\partial s},\ \dfrac{\partial^2 f}{\partial s^2},\ \dfrac{\partial^2 f}{\partial t^2}$ を f の偏導関数 (高次を含む) や $s,\ t$ を用いて表せ．

● 問 56　関数 $f(x,y)$ に対して，$x=s+2t,\ y=-3s+4t$ とするとき，$\dfrac{\partial f}{\partial s},\ \dfrac{\partial f}{\partial t},\ \dfrac{\partial^2 f}{\partial s^2},\ \dfrac{\partial^2 f}{\partial t^2},\ \dfrac{\partial^2 f}{\partial s\partial t}$ を f の偏導関数 (高次を含む) や $s,\ t$ を用いて表せ．

連鎖律の証明*

関数を解析するときの基本的な考え方の1つが，1次展開や1次近似式の利用である．これは§21, 22でより発展的に用いられる．ここでは1次展開の応用として，連鎖律を証明しよう．

2変数関数

$$f(x,y), \qquad x=\varphi(s,t), \quad y=\psi(s,t)$$

を考える．関数はすべて全微分可能であるとする．s についての偏微分を考えるとき，t は定数とみなすので，はじめから φ と ψ は s についての1変数関数と考えてよい．このとき，合成関数

$$F(s)=f(\varphi(s),\psi(s))$$

を $s=c$ で微分することで連鎖律を証明する．まず，$f(x,y)$, $\varphi(s)$, $\psi(s)$ の $s=c$ に対応する点における1次展開は，$a=\varphi(c)$, $b=\psi(c)$ とおくと

$$\begin{aligned}
f(x,y)&=f(a,b)+f_x(a,b)(x-a)+f_y(a,b)(y-b)+\sqrt{(x-a)^2+(y-b)^2}\,R(x,y),\\
x&=\varphi(s)=\varphi(c)+\varphi'(c)(s-c)+(s-c)U(s),\\
y&=\psi(s)=\psi(c)+\psi'(c)(s-c)+(s-c)V(s)
\end{aligned}$$

となる．ここで，$R(x,y)$ は $R(a,b)=0$ を満たす点 (a,b) で連続な関数，$U(s)$, $V(s)$ は $U(c)=V(c)=0$ を満たす点 c で連続な関数である．このとき，合成関数 $F(s)$ は，$a=\varphi(c)$, $b=\psi(c)$ に注意して，

$$\begin{aligned}
F(s)&=f(\varphi(s),\psi(s))\\
&=f(\varphi(c),\psi(c))+f_x(a,b)(\varphi'(c)+U(s))(s-c)+f_y(a,b)(\psi'(c)+V(s))(s-c)\\
&\qquad+\sqrt{(\varphi'(c)+U(s))^2(s-c)^2+(\psi'(c)+V(s))^2(s-c)^2}\,R(\varphi(s),\psi(s))
\end{aligned}$$

となる．よって，$F(s)$ の $s=c$ における偏微分係数は，その定義により

$$\begin{aligned}
\frac{\partial F}{\partial s}(c)&=\lim_{s\to c}\frac{f(\varphi(s),\psi(s))-f(\varphi(c),\psi(c))}{s-c}\\
&=\lim_{s\to c}\Big\{f_x(a,b)(\varphi'(c)+U(s))+f_y(a,b)(\psi'(c)+V(s))\\
&\qquad+\frac{|s-c|}{s-c}\sqrt{(\varphi'(c)+U(s))^2+(\psi'(c)+V(s))^2}\,R(\varphi(s),\psi(s))\Big\}\\
&=f_x(a,b)\varphi'(c)+f_y(a,b)\psi'(c) \qquad (20.1)\\
&=\frac{\partial f}{\partial x}\frac{\partial \varphi}{\partial s}+\frac{\partial f}{\partial y}\frac{\partial \psi}{\partial s}
\end{aligned}$$

となる．よって，連鎖律が証明された．ただし，(20.1) において，$\dfrac{|s-c|}{s-c}=\pm1$ であること，$R(x,y)$, $U(s)$, $V(s)$ の連続性によりこれらに $s=c$ を代入できること，および $R(a,b)=U(c)=V(c)=0$ を用いた．

数学トピックス：微分方程式 (1)

微分方程式とは，例えば

$$\frac{du}{dt} = -ku \qquad (k \text{ は定数}) \qquad (20.2)$$

のような，関数 $u(t)$ に対して，その微分を含む関係式である．科学や工学において，現象を支配する法則の多くは微分方程式で記述される．微分方程式を満たす関数を微分方程式の**解**という．(20.2) の解は

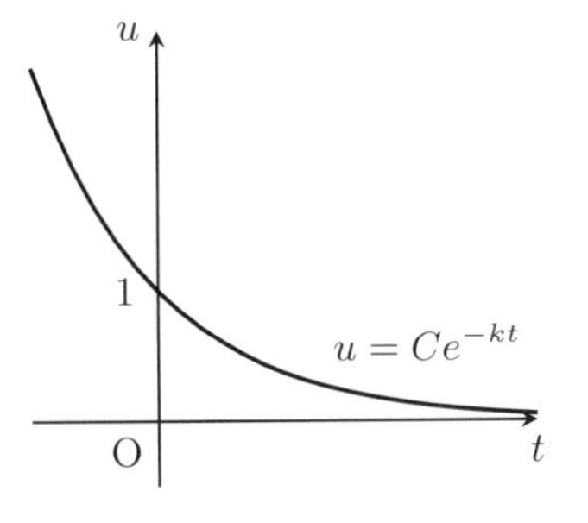

$$u(t) = Ce^{-kt} \qquad (20.3)$$

である．C は定数で，$t = 0$ における u の値がわかっていれば $C = u(0)$ である．解を求めることは現象を支配する法則からその現象を具体的に知ることに対応する．特に t が時間を表すとき，$u(t)$ は時間によって値が変化する量で，微分方程式の解を求めることは現在の法則から未来を予見または過去を推察することを意味する．

(20.2) はさまざまな現象を記述する微分方程式である．例えば，$u(t)$ をある放射性元素の時刻 t における量とする．放射性元素は短い時間 Δt の間に u に比例した数だけ崩壊して別の元素となる[a]．その比例定数を $k\ (>0)$ とすると，

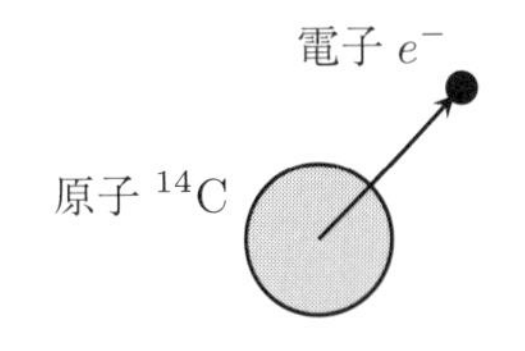

^{14}C の β 崩壊

$$u(t + \Delta t) = u(t) - ku(t)\Delta t$$

が成り立つ．この k を**崩壊定数**という．$u(t)$ を左辺に移項して両辺を Δt で割り，$\Delta t \to 0$ とする極限をとることにより，微分方程式 (20.2) が得られる．$\dfrac{du}{dt}$ は u の値が変化する速度であるが，単位時間当たりの u の変化と考えてもよい．(20.2) の解は (20.3) であり，放射性元素は時間とともに指数関数的に減少することがわかる．類似の現象は化合物の自然な分解[b] にもみられ，1 次反応とよばれている．

また，$u(t)$ を容器に入ったお湯の時刻 t における外気との温度差とする．お湯は外気によって熱を奪われ冷めていく．その単位時間当たりの熱量は，お湯の量に比例する．その比例定数を $k\ (>0)$ とすると，やはり (20.2) が成り立つ．解 (20.3) により，お湯の外気との温度差は時間とともに指数関数的に小さくなることがわかる．

お湯の冷却

a) 例えば，炭素 ^{14}C は β 崩壊して窒素 ^{14}N になる．
b) 例えば，過酸化水素水 H_2O_2 は自然に分解して水 H_2O と酸素 O_2 になる．

21. 2 変数関数のテイラー展開

2 変数関数のテイラー展開の考え方

1 変数関数 $f(x)$ に対して，

$$f(x) = f(a) + f'(a)(x-a) + \frac{f''(a)}{2!}(x-a)^2 + \cdots$$

を $f(x)$ の $x=a$ におけるテイラー展開といい，これを N 次で止めて得られる多項式を N 次近似式といった．§6, 7 では，このような関数の多項式による近似がその解析において重要な役割を果たすことを学んだ．これを利用して，2 変数関数の多項式による近似を考えよう．ここでの考え方は，パラメータを導入して 2 変数関数を 1 変数関数化することである．

例として，$f(x,y) = e^{x+2y}$ の点 $(0,0)$ における多項式による近似を考えよう．2 点 $(0,0)$ と (x,y) を線分で結ぶ．この 2 点を $t:1-t$ に内分する点は (tx,ty) である．そこで，

$$F(t) = f(tx,ty) = e^{t(x+2y)}$$

とおく．$F(t)$ の $t=0$ におけるテイラー展開は

$$F(t) = F(0) + F'(0)t + \frac{F''(0)}{2!}t^2 + \cdots = 1 + (x+2y)t + \frac{(x+2y)^2}{2}t^2 + \cdots$$

である．$t=1$ を代入することにより，

$$e^{x+2y} = 1 + (x+2y) + \frac{(x+2y)^2}{2} + \cdots$$

となり，適当な次数で止めることにより e^{x+2y} の多項式による近似が得られる．

または，変数ごとにテイラー展開してもよい．e^{x+2y} をまず x について $x=0$ においてテイラー展開すると，

$$e^{x+2y} = e^{2y} + e^{2y}x + \frac{e^{2y}}{2}x^2 + \cdots$$

となる．次に，各係数を y について $y=0$ においてテイラー展開すると

$$\begin{aligned} &e^{x+2y} \\ &= (1+2y+2y^2+\cdots) + (1+2y+2y^2+\cdots)x + \frac{1}{2}(1+2y+2y^2+\cdots)x^2 + \cdots \\ &= 1 + x + 2y + \frac{1}{2}(x^2+4xy+4y^2) + \cdots \end{aligned}$$

となり，適当な次数で止めることにより e^{x+2y} の多項式による近似が得られる．

一般に，関数 $f(x,y)$ が良い条件を満たせば，これら 2 つの方法でテイラー展開の式を導くことができる (本節の後半で証明する)．近似式ともとの関数の誤差である剰余項を具体的に表示することもできるが，本書では詳しく扱わない．

2変数関数のテイラー展開

関数 $f(x,y)$ に対して，次の $(x-a)$, $(y-b)$ についての無限級数 (または多項式) を，$f(x,y)$ の点 (a,b) における**テイラー展開**という：

$$\begin{aligned}f(x,y) = f(a,b) &+ \{f_x(a,b)(x-a) + f_y(a,b)(y-b)\} \\ &+ \frac{1}{2!}\{f_{xx}(a,b)(x-a)^2 + 2f_{xy}(a,b)(x-a)(y-b) + f_{yy}(a,b)(y-b)^2\} \\ &+ \frac{1}{3!}\{f_{xxx}(a,b)(x-a)^3 + 3f_{xxy}(a,b)(x-a)^2(y-b) \\ &\qquad + 3f_{xyy}(a,b)(x-a)(y-b)^2 + f_{yyy}(a,b)(y-b)^3\} \\ &+ \cdots \end{aligned} \tag{21.1}$$

第 N 次偏微分係数全体に $\dfrac{1}{N!}$ がかかり，x で偏微分するたびに $(x-a)$ が，y で偏微分するたびに $(y-b)$ がかかる．x で m 回，y で n 回偏微分した第 $m+n$ 次偏導関数は全部で ${}_{m+n}\mathrm{C}_m$ 個あるが，これらは偏微分する変数の順序によらないので，項をまとめることができる．例えば $f_{xxy}(a,b)$ の直前にかけられている 3 は $f_{xyx}(a,b)$, $f_{yxx}(a,b)$ もまとめた 2 項係数 ${}_3\mathrm{C}_2$ である．$f(x,y)$ が良い条件を満たせば，点 (a,b) の十分近くで (21.1) の右辺の級数は収束して $f(x,y)$ に一致することが知られている．本書では特に断らない限りこのような関数のみを扱う．

例題 63. 関数 $f(x,y) = e^{x+2y}$ の点 $(0,0)$ におけるテイラー展開を 2 次の項まで求めよ．

解 $f_x(x,y) = e^{x+2y}$, $f_y(x,y) = 2e^{x+2y}$, $f_{xx}(x,y) = e^{x+2y}$, $f_{xy}(x,y) = 2e^{x+2y}$, $f_{yy}(x,y) = 4e^{x+2y}$ により，$f(x,y) = e^{x+2y}$ の点 $(0,0)$ におけるテイラー展開は

$$e^{x+2y} = 1 + x + 2y + \frac{1}{2!}(x^2 + 4xy + 4y^2) + \cdots$$

となる[17]．2 次の項まで書くと $1 + x + 2y + \dfrac{1}{2}(x^2 + 4xy + 4y^2)$ である． □

● **問 57** 次の関数の点 $(0,0)$ におけるテイラー展開を 3 次の項まで求めよ．

(1) $f(x,y) = x^3 - 3xy + y^3$ (2) $f(x,y) = e^{2x-3y}$ (3) $f(x,y) = \log(1-x+y)$

● **問 58** 次の関数の点 $(1,2)$ におけるテイラー展開を 2 次の項まで求めよ．

(1) $f(x,y) = x^3 - 3xy + y^3$ (2) $f(x,y) = e^{2x-3y}$ (3) $f(x,y) = \sin(\pi xy)$

17) テイラー展開を N 次の項まで求めたら，x, y の N 次式になっていること，特に各 $x^m y^n$ の係数が定数であることを確かめよう．

2変数関数のテイラー展開の証明 (1)*

関数 $f(x,y)$ の点 (a,b) におけるテイラー展開の公式を証明しよう．2変数関数の性質を得るための基本的な考え方は，変数 x, y に1変数関数を代入することで1変数化し，1変数関数の性質を利用することである．偏微分はその一例であった．

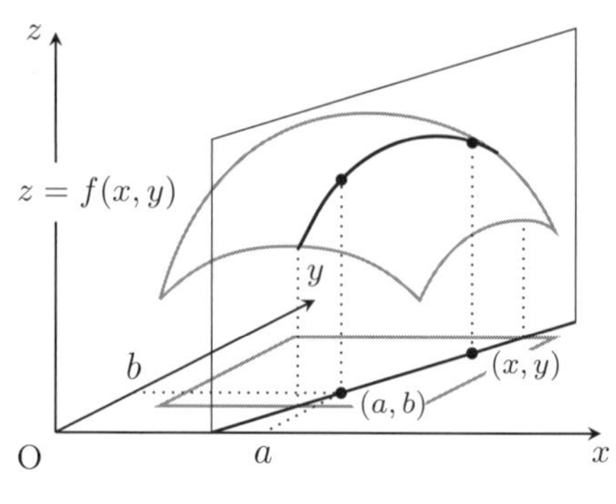

曲面の平面による切断

2点 (a,b) と (x,y) を結んだ直線上に $f(x,y)$ の定義域を制限する．2点 (a,b) と (x,y) を $t:1-t$ に内分する点は

$$((1-t)a+tx,\ (1-t)b+ty)$$

なので，t の1変数関数

$$F(t)=f(a+(x-a)t,b+(y-b)t)$$

が得られる．これは曲面 $z=f(x,y)$ の2点 (a,b) と (x,y) を含む z 軸に平行な平面による切り口に現れる曲線を考えることに対応している．

$F(t)$ の $t=0$ におけるテイラー展開は

$$F(t)=\sum_{n=0}^{\infty}\frac{F^{(n)}(0)}{n!}t^n=F(0)+F'(0)t+\frac{F''(0)}{2!}t^2+\cdots \tag{21.2}$$

である．ここで，連鎖律により

$$\begin{aligned}
F'(t)&=f_x(a+(x-a)t,b+(y-b)t)(x-a)+f_y(a+(x-a)t,b+(y-b)t)(y-b),\\
F''(t)&=\{f_{xx}(a+(x-a)t,b+(y-b)t)(x-a)\\
&\qquad\qquad +f_{xy}(a+(x-a)t,b+(y-b)t)(y-b)\}(x-a)\\
&\quad+\{f_{yx}(a+(x-a)t,b+(y-b)t)(x-a)\\
&\qquad\qquad +f_{yy}(a+(x-a)t,b+(y-b)t)(y-b)\}(y-b),\\
&\ \vdots
\end{aligned}$$

となるので，

$$\begin{aligned}
F(0)&=f(a,b),\\
F'(0)&=f_x(a,b)(x-a)+f_y(a,b)(y-b),\\
F''(0)&=f_{xx}(a,b)(x-a)^2+2f_{xy}(a,b)(x-a)(y-b)+f_{yy}(a,b)(y-b)^2,\\
&\ \vdots
\end{aligned}$$

となる．(21.2) と $f(x,y)=F(1)$ により，(21.1) が得られる．なお，(21.2) において $F(t)$ のテイラー展開の代わりに N 次展開を書くことにより，2変数関数の N 次展開を得ることもできるが，本書では詳しく扱わない．

2変数関数のテイラー展開の証明 (2)*

関数 $f(x,y)$ の点 (a,b) におけるテイラー展開の公式は，変数ごとにテイラー展開することでも証明できる．

まず，$f(x,y)$ を y をパラメータとする x についての1変数関数とみる．この $x=a$ におけるテイラー展開は

$$\begin{aligned} f(x,y) &= \sum_{m=0}^{\infty} \frac{f^{(m)}(a,y)}{m!}(x-a)^m \\ &= f(a,y) + f_x(a,y)(x-a) + \frac{f_{xx}(a,y)}{2}(x-a)^2 + \cdots \end{aligned}$$

となる．ただし，$(x-a)^m$ の係数に現れる $f^{(m)}(a,y)$ は $\dfrac{\partial^m f}{\partial x^m}(a,y)$ のことであり，これは y についての1変数関数である．そこで，$f^{(m)}(a,y)$ を今度は y についてテイラー展開する．$y=b$ におけるテイラー展開は

$$\begin{aligned} f^{(m)}(a,y) &= \sum_{n=0}^{\infty} \frac{f^{(m,n)}(a,b)}{n!}(y-b)^n \\ &= f^{(m)}(a,b) + f^{(m,1)}(a,b)(y-b) + \frac{f^{(m,2)}(a,b)}{2}(y-b)^2 + \cdots \end{aligned}$$

となる．ただし，$(y-b)^n$ の係数に現れる $f^{(m,n)}(a,b)$ は $\dfrac{\partial^{m+n} f}{\partial x^m \partial y^n}(a,b)$ のことである．したがって，

$$\begin{aligned} f(x,y) &= \sum_{m=0}^{\infty} \frac{f^{(m)}(a,y)}{m!}(x-a)^m \\ &= \sum_{m=0}^{\infty} \frac{1}{m!} \sum_{n=0}^{\infty} \frac{f^{(m,n)}(a,b)}{n!}(y-b)^n (x-a)^m \\ &= \sum_{m,n=0}^{\infty} \frac{f^{(m,n)}(a,b)}{m!n!}(x-a)^m (y-b)^n \\ &= \sum_{N=0}^{\infty} \frac{1}{N!} \sum_{n=0}^{N} {}_N\mathrm{C}_n \frac{\partial^N f}{\partial x^{N-n}\partial y^n}(a,b)(x-a)^{N-n}(y-b)^n \\ &= f(a,b) + \{f_x(a,b)(x-a) + f_y(a,b)(y-b)\} \\ &\quad + \frac{1}{2!}\{f_{xx}(a,b)(x-a)^2 + 2f_{xy}(a,b)(x-a)(y-b) + f_{yy}(a,b)(y-b)^2\} + \cdots \end{aligned}$$

となり，(21.1) が得られる．

関数はいつでもテイラー展開できるとは限らないが，テイラー展開できる関数を**解析関数**という．1変数関数のテイラーの定理 (§ 10 参照) により，1変数関数化した関数の N 次近似式ともとの関数の誤差である剰余項の具体的が得られる．これを用いると，2変数関数においてもその多項式による近似ともとの関数の誤差である剰余項を具体的に表示することもできるが，本書では詳しく扱わない．

22. 2 変数関数の極値

極値の判定方法

1 変数関数 $f(x)$ の場合，微分を応用して極値を判定することができた (§ 7 参照)：

(i) 極値の候補： 方程式 $f'(x) = 0$ の解 $x = a$

(iii) 極値の種類： 極値の候補点 $x = a$ において，

(+) $f''(a) > 0$ のとき，$x = a$ で関数 $f(x)$ は極小

(−) $f''(a) < 0$ のとき，$x = a$ で関数 $f(x)$ は極大

これは $f(x)$ の $x = a$ におけるテイラー展開

$$f(x) = f(a) + f'(a)(x-a) + \frac{f''(a)}{2!}(x-a)^2 + \cdots$$

を考えると，$f'(a) = 0$ となる $x = a$ の近くで $f(x)$ は 2 次関数 $f(a) + \dfrac{f''(a)}{2}(x-a)^2$ に近似できる (2 次近似式) ため，$f''(a)$ の符号によって極値の種類を判定できるのであった．ただし，$f''(a) = 0$ のときは，さらに詳しい解析が必要となる．

§ 16 では曲面の切断を利用して 2 変数関数 $f(x, y)$ のグラフの概形を把握したが，実は 2 変数関数も，概ね 1 変数関数の極値判定に類似して，偏導関数や第 2 次偏導関数を用いて次のように極値を判定することができる：

(i) 極値の候補： 方程式 $f_x(x, y) = f_y(x, y) = 0$ の解 $(x, y) = (a, b)$

(ii) 極値の判定： $D(x, y) = f_{xy}(x, y)^2 - f_{xx}(x, y) f_{yy}(x, y)$ とおく．極値の候補点 $(x, y) = (a, b)$ において，

(−) $D(a, b) < 0$ のとき，$(x, y) = (a, b)$ で関数 $f(x, y)$ は極値をとる

(+) $D(a, b) > 0$ のとき，$(x, y) = (a, b)$ で関数 $f(x, y)$ は極値をとらない
(グラフ $z = f(x, y)$ 上の点 $(a, b, f(a, b))$ は鞍点)

(iii) 極値の種類： 極値の候補点 $(x, y) = (a, b)$ において，$D(a, b) < 0$ のとき

(+) $f_{xx}(a, b) > 0$ のとき，$(x, y) = (a, b)$ で関数 $f(x, y)$ は極小

(−) $f_{xx}(a, b) < 0$ のとき，$(x, y) = (a, b)$ で関数 $f(x, y)$ は極大

2 変数関数の場合，複数ある偏導関数や第 2 次偏導関数を総合して判断する．極値の候補点を求めたら，まずそこで極値をとるかどうかを判定し，極値をとるのであればその種類を判定する．また，$D(a, b) < 0$ のとき，$f_{xx}(a, b)$ と $f_{yy}(a, b)$ は同符号になるので，(iii) においては $f_{xx}(a, b)$ の代わりに $f_{yy}(a, b)$ を用いてもよい．ただし，$D(a, b) = 0$ のとき，第 2 次偏導関数までの情報で極値を判定することはできない．

例題 64. 関数 $f(x,y) = x^3 - 3xy + y^3$ の極値を求めよ．

解 $f(x,y) = x^3 - 3xy + y^3$ の極値の候補点は連立方程式[18)]

$$f_x(x,y) = 3x^2 - 3y = 0, \qquad f_y(x,y) = -3x + 3y^2 = 0$$

の解 $(x,y) = (0,0), (1,1)$ である[19)]．$f_{xx}(x,y) = 6x$, $f_{xy}(x,y) = -3$, $f_{yy}(x,y) = 6y$ なので，

$$D(x,y) = f_{xy}(x,y)^2 - f_{xx}(x,y)f_{yy}(x,y) = 9 - 36xy$$

となる．

(i) $(x,y) = (0,0)$ のとき，$D(0,0) = 9 > 0$ により，$f(x,y)$ は点 $(0,0)$ で極値をとらず，グラフ $z = f(x,y)$ 上の点 $(0,0,0)$ は鞍点になる．

(ii) $(x,y) = (1,1)$ のとき，$D(1,1) = -27 < 0$, $f_{xx}(1,1) = 6 > 0$ により，$f(x,y)$ は点 $(1,1)$ で極小値 $f(1,1) = -1$ をとる[20)]． □

極値の情報だけから2変数関数のグラフの概形を捉えることは容易ではなく，慣れが必要である．$f(x,y) = x^3 - 3xy + y^3$ のグラフは次のようになる．

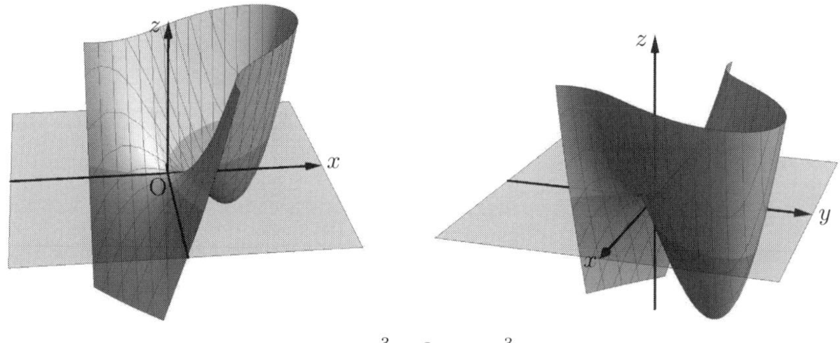

$z = x^3 - 3xy + y^3$

● **問 59** 次の関数の極値を求めよ．

(1) $f(x,y) = x^2 + 2xy + 3y^2 - 12y + 8$

(2) $f(x,y) = x^3 + y^3 - 3x - 12y$

(3) $f(x,y) = x^3 + 3xy + y^3$

(4) $f(x,y) = x^3 + 6xy - 8y^3$

(5) $f(x,y) = xy(1 + x^2 + y^2)$

(6) $f(x,y) = e^{-x^2-y^2}$

---

18) 1つの文字を消去して連立方程式を解く．

19) 極値の候補点は xy 平面上の点であり，x と y の組になることに注意しよう．また，得られた解が2つの方程式のいずれも満たすことを確認しよう．一方しか満たしていない点は解ではない．

20) 極小値を，すでに登場した -27 や 6 と答えないように注意しよう．

関数の解析と極値判定

関数 $f(x,y)=x^3-3xy+y^3$ を用いて極値判定法の証明の考え方を説明しよう．基本的な考え方は，曲面 $S\colon z=f(x,y)$ の切断や関数の多項式による近似である．

関数 $f(x,y)$ が点 (a,b) で極値をとるとき，曲面 S の平面 $y=b,\ x=a$ による切り口に現れる曲線 $z=f(x,b)=x^3-3bx+b^3$，$z=f(a,y)=a^3-3ay+y^3$ はそれぞれ $x=a,\ y=b$ で極値をとる．1 変数関数が極値をとるための必要条件により

$$f_x(a,b)=3a^2-3b=0, \qquad f_y(a,b)=-3a+3b^2=0$$

が成り立つ．この方程式を解くことにより，$(a,b)=(0,0),\ (1,1)$ が得られる．

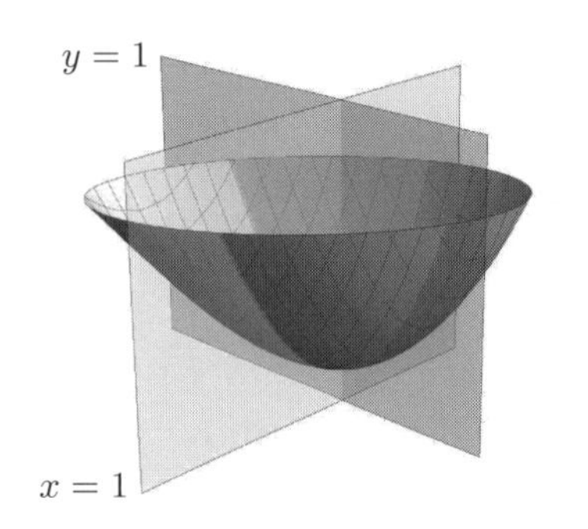

極値における切断

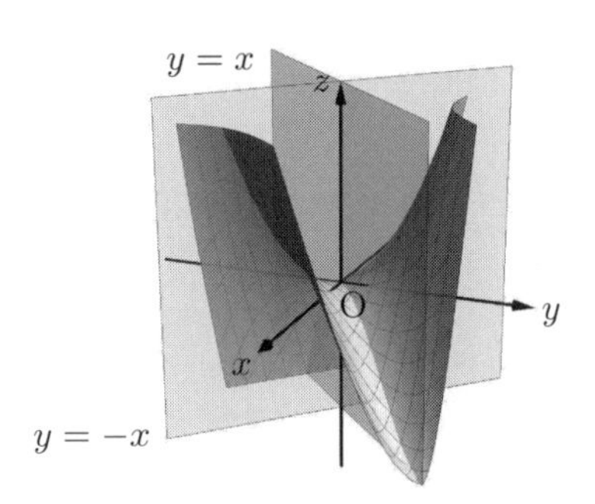

$y=x,\ y=-x$ における切断

まず，点 $(0,0)$ について考える．曲面 S を平面 $y=x$ で切断すると，曲線

$$z=f(x,x)=x^3-3x^2+x^3=x^2(2x-3)$$

が得られ，$x=0$ で極大となる．一方，曲面 S を平面 $y=-x$ で切断すると，曲線

$$z=f(x,-x)=x^3+3x^2-x^3=3x^2$$

が得られ，$x=0$ で極小となる．よって，グラフ上の点 $(0,0,0)$ は鞍点である．

次に，点 $(1,1)$ について考える．関数 $f(x,y)$ の点 $(1,1)$ におけるテイラー展開は，

$$\begin{aligned}
f(x,y)&=f(1,1)+f_x(1,1)(x-1)+f_y(1,1)(y-1)\\
&\quad+\frac{1}{2!}\{f_{xx}(1,1)(x-1)^2+2f_{xy}(1,1)(x-1)(y-1)+f_{yy}(1,1)(y-1)^2\}+\cdots\\
&=-1+\frac{1}{2}\{6(x-1)^2-6(x-1)(y-1)+6(y-1)^2\}+\cdots
\end{aligned}$$

となる．点 $(1,1)$ の十分近くで $f(x,y)$ は 2 次式とみなしてよい．平方完成により

$$f(x,y)\fallingdotseq -1+3\left\{(x-1)-\frac{1}{2}(y-1)\right\}^2+\frac{9}{4}(y-1)^2 \geqq -1=f(1,1)$$

となり，$f(x,y)$ は点 $(1,1)$ で極小値 -1 をとることがわかる．

曲面の切断や関数の展開は，$D(a,b)=0$ のときにも役立つ関数の解析方法である．$D(a,b)\neq 0$ のときには，この考察を判定法としてまとめることができる．

極値判定法の証明*

一般の関数 $f(x,y)$ に対して，極値判定法を証明しよう．基本的な考え方は，前頁と同様に，曲面 $S\colon z=f(x,y)$ の切断や関数の多項式による近似である．

関数 $f(x,y)$ が点 (a,b) で極値をとるとき，曲面 S の平面 $y=b,\ x=a$ による切り口に現れる曲線 $z=f(x,b),\ z=f(a,y)$ はそれぞれ $x=a,\ y=b$ で極値をとる．1変数関数が極値をとるための必要条件により

$$f_x(a,b)=f_y(a,b)=0$$

が成り立つ．この方程式の解として極値の候補点 (a,b) が得られる．関数 $f(x,y)$ はこの候補点で必ず極値をとるとは限らないことに注意しよう．

極値の候補点 (a,b) に対して，その極値性を判定しよう．簡単のため，平行移動して，$(a,b)=(0,0)$ の場合を考える．$f(x,y)$ の点 $(0,0)$ におけるテイラー展開は，

$$\begin{aligned} f(x,y) &= f(0,0)+f_x(0,0)x+f_y(0,0)y \\ &\qquad +\frac{1}{2!}(f_{xx}(0,0)x^2+2f_{xy}(0,0)xy+f_{yy}(0,0)y^2)+\cdots \end{aligned}$$

となる．点 $(0,0)$ の十分近くで $f(x,y)$ は2次式とみなしてよい．

$$A=f_{xx}(0,0),\quad B=f_{xy}(0,0),\quad C=f_{yy}(0,0)$$

とおくと

$$f(x,y)\fallingdotseq f(0,0)+\frac{1}{2}(Ax^2+2Bxy+Cy^2)$$

となる．平方完成により，例えば $A>0,\ B^2-AC<0$ のとき，

$$f(x,y)\fallingdotseq f(0,0)+\frac{A}{2}\left(x+\frac{B}{A}y\right)^2+\frac{AC-B^2}{2A}y^2\geqq f(0,0)$$

となり，$f(x,y)$ は点 $(0,0)$ で極小となる[21]．$A<0,\ B^2-AC<0$ のとき，$f(x,y)$ が点 $(0,0)$ で極大となることの証明も同様である．

$B^2-AC>0$ のときは，判別式や平方完成で関数の符号を判断することはできない．しかし，§16で学んだグラフを切断する考え方により，極大になる方向と極小になる方向を見い出すことができるので，グラフ上の点は鞍点になることがわかる．

---

21) 極値判定に $D=B^2-AC$ が現れる理由を次のように考えることもできる．t についての2次関数

$$F(t)=At^2+2Bt+C$$

に対して，$D=B^2-AC$ は2次方程式 $F(t)=0$ の判別式である．$D<0$ のとき $F(t)$ の符号は一定で $A=f_{xx}(a,b)$ と同じである．例えば $A>0,\ B^2-AC<0$ のとき，$F(t)>0$ なので

$$f(x,y)\fallingdotseq f(0,0)+\frac{1}{2}(Ax^2+2Bxy+Cy^2)\geqq f(0,0)$$

となり，$f(x,y)$ は点 $(0,0)$ で極小となる．

23. 理解を深める演習問題 (3)

☐ **問題 31** 次の極限を求めよ．

(1) $\displaystyle\lim_{(x,y)\to(0,0)} \frac{x^2-y^2}{\sqrt{x^2+y^2}}$ (2) $\displaystyle\lim_{(x,y)\to(0,0)} \frac{x-y}{x+y}$ (3) $\displaystyle\lim_{(x,y)\to(0,0)} \frac{x^2y}{x^4+y^2}$

(4) $\displaystyle\lim_{(x,y)\to(-1,1)} \frac{xy}{x^2+y^2}$ (5) $\displaystyle\lim_{(x,y)\to(1,-2)} xy$ (6) $\displaystyle\lim_{(x,y)\to(2,0)} \frac{xy^2}{(x-2)^2+y^2}$

☐ **問題 32** 次の関数が点 $(0,0)$ で連続かどうか調べよ．

(1) $f(x,y)=x^2+y^2$

(2) $f(x,y)=\begin{cases} \dfrac{xy}{\sqrt{x^2+y^2}} & ((x,y)\neq(0,0)), \\ 0 & ((x,y)=(0,0)) \end{cases}$

(3) $f(x,y)=\begin{cases} \dfrac{\sin(x^2+y^2)}{x^2+y^2} & ((x,y)\neq(0,0)), \\ 0 & ((x,y)=(0,0)) \end{cases}$

☐ **問題 33** 次の関数の偏導関数と第 2 次偏導関数を求めよ．

(1) $f(x,y)=x^4-3x^3y+2x^2y^3-y$ (2) $f(x,y)=(x^2+y^2)^2$

(3) $f(x,y)=\cos(x+3y)$ (4) $f(x,y)=e^{x+2y}$

(5) $f(x,y)=e^{-3x}\cos 4y$ (6) $f(x,y)=\log(x^2+y^2)$

(7) $f(x,y)=\sin(x^2+y^2)$ (8) $f(x,y)=e^{xy}$

(9) $f(x,y)=\arctan\dfrac{y}{x}$ (10) $f(x,y)=\sqrt{x^2+y^2}$

☐ **問題 34** 関数 $f(x,y)=\begin{cases} \dfrac{xy}{x^2+y^2} & ((x,y)\neq(0,0)), \\ 0 & ((x,y)=(0,0)) \end{cases}$ について，次の問いに答えよ．

(1) 点 $(0,0)$ で連続ではないことを証明せよ．

(2) 点 $(0,0)$ で，x についても y についても偏微分可能であることを証明せよ．

☐ **問題 35** 関数 $f(x,y)=|x|+|y|$ について，次の問いに答えよ．

(1) 点 $(0,0)$ で連続であることを証明せよ．

(2) 点 $(0,0)$ で，x についても y についても偏微分可能でないことを証明せよ．

☐ **問題 36**　次の関数が点 $(-2,1)$ で全微分可能であることを定義に基づき証明せよ.

(1) $f(x,y)=xy$　(2) $f(x,y)=y$　(3) $f(x,y)=x^2+y^2$

☐ **問題 37**　関数 $f(x,y)=\sqrt{x^4+y^4}$ が点 $(0,0)$ で全微分可能であることを定義に基づき証明せよ.

☐ **問題 38**　関数 $f(x,y)$ が点 (a,b) で全微分可能であれば，点 (a,b) で連続であることを証明せよ.

☐ **問題 39**　次の関数のグラフの与えられた点における接平面の方程式を求めよ.

(1) $f(x,y)=x^2-y^2$,　$(1,4,f(1,4))$

(2) $f(x,y)=(x+2y)^2$,　$(2,-1,f(2,-1))$

(3) $f(x,y)=\sqrt{4-x^2-y^2}$,　$(1,1,f(1,1))$

(4) $f(x,y)=\dfrac{1}{1+x^2+y^2}$,　$(-1,2,f(-1,2))$

☐ **問題 40**　関数 $f(x,y)$ に対して，$x=s\cos\theta-t\sin\theta$, $y=s\sin\theta+t\cos\theta$ とする. ただし，θ は定数とする.

(1) $\dfrac{\partial f}{\partial s}$, $\dfrac{\partial f}{\partial t}$ を $\dfrac{\partial f}{\partial x}$, $\dfrac{\partial f}{\partial y}$, x, y を用いて表せ.

(2) $\dfrac{\partial f}{\partial x}$, $\dfrac{\partial f}{\partial y}$ を $\dfrac{\partial f}{\partial s}$, $\dfrac{\partial f}{\partial t}$, s, t を用いて表せ.

(3) $\dfrac{\partial^2 f}{\partial x^2}+\dfrac{\partial^2 f}{\partial y^2}$ を f の s,t についての偏導関数 (高次を含む) や s,t を用いて表せ.

☐ **問題 41**　関数 $f(x,y)$ に対して，$x=r\cos\theta$, $y=r\sin\theta$ とする.

(1) $\dfrac{\partial f}{\partial r}$, $\dfrac{\partial f}{\partial \theta}$ を $\dfrac{\partial f}{\partial x}$, $\dfrac{\partial f}{\partial y}$, x, y を用いて表せ.

(2) $\dfrac{\partial f}{\partial x}$, $\dfrac{\partial f}{\partial y}$ を $\dfrac{\partial f}{\partial r}$, $\dfrac{\partial f}{\partial \theta}$, r, θ を用いて表せ.

(3) $\dfrac{\partial^2 f}{\partial x^2}+\dfrac{\partial^2 f}{\partial y^2}$ を f の r,θ についての偏導関数 (高次を含む) や r,θ を用いて表せ.

☐ **問題 42** 関数 $f(x,y)$ に対して，$x = e^s \cos t,\ y = e^s \sin t$ とする．

(1) $\dfrac{\partial f}{\partial s}, \dfrac{\partial f}{\partial t}$ を $\dfrac{\partial f}{\partial x}, \dfrac{\partial f}{\partial y}, x, y$ を用いて表せ．

(2) $\dfrac{\partial f}{\partial x}, \dfrac{\partial f}{\partial y}$ を $\dfrac{\partial f}{\partial s}, \dfrac{\partial f}{\partial t}, s, t$ を用いて表せ．

(3) $\dfrac{\partial^2 f}{\partial x^2} + \dfrac{\partial^2 f}{\partial y^2}$ を f の s, t についての偏導関数 (高次を含む) や s, t を用いて表せ．

☐ **問題 43** 関数 $f(x,y)$ に対して，$x = \dfrac{s}{s^2+t^2},\ y = \dfrac{t}{s^2+t^2}$ とする．

(1) $\dfrac{\partial f}{\partial s}, \dfrac{\partial f}{\partial t}$ を $\dfrac{\partial f}{\partial x}, \dfrac{\partial f}{\partial y}, x, y$ を用いて表せ．

(2) $\dfrac{\partial f}{\partial x}, \dfrac{\partial f}{\partial y}$ を $\dfrac{\partial f}{\partial s}, \dfrac{\partial f}{\partial t}, s, t$ を用いて表せ．

(3) $\dfrac{\partial^2 f}{\partial x^2} + \dfrac{\partial^2 f}{\partial y^2}$ を f の s, t についての偏導関数 (高次を含む) や s, t を用いて表せ．

☐ **問題 44** 次の問いに答えよ．

(1) 関数 $f(x,y) = e^x \sin y$ の点 $(0,0)$ におけるテイラー展開を 3 次の項まで求めよ．

(2) 関数 $f(x,y) = \sqrt{9 - x^2 - y^2}$ の点 $(1,2)$ におけるテイラー展開を 2 次の項まで求めよ．

(3) 関数 $f(x,y) = e^{-(x^2+y^2)}$ の点 $(0,0)$ におけるテイラー展開を 4 次の項まで求めよ．

(4) 関数 $f(x,y) = \dfrac{1}{1+x^2+y^2}$ の点 $(0,0)$ におけるテイラー展開を 4 次の項まで求めよ．

☐ **問題 45** 次の問いに答えよ．

(1) $\dfrac{\partial f}{\partial y} = 0$ を満たす関数 $f(x,y)$ は y を含まない x のみの式で表されることを証明せよ．

(2) $\dfrac{\partial^2 f}{\partial x \partial y} = 0$ を満たす関数 $f(x,y)$ はどのような関数となるか答えよ．

問題 46 次の関数の極値を求めよ．

(1) $f(x,y) = x^2 + 3y^2 + y^3$

(2) $f(x,y) = x^3 - 12xy - y^3$

(3) $f(x,y) = x^3 + 3xy^2 - 6x^2 + 6y^2$

(4) $f(x,y) = xy(x^2 + y^2 - 1)$

(5) $f(x,y) = e^{-\cos x - \sin y}$

(6) $f(x,y) = (x^2 + y^2)e^{-(x^2+y^2)}$

(7) $f(x,y) = x^4 + y^4$

(8) $f(x,y) = x^3 + 3x^2 + y^3$

問題 47 k を正の定数とする．縦，横，高さがそれぞれ x, y, z である直方体を考える．$x + y + z = k$ を満たす直方体のうち，体積が最大のものを求めよ．

問題 48 xy 平面において，曲線 $C\colon g(x,y) = 0$ は両端が一致している (閉曲線) ものとする．条件 $g(x,y) = 0$ の下での関数 $f(x,y)$ の最大値，最小値は，次の候補点における $f(x,y)$ の値を調べればよい[22)]：

(i) $f_x(x,y) - \lambda g_x(x,y) = f_y(x,y) - \lambda g_y(x,y) = g(x,y) = 0$ の解，

(ii) $g_x(x,y) = g_y(x,y) = 0$ の解．

このことを用いて，次の問いに答えよ．

(1) 条件 $x^2 + y^2 = 1$ の下で，関数 $f(x,y) = x^3 + y^3$ の最大値，最小値を求めよ．

(2) 条件 $x^2 + \dfrac{y^2}{9} = 1$ の下で，関数 $f(x,y) = xy$ の最大値，最小値を求めよ．

(3) 条件 $x^2 - 2xy + 2y^2 = 4$ の下で，関数 $f(x,y) = x^2 + y^2$ の最大値，最小値を求めよ．

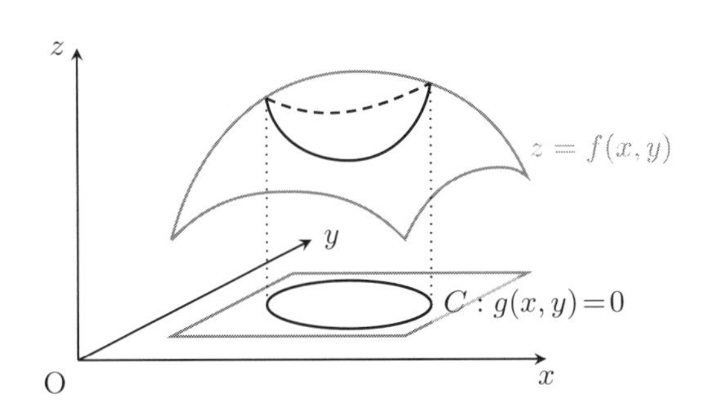

曲線 C による関数 $f(x,y)$ の制限

22) (i) のパラメータ λ を導入して候補点を求める方法を**ラグランジュの未定乗数法**という．方程式 $g(x,y) = 0$ が x または y について簡単に解ける場合や曲線 C の媒介変数表示が具体的にわかる場合には，この方法を用いなくても 1 変数関数の最大最小問題に帰着できる．

数学トピックス：微分方程式 (2)

物体 X は，X に働く力 F が X の質量 m と加速度の積に等しいという，ニュートンの運動方程式に支配されて運動する．X の時刻 t における位置を $x(t)$ とするとき，X の加速度とは X の速度変化 $\dfrac{d^2x}{dt^2}$ のことである．さらに，X が空気や水などの流体の中を運動するとき，その運動には抵抗力が働く．抵抗力は X の速度 $\dfrac{dx}{dt}$ の関数として表される．

例えば，$t=0$ で静止していた雨粒が空気中を落下する現象を考えよう．雨粒 X にかかる力は，重力 mg ($g\ (>0)$ は重力加速度) と空気抵抗 $-k\dfrac{dx}{dt}$ ($k\ (>0)$ は抵抗定数) である．したがって，ニュートンの運動方程式は

空気抵抗: $-ku$
雨粒: X
重力: mg

$$m\frac{d^2x}{dt^2}=-k\frac{dx}{dt}+mg$$

となる．$u(t)=\dfrac{dx}{dt}$ とおく．仮定により，$u(0)=0$ である．微分方程式は

$$m\frac{du}{dt}=-ku+mg \tag{23.1}$$

となる．両辺を $-ku+mg$ で割って，t について $[0,t]$ で積分すると[a]，

$$\int_0^t \frac{m}{-ku+mg}\frac{du}{dt}\,dt=\int_0^t dt$$

$$\int_{u(0)}^{u(t)} \frac{m}{-ku+mg}\,du=\int_0^t dt$$

となる．ただし，左辺は $u=u(t)$ で置換した．よって，

$$-\frac{m}{k}\left\{\log\left(-ku(t)+mg\right)-\log\left(mg\right)\right\}=t$$

となり，

$$u(t)=\frac{mg}{k}\left(1-e^{-\frac{k}{m}t}\right)$$

となる[b]．

これにより，十分時間が経つと雨粒の速度はほぼ一定値 $\dfrac{mg}{k}$ となることがわかる．

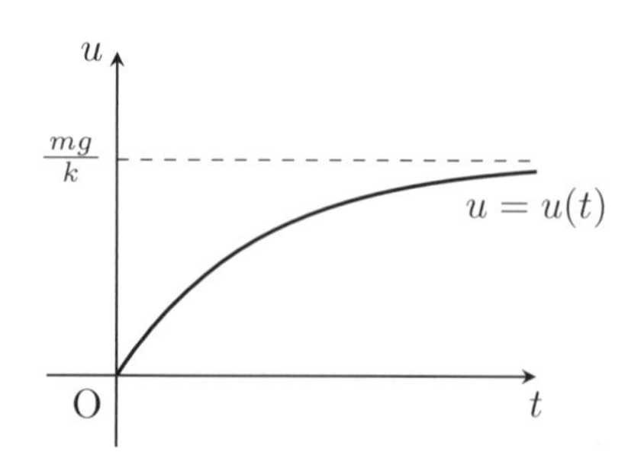

このように，さまざまな現象を微分方程式を通して理解でき，微分方程式の解を得るために微積分の知識や技術が必要となる．微分積分学を学ぶ 1 つの動機は，微分方程式を通して現象の解析を行えるようになるためともいえるだろう．現象が複雑になれば扱う微分方程式も複雑になり，その解析にはより高度な微積分の知識が必要となる．

(23.1) は 1 階線形微分方程式[c] なので，次のように解を求めることもできる．まず，

$$\frac{du}{dt} + \frac{k}{m}u = g \tag{23.2}$$

と変形する．u の係数 $\dfrac{k}{m}$ に注目し，$e^{\int \frac{k}{m}\,dt} = e^{\frac{k}{m}t}$ を考える．これを (23.2) の**積分因子**という．(23.2) の両辺にこの積分因子をかけると，

$$e^{\frac{k}{m}t}\frac{du}{dt} + e^{\frac{k}{m}t}\frac{k}{m}u = e^{\frac{k}{m}t}g \tag{23.3}$$

となる．(23.3) の左辺は，積の微分公式により

$$e^{\frac{k}{m}t}\frac{du}{dt} + e^{\frac{k}{m}t}\frac{k}{m}u(t) = \frac{d}{dt}\left(e^{\frac{k}{m}t}u(t)\right)$$

となる．よって，(23.3) の両辺を t について $[0, t]$ で積分すると，

$$\left[e^{\frac{k}{m}t}u(t)\right]_0^t = \int_0^t e^{\frac{k}{m}t}g\,dt = \left[\frac{m}{k}e^{\frac{k}{m}t}g\right]_0^t$$

$$e^{\frac{k}{m}t}u(t) - u(0) = \frac{mg}{k}\left(e^{\frac{k}{m}t} - 1\right)$$

となる．$u(0) = 0$ なので，(23.2) の解

$$u(t) = \frac{mg}{k}\left(1 - e^{-\frac{k}{m}t}\right)$$

が得られる．

一般の 1 階線形微分方程式

$$\frac{du}{dt} + a(t)u = b(t)$$

に対しても，同様に積分因子 $A(t) = e^{\int a(t)\,dt}$ を利用することで，解

$$u(t) = e^{-\int a(t)\,dt}\int A(t)b(t)\,dt$$

が得られる．これは結果を覚えるものではなく，具体例で説明した計算方法を身につけることが重要である．

---

a) このような 1 階微分方程式の解法を**変数分離法**という．

b) $u(t)$ を t で積分することで時刻 t における位置 $x(t)$ を求めることもできる．

c) 微分方程式が未知関数 u とその微分 $\dfrac{du}{dt}$ について 1 次式であることを**線形**という．

24. 重積分

2 変数関数の積分

§ 9 で学んだように，1 変数関数 $f(x)$ の閉区間 $[a,b]$ における定積分 $\int_a^b f(x)\,dx$ は，$[a,b]$ においてそのグラフと x 軸の間に現れる部分の符号付き面積で定義された．同様に，2 変数関数 $f(x,y)$ の有界閉集合 D における積分 $\iint_D f(x,y)\,dxdy$ を，D においてそのグラフと xy 平面の間に現れる部分の符号付き体積[23]と定義し，**重積分** (または **2 重積分**) という．これは，グラフが xy 平面より上側にあれば正の体積，xy 平面より下側にあれば負の体積[24]としたときの，それらの和を意味する．$f(x,y)$ を重積分の**被積分関数**，集合 D を**積分範囲**という．高等学校で学ぶ積分とは異なり，重積分は微分の逆ではなく，体積を基にしたものであることに注意しよう．

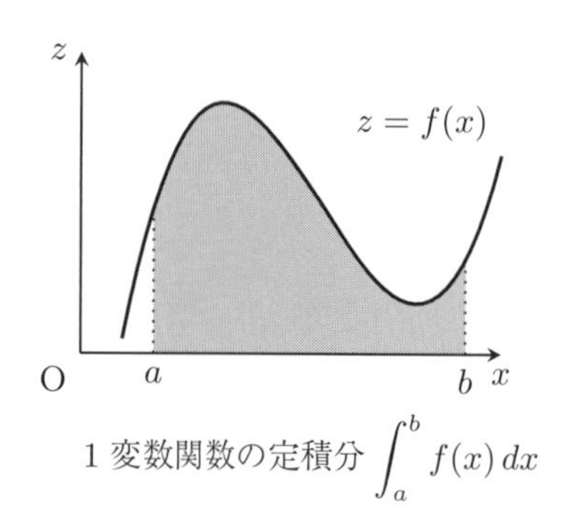

1 変数関数の定積分 $\int_a^b f(x)\,dx$

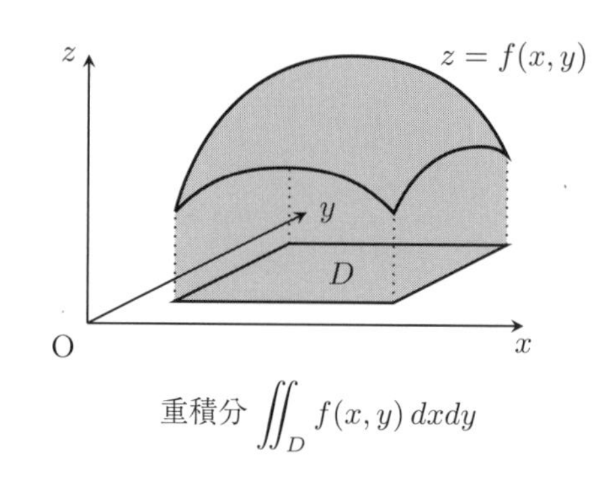

重積分 $\iint_D f(x,y)\,dxdy$

重積分の性質

1 変数関数の定積分と同様に，重積分に対して次の**線形性**が成り立つ：

$$\iint_D (\alpha f(x,y) + \beta g(x,y))\,dxdy = \alpha \iint_D f(x,y)\,dxdy + \beta \iint_D g(x,y)\,dxdy$$

ここで，α, β は定数である．また，次の**積分範囲に関する加法性**が成り立つ：

$$\iint_{D\cup E} f(x,y)\,dxdy = \iint_D f(x,y)\,dxdy + \iint_E f(x,y)\,dxdy$$

ただし，D と E は共通部分 $D \cap E$ の面積が 0 となる有界閉集合である．

23)　D は $f(x,y)$ の定義域に含まれる有界閉集合とする．実際には曲面と平面の間に現れる部分の体積をどう定めるかという問題について議論していないが，本節の最後でこれを説明する．

24)　通常の意味の体積に (-1) をかけたものを負の体積ということにする．

縦線集合と累次積分公式

§13では，リーマン積分の考え方を用いて，体積を断面積の積分で計算できることを学んだ．同じ考え方を用いて，重積分を計算しよう．$\varphi(x), \psi(x)$ を区間 $[a,b]$ で連続な関数とする．このとき，

$$D\colon\ a \leqq x \leqq b,\ \varphi(x) \leqq y \leqq \psi(x)$$

で表される集合を (y についての) **縦線**（たてせん）**集合**という．縦線集合 D で連続な関数 $f(x,y)$ に対して，$f(x,y)$ の D における重積分について次の**累次**（るいじ）**積分公式**[25)]が成り立つ：

$$\iint_D f(x,y)\,dxdy = \int_a^b \left(\int_{\varphi(x)}^{\psi(x)} f(x,y)\,dy \right) dx$$

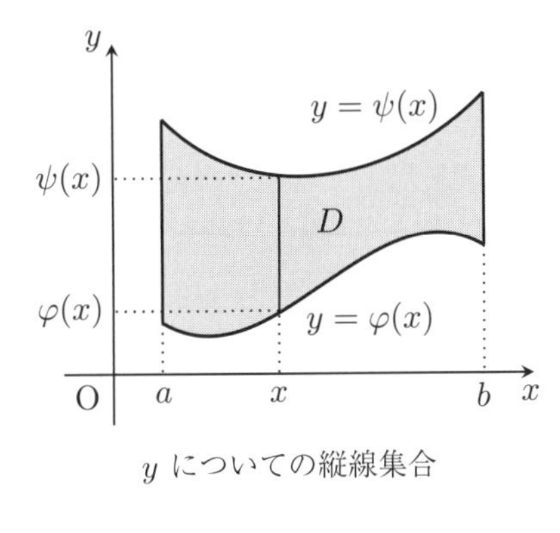

y についての縦線集合

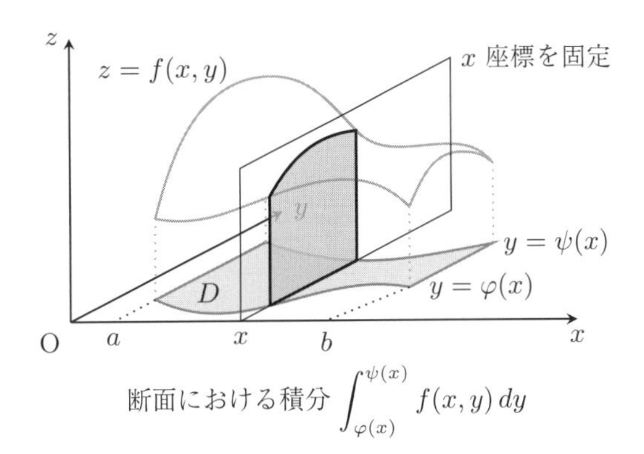

断面における積分 $\displaystyle\int_{\varphi(x)}^{\psi(x)} f(x,y)\,dy$

右辺の内側の積分 $\displaystyle\int_{\varphi(x)}^{\psi(x)} f(x,y)\,dy$ は，x を定数と思って y について定積分を計算するもので，曲面 $z=f(x,y)$ の x 座標を固定した断面に現れる曲線による図形の符号付き面積を表している．累次積分公式は，符号付き断面積の x についての積分が曲面 $z=f(x,y)$ の符号付き体積となることを表している．

同様に，$\varphi(y), \psi(y)$ を区間 $[c,d]$ で連続な関数とするとき，

$$D\colon\ c \leqq y \leqq d,\ \varphi(y) \leqq x \leqq \psi(y)$$

(x についての縦線集合) で連続な関数 $f(x,y)$ に対して，次が成り立つ：

$$\iint_D f(x,y)\,dxdy = \int_c^d \left(\int_{\varphi(y)}^{\psi(y)} f(x,y)\,dx \right) dy$$

---

25) **反復積分公式**，**逐次積分公式**，**フビニの定理**ということもある．物理学などでは，公式は $\displaystyle\int_a^b dx \int_{\varphi(x)}^{\psi(x)} dy\, f(x,y)$ と表されることもある．

累次積分の計算

積分範囲 D を xy 平面に図示し，これを y 方向，または x 方向に切断して縦線集合に見直すことで，重積分を累次積分に書き直して計算することができる．

例題 65. 重積分 $\iint_D x\,dxdy \quad (D\colon x^2 \leqq y \leqq x)$ の値を求めよ．

解 1 y の範囲は $x^2 \leqq y \leqq x$ であり，x の範囲は $0 \leqq x \leqq 1$ となる[26]．よって，

$$\iint_D x\,dxdy = \int_0^1 \left(\int_{x^2}^{x} x\,dy \right) dx = \int_0^1 \Big[xy \Big]_{x^2}^{x} dx$$
$$= \int_0^1 (x^2 - x^3)\,dx = \left[\frac{1}{3}x^3 - \frac{1}{4}x^4 \right]_0^1 = \frac{1}{12}$$

となる[27]． □

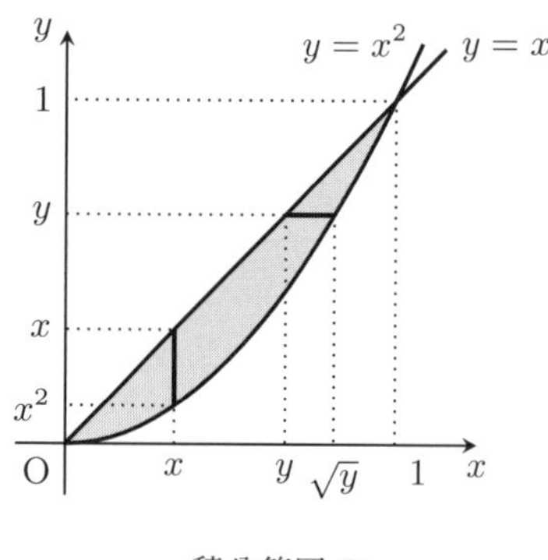

積分範囲 D

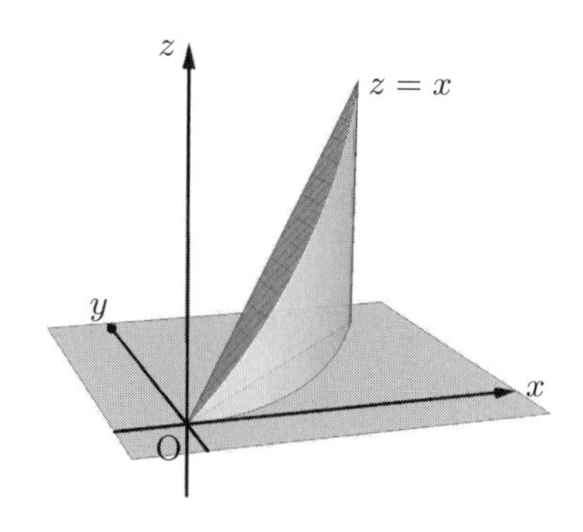

立体の符号付き体積

解 2 x の範囲は $y \leqq x \leqq \sqrt{y}$ であり，y の範囲は $0 \leqq y \leqq 1$ となる．よって，

$$\iint_D x\,dxdy = \int_0^1 \left(\int_{y}^{\sqrt{y}} x\,dx \right) dy = \int_0^1 \left[\frac{1}{2}x^2 \right]_{y}^{\sqrt{y}} dy$$
$$= \int_0^1 \left(\frac{1}{2}y - \frac{1}{2}y^2 \right) dy = \left[\frac{1}{4}y^2 - \frac{1}{6}y^3 \right]_0^1 = \frac{1}{12}$$

となる． □

累次積分は内側の積分から計算しなければならない．以降では，累次積分表示より後の詳しい計算は省略する．計算は読者自身の手で行われたい．

---

26) D を y 軸に平行な直線で切断することによって，断面の y の範囲と，その x 方向の可動範囲を求めることができる．例えば，$0 \leqq x \leqq 1$, $0 \leqq y \leqq 1$ としないように注意しよう．

27) 重積分記号 $dxdy$ はこれで 1 つであり，$dx \times dy$ でも，x から先に積分することを指示したものでもない．累次積分を $\int_{x^2}^{x} \left(\int_0^1 x\,dx \right) dy$ としないように注意しよう．

x 方向と y 方向の 2 通りの切断の方法でいつでも重積分を計算できるとは限らない．特定の方向での切断に対してだけ具体的に計算できる場合がある．また，切断する方向によって，計算のしやすさが変わる場合もある．例えば

$$\iint_D (x+y)\,dxdy \qquad (D\colon\ y \geqq 0,\ x+y \leqq 1,\ y-x \leqq 1)$$

を考えよう．x 方向と y 方向で切断した累次積分への書き直しはそれぞれ

$$\iint_D (x+y)\,dxdy = \int_0^1 \left(\int_{y-1}^{-y+1} (x+y)\,dx \right) dy,$$

$$\iint_D (x+y)\,dxdy = \int_{-1}^0 \left(\int_0^{x+1} (x+y)\,dy \right) dx + \int_0^1 \left(\int_0^{-x+1} (x+y)\,dy \right) dx$$

となる[28)]．ここで，y 方向で切断するとき，積分範囲の加法性により，積分範囲を y 軸の左右で 2 つに分けてそれぞれを累次積分に書き直した．

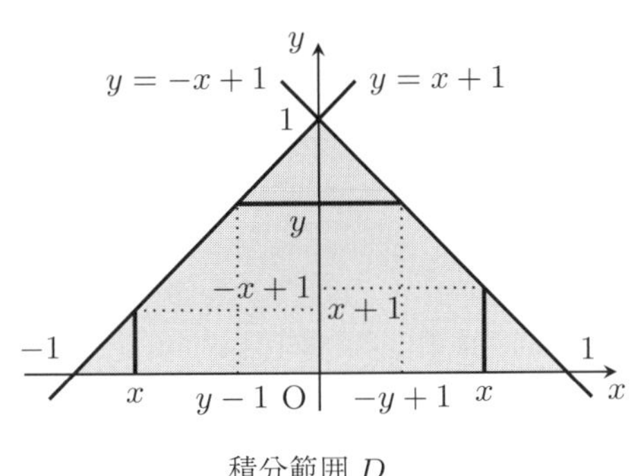

積分範囲 D

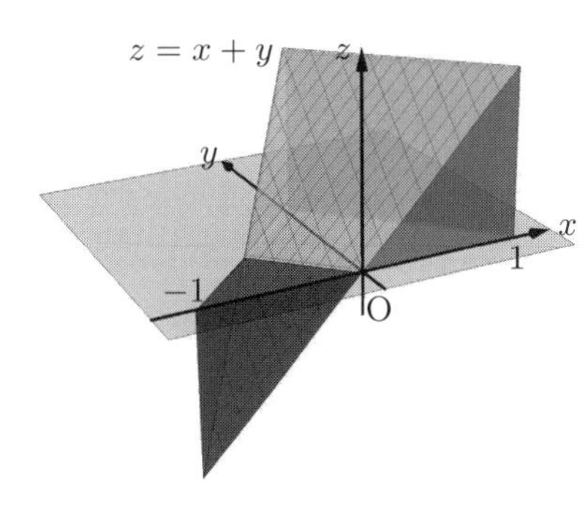

立体の符号付き体積

問 60　次の重積分の値を求めよ．可能な限り 2 通りの方法で計算せよ．ただし，必ずしも 2 通りの方法で計算できるとは限らない．

(1) $\displaystyle\iint_D y\,dxdy$
　$(D\colon x^2 \leqq y \leqq x)$

(2) $\displaystyle\iint_D e^{-2x+y}\,dxdy$
　$(D\colon x \geqq 0,\ y \geqq 0,\ x+y \leqq 2)$

(3) $\displaystyle\iint_D xy\,dxdy$
　$(D\colon x^2 \leqq y,\ y^2 \leqq x)$

(4) $\displaystyle\iint_D e^{y^2}\,dxdy$
　$(D\colon 0 \leqq x \leqq y \leqq 2)$

(5) $\displaystyle\iint_D (x+2y)^2\,dxdy$
　$(D\colon 0 \leqq x \leqq 1,\ 0 \leqq y \leqq 1)$

(6) $\displaystyle\iint_D \sin\{\pi(x-y)\}\,dxdy$
　$(D\colon x \leqq 0,\ y \geqq 0,\ y-x \leqq 1)$

(7) $\displaystyle\iint_D x\,dxdy$
　$(D\colon x^2+y^2 \leqq 1,\ x \geqq 0)$

(8) $\displaystyle\iint_D y\,dxdy$
　$(D\colon y^2 \leqq x \leqq y+2)$

---

28)　D は y 軸に関して対称であるが，立体は yz 平面に関して対称でない．$x \geqq 0$ の部分だけで重積分を求めて 2 倍しても正しい答えは得られないことに注意しよう．

リーマン積分と累次積分公式*

本書では立体の体積を基に重積分を定義したが，そもそも体積自体の定義をしていなかった[29]．ここでは立体を直方体で近似することで，立体の“体積”，すなわち重積分を定義しよう．定義は 2 段階に分けて行う．

まず，積分範囲が長方形

$$K:\ a \leqq x \leqq b,\ c \leqq y \leqq d$$

の場合を考える．$f(x,y)$ を K で連続な関数とする．ここでの目的は，曲面 $z=f(x,y)$ と xy 平面の間に現れる部分の“体積” I を定義することである．基本的な考え方は，底面 K を分割し，立体を底面が小さい直方体で近似することである．K の各辺を

$$a=x_0<x_1<\cdots<x_{k-1}<x_k=b, \qquad c=y_0<y_1<\cdots<y_{\ell-1}<y_\ell=d$$

と分割し，K を $k\ell$ 個の小長方形

$$K_{ij}:\ x_{i-1} \leqq x \leqq x_i,\ y_{j-1} \leqq y \leqq y_j \quad (i=1,2,\ldots,k;\ j=1,2,\ldots,\ell)$$

に分割する (下左図)．K_{ij} の面積 $(x_i-x_{i-1})(y_j-y_{j-1})$ を $\mu(K_{ij})$，K_{ij} における $f(x,y)$ の最大値を M_{ij}，最小値を m_{ij} とおく．K_{ij} の点 (x_{ij},y_{ij}) に対して，$m_{ij} \leqq f(x_{ij},y_{ij}) \leqq M_{ij}$ が成り立つ．I は K_{ij} を底面とする直方体の体積の和で内側と外側から近似できると考えると

$$\sum_{i=1}^{k}\sum_{j=1}^{\ell} m_{ij}\mu(K_{ij}) \leqq (\text{今から定める “体積” } I) \leqq \sum_{i=1}^{k}\sum_{j=1}^{\ell} M_{ij}\mu(K_{ij}) \qquad (24.1)$$

が成り立つ．各小長方形の面積が 0 に近づくように k,ℓ を大きくするとき，両端の極限は一致することが知られている．この極限値を $\displaystyle\iint_K f(x,y)\,dxdy$ で表す．これが符号付き体積 I の定義となる[30]：

$$I=\iint_K f(x,y)\,dxdy=\lim_{k,\ell\to\infty}\sum_{i=1}^{k}\sum_{j=1}^{\ell} f(x_{ij},y_{ij})\mu(K_{ij})\,.$$

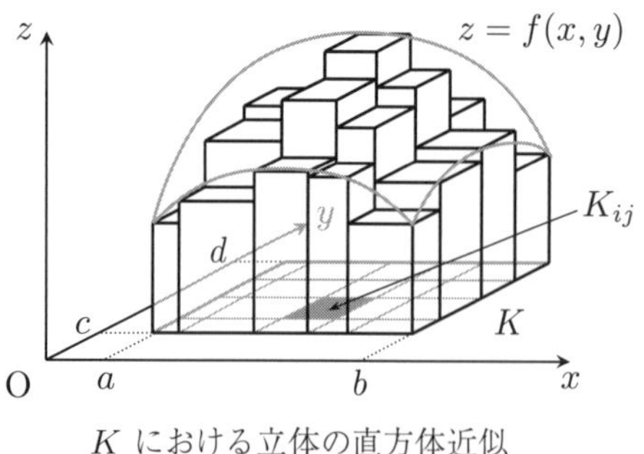

K における立体の直方体近似

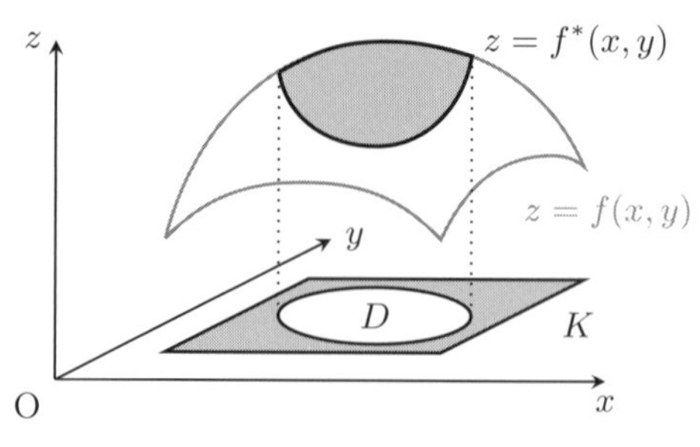

$D,\ K,\ z=f^*(x,y)$

29) 小学校以来，私たちは立体の大きさを表す量として漠然と体積があると考えてきたが，これまで多面体や球などの特別なもの以外の立体の体積には，そもそも定義がなかった．

30) 右辺の和を**リーマン和**といい，体積で積分を定義する方法を**リーマン積分**という．

次に，積分範囲が一般の有界閉集合 D の場合を考える．D はある長方形 K に含まれると仮定し，$f(x,y)$ を D で連続な関数とする．ここでの目的は，曲面 $z=f(x,y)$ と D の間に現れる部分の "体積" I を定義することである．すでに定義した長方形の場合を利用するために，関数 $f(x,y)$ を拡張し，D で $f(x,y)$ と値が等しく，D の外で値が 0 となる関数 $f^*(x,y)$ を定義する．直感的には D の外で高さ 0 の立体を考えていて，D において曲面 $z=f(x,y)$ が作る立体と，K において曲面 $z=f^*(x,y)$ が作る立体の体積は等しいと考えられる．実際，D の境界が良い条件を満たせば $f^*(x,y)$ の K 上の重積分が存在することが知られており，このとき

$$\iint_D f(x,y)\,dxdy = \iint_K f^*(x,y)\,dxdy$$

と定義することができる．

最後に，縦線集合

$$D:\ a \leqq x \leqq b,\ \varphi(x) \leqq y \leqq \psi(x)$$

に対して，累次積分公式を証明しよう．これは，断面積の積分が体積になることを体積の定義に基づき説明しなおすことで証明できる．まず，断面積について，

$$\int_c^d f^*(x,y)\,dy = \int_{\varphi(x)}^{\psi(x)} f(x,y)\,dy$$

が成り立つ．この x についての関数を $F(x)$ とおく．次に，関数 F を区間 $[a,b]$ で積分する．重積分と関係づけるため，(24.1) のなかにこれを入れよう．$(\xi_i,y)\in K_{ij}$ ならば，$m_{ij} \leqq f^*(\xi_i,y) \leqq M_{ij}$ が成り立つので，各辺を $[y_{j-1},y_j]$ で積分すると，

$$m_{ij}(y_j-y_{j-1}) \leqq \int_{y_{j-1}}^{y_j} f^*(\xi_i,y)\,dy \leqq M_{ij}(y_j-y_{j-1})$$

となる．j について和をとると，中央の式は積分区間をつなげることができて

$$\sum_{j=1}^{\ell} m_{ij}(y_j-y_{j-1}) \leqq \int_c^d f^*(\xi_i,y)\,dy \leqq \sum_{j=1}^{\ell} M_{ij}(y_j-y_{j-1})$$

となる．ここで，中央の式は $F(\xi_i)$ である．各辺を (x_i-x_{i-1}) 倍して，i について和をとると，

$$\sum_{i=1}^{k}\sum_{j=1}^{\ell} m_{ij}\mu(K_{ij}) \leqq \sum_{i=1}^{k} F(\xi_i)(x_i-x_{i-1}) \leqq \sum_{i=1}^{k}\sum_{j=1}^{\ell} M_{ij}\mu(K_{ij})$$

となる．$k,\ell\to\infty$ のとき，両端は $\displaystyle\iint_D f(x,y)\,dxdy$ に，中央の式は $\displaystyle\int_a^b F(x)\,dx$ に収束する．したがって，はさみうちの原理により，累次積分公式

$$\iint_D f(x,y)\,dxdy = \int_a^b \left(\int_{\varphi(x)}^{\psi(x)} f(x,y)\,dy\right)dx$$

が得られる．

25. 重積分の変数変換公式

変数変換公式

置換積分は1変数関数の積分計算において重要な役割を果たした．例えば

$$\int_0^1 \sqrt{1-x^2}\,dx$$

を $x=\sin\theta$ で置換 (変数変換) して計算するとき，x に $\sin\theta$ を代入するだけでは不十分で，範囲の書き換えと微分による積分記号の書き換えが必要であった：

$$\int_0^1 \sqrt{1-x^2}\,dx = \int_0^{\frac{\pi}{2}} \sqrt{1-\sin^2\theta}\cos\theta\,d\theta.$$

重積分の変数変換を行うときにも，この2点に注意しなければならない．

積分範囲を D とし，変数変換

$$x=\varphi(s,t), \qquad y=\psi(s,t) \tag{25.1}$$

を考える．xy 平面内の集合 D に対応する st 平面の集合を E とする．ここで，変数変換とは，(25.1) を (D, E において) s, t について解くことで2変数関数

$$s=\Phi(x,y), \qquad t=\Psi(x,y)$$

が得られることである．$\varphi(s,t), \psi(s,t)$ が偏微分可能で，それらの偏導関数が連続関数であるとき，D で連続な関数 $f(x,y)$ に対して，次の**変数変換公式**が成り立つ：

$$\iint_D f(x,y)\,dxdy = \iint_E f(\varphi(s,t),\psi(s,t))\left|\varphi_s\psi_t-\varphi_t\psi_s\right|dsdt$$

実は平面内の集合にも向きがあり，積分範囲を “正の向き” にとるために，1変数関数の置換積分公式と異なり $\varphi_s\psi_t-\varphi_t\psi_s$ には絶対値が付くことに注意しよう．

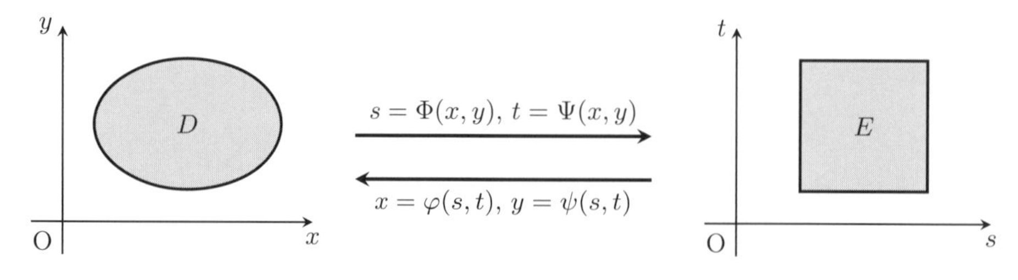

積分範囲の変換

極座標変換の場合

積分範囲に点 (a,b) を中心とする円が関係したり，被積分関数に 2 乗和 $(x-a)^2+(y-b)^2$ が現れるときには，極座標変換

$$x = a + r\cos\theta, \quad y = b + r\sin\theta \qquad (a,\, b \text{ は定数，} r \geqq 0)$$

が有効な場合がある．このとき，変数変換公式は次のようになる[31)]：

$$\iint_D f(x,y)\,dxdy = \iint_E f(a+r\cos\theta, b+r\sin\theta)r\,drd\theta$$

例題 66. 重積分 $\displaystyle\iint_D x\,dxdy$ $(D\colon\ x \geqq 0,\ y \geqq 0,\ x^2+y^2 \leqq 1)$ の値を求めよ．

解　$x = r\cos\theta$，$y = r\sin\theta$ とすると，$0 \leqq r \leqq 1,\ 0 \leqq \theta \leqq \dfrac{\pi}{2}$ となる[32)]ので，

$$\iint_D x\,dxdy = \iint_E (r\cos\theta)r\,drd\theta = \int_0^{\frac{\pi}{2}} \left(\int_0^1 r^2\cos\theta\,dr\right)d\theta = \frac{1}{3}$$

となる．□

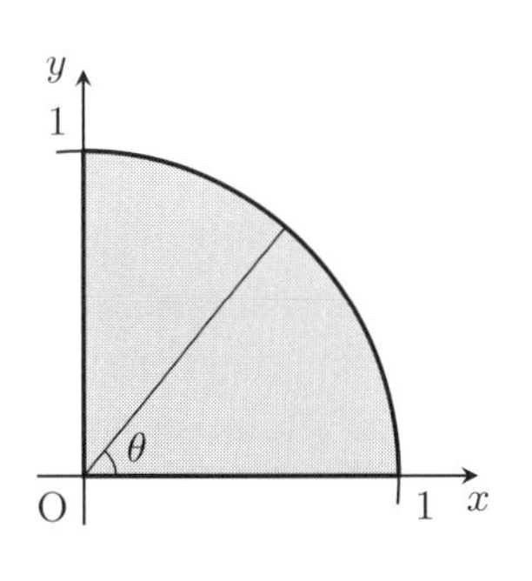

積分範囲 D

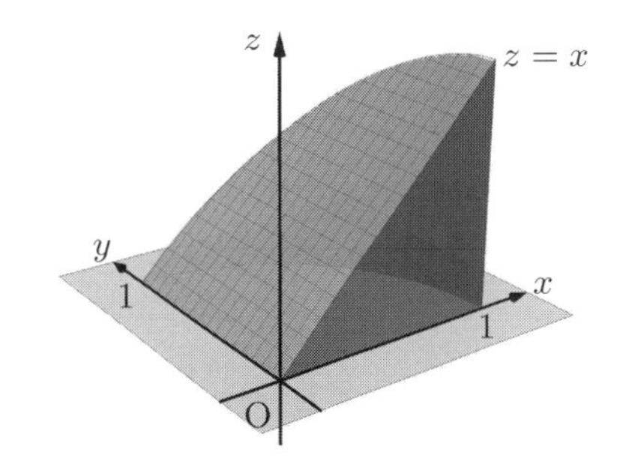

立体の符号付き体積

● **問 61**　次の重積分の値を求めよ．

(1) $\displaystyle\iint_D xy\,dxdy$
$(D\colon 4 \leqq x^2+y^2 \leqq 9,\ 0 \leqq y \leqq x)$

(2) $\displaystyle\iint_D \frac{dxdy}{x^2+y^2}$
$(D\colon 1 \leqq x^2+y^2 \leqq 9)$

(3) $\displaystyle\iint_D x\,dxdy$
$(D\colon x^2+y^2 \leqq 1,\ x \geqq 0)$

(4) $\displaystyle\iint_D x^2y\,dxdy$
$(D\colon x^2+y^2 \leqq 9,\ y \geqq -x)$

---

31)　$r\ (\geqq 0)$ をかけ忘れないように注意しよう．

32)　原点を始点とする半直線で D を切断し，原点を中心に回転させることで，r と θ の範囲を求めることができる．変換後の積分範囲 E を図示しなくても累次積分に書き直すことができる．

1 次変換の場合

積分範囲が平行四辺形のときや，被積分関数に 1 次式の塊が現れるときには，1 次変換[33)]

$$x = \alpha s + \beta t, \quad y = \gamma s + \delta t \qquad (\alpha,\ \beta,\ \gamma,\ \delta \text{ は定数})$$

が有効な場合がある．ただし，これが変数変換となるには，$\alpha\delta - \beta\gamma \neq 0$ を満たしていなければならない．このとき，変数変換公式は次のようになる[34)]：

$$\iint_D f(x,y)\,dxdy = \iint_E f(\alpha s + \beta t,\ \gamma s + \delta t)\,\big|\alpha\delta - \beta\gamma\big|\,dsdt$$

例題 67. 重積分 $\displaystyle\iint_D x\,dxdy$ $(D\colon 0 \leqq x + y \leqq 2,\ 0 \leqq x - y \leqq 2)$ の値を求めよ．

解　$s = x + y,\ t = x - y$ とすると，$x = \dfrac{s+t}{2},\ y = \dfrac{s-t}{2}$ である．このとき，$0 \leqq s \leqq 2,\ 0 \leqq t \leqq 2$ となるので，

$$\iint_D x\,dxdy = \iint_E \frac{s+t}{2}\left|-\frac{1}{2}\right|dsdt = \int_0^2\left(\int_0^2 \frac{s+t}{4}\,ds\right)dt = 2$$

となる． □

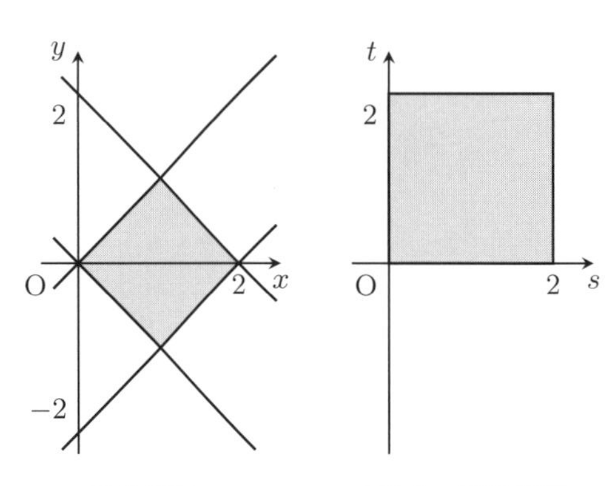

積分範囲 D　　変換後の積分範囲 E

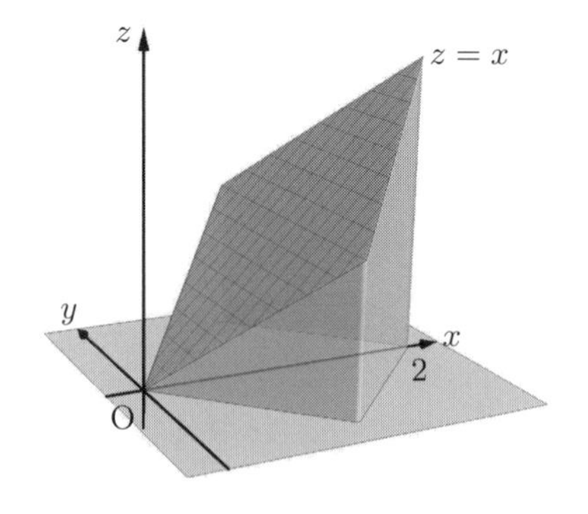

立体の符号付き体積

● **問 62**　次の重積分の値を求めよ．

(1) $\displaystyle\iint_D (x+y)^2 e^{x-y}\,dxdy$
$(D\colon\ -1 \leqq x+y \leqq 1,\ -1 \leqq x-y \leqq 1)$

(2) $\displaystyle\iint_D (x-y)^3\,dxdy$
$(D\colon\ 1 \leqq x + 2y \leqq 3,\ 0 \leqq x - y \leqq 2)$

---

33)　1 次変換の詳しい性質については，『線形代数学 30 講』を参照すること．

34)　$\alpha\delta - \beta\gamma$ に絶対値を付け忘れないように注意しよう．

体積変化率*[35]

重積分は立体を小長方形を底面とする直方体で近似することで定義された．変数変換が直方体近似に与える影響を考えよう．変数変換を行う関数の 1 次近似式

$$x = \varphi(s,t) \fallingdotseq \varphi(s_0,t_0) + \varphi_s(s_0,t_0)(s-s_0) + \varphi_t(s_0,t_0)(t-t_0),$$
$$y = \psi(s,t) \fallingdotseq \psi(s_0,t_0) + \psi_s(s_0,t_0)(s-s_0) + \psi_t(s_0,t_0)(t-t_0)$$

を考えると，変数変換は平行移動された 1 次変換とみなせる．このとき，直方体近似の底面に現れる小長方形 K は平行四辺形 L に写り，その面積を比較すると

$$\mu(K) = |\varphi_s(s_0,t_0)\psi_t(s_0,t_0) - \varphi_t(s_0,t_0)\psi_s(s_0,t_0)|\,\mu(L)$$

が成り立つ．この面積比を $J(s,t) = |\varphi_s(s,t)\psi_t(s,t) - \varphi_t(s,t)\psi_s(s,t)|$ とおく．

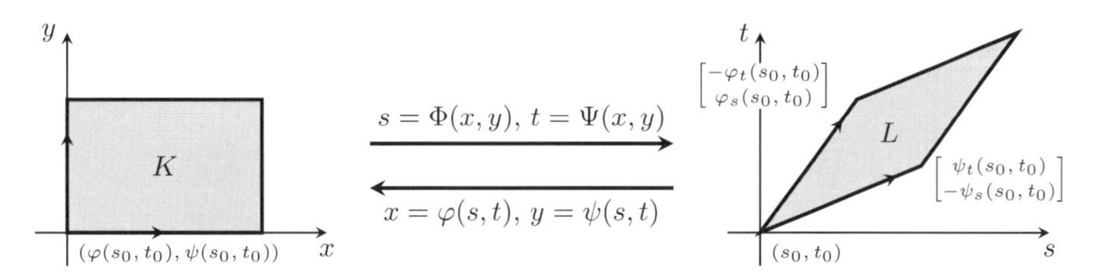

1 次変換による長方形と平行四辺形の対応

変数変換により，立体の直方体近似は平行四辺形柱近似となる：

$$\sum_{i=1}^{k}\sum_{j=1}^{\ell} f(x_{ij},y_{ij})\mu(K_{ij}) = \sum_{i=1}^{k}\sum_{j=1}^{\ell} f(\varphi(s_{ij},t_{ij}),\psi(s_{ij},t_{ij}))\mu(L_{ij})J(s_{ij},t_{ij}).$$

ただし，$x_{ij} = \varphi(s_{ij},t_{ij})$, $y_{ij} = \psi(s_{ij},t_{ij})$，$(x_{ij},y_{ij})$ は小長方形 K_{ij} の点，(s_{ij},t_{ij}) は小平行四辺形 L_{ij} の点である．$k,\ell \to \infty$ とすることにより，変数変換公式

$$\iint_D f(x,y)\,dxdy = \iint_E f(\varphi(s,t),\psi(s,t))\left|\varphi_s\psi_t - \varphi_t\psi_s\right| dsdt$$

が得られる．変数変換を行うと，一見すると関数から定まる直方体の高さが影響を受けると思えるが，実際に影響を受けるのは底面の小長方形である．

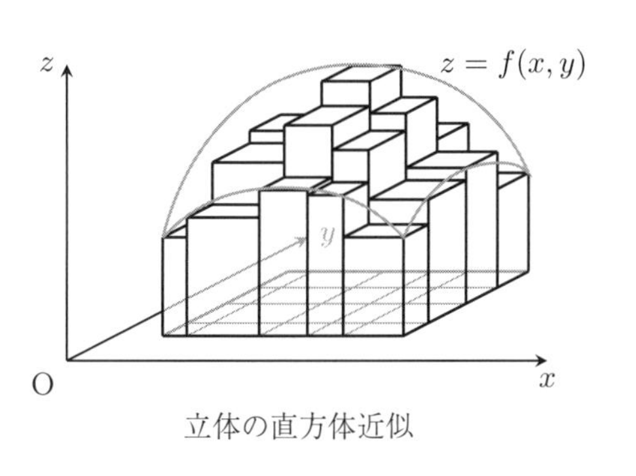

立体の直方体近似

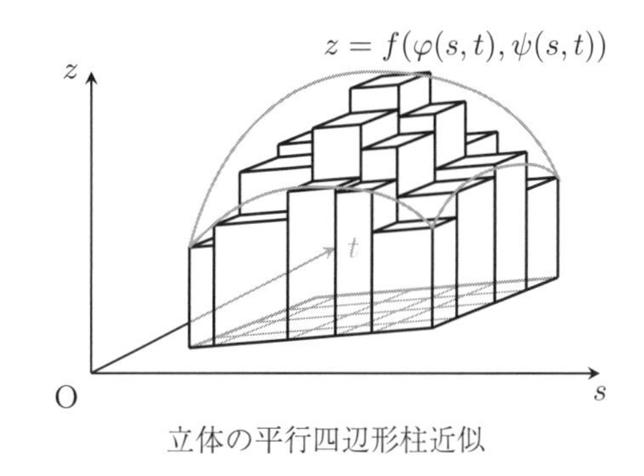

立体の平行四辺形柱近似

35) 1 次変換の詳しい性質に慣れていない読者は，『線形代数学 30 講』を参照すること．

26. さまざまな重積分の計算

極座標変換のテクニック

例題 68. 重積分 $\displaystyle\iint_D \sqrt{x^2+y^2}\,dxdy$ (D: $x^2+y^2 \leqq 4x$) の値を求めよ．

解　$x = r\cos\theta$, $y = r\sin\theta$ とおくと，$0 \leqq r \leqq 4\cos\theta$, $-\dfrac{\pi}{2} \leqq \theta \leqq \dfrac{\pi}{2}$ となる[36)]ので，変数変換公式 (§ 25 参照) により，

$$\iint_D \sqrt{x^2+y^2}\,dxdy = \int_{-\frac{\pi}{2}}^{\frac{\pi}{2}} \left(\int_0^{4\cos\theta} r^2\,dr\right) d\theta = \frac{256}{9}$$

となる． □

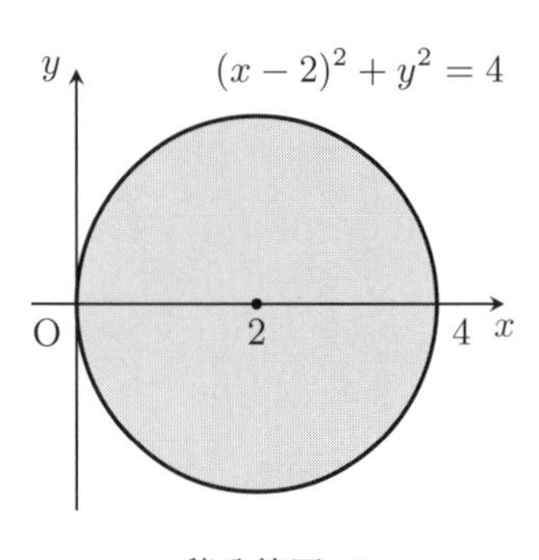

積分範囲 D

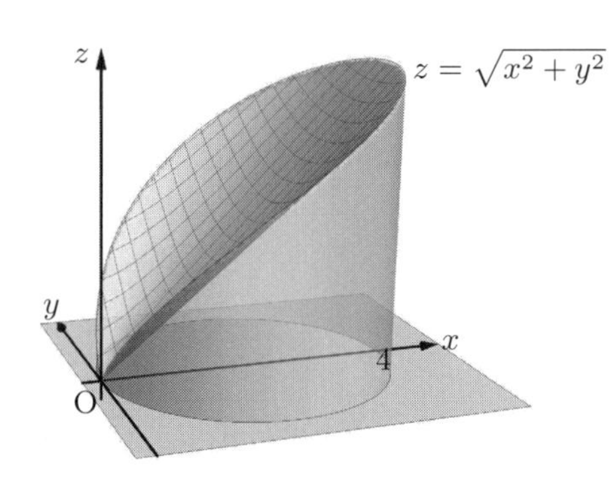

立体の符号付き体積

例題 68 において，点 $(2,0)$ を中心とする極座標変換 $x = 2 + r\cos\theta$, $y = r\sin\theta$ を行うと，

$$\iint_D \sqrt{x^2+y^2}\,dxdy = \int_0^{2\pi} \left(\int_0^2 \sqrt{r^2+4r\cos\theta+4}\,r\,dr\right) d\theta$$

となり，積分計算をうまく進めることが困難になる．このように，変数変換を行うときには試行錯誤が必要となる．

● **問 63**　次の重積分の値を求めよ．

(1) $\displaystyle\iint_D \sqrt{y}\,dxdy$
　(D: $x^2+y^2 \leqq 2y$)

(2) $\displaystyle\iint_D \sqrt{x^2+y^2}\,dxdy$
　(D: $x^2+y^2 \leqq 2x+2y$)

(3) $\displaystyle\iint_D x\,dxdy$
　(D: $4x \leqq x^2+y^2 \leqq 4y$)

(4) $\displaystyle\iint_D \sqrt{x^2+y^2}\,dxdy$
　(D: $0 \leqq x \leqq y \leqq 1$)

36) 原点を始点とする半直線で D を切断する，または不等式に極座標変換を代入して求める．

例題 69. 重積分 $\displaystyle\iint_D x^2\,dxdy$ $(D\colon\ x^2+4y^2 \leqq 1)$ の値を求めよ．

考え方：方程式 $x^2+4y^2=1$ で表される図形は，点 $(0,0)$ を中心とする楕円である．

解　$x = r\cos\theta,\ y = \dfrac{1}{2}r\sin\theta$ とおくと，$0 \leqq r \leqq 1,\ 0 \leqq \theta \leqq 2\pi$ となる[37]ので，変数変換公式 (§ 25 参照) により，

$$\iint_D x^2\,dxdy = \iint_E (r\cos\theta)^2 \cdot \frac{1}{2}r\,drd\theta = \int_0^{2\pi}\left(\int_0^1 \frac{1}{2}r^3\cos^2\theta\,dr\right)d\theta = \frac{1}{8}\pi$$

となる． □

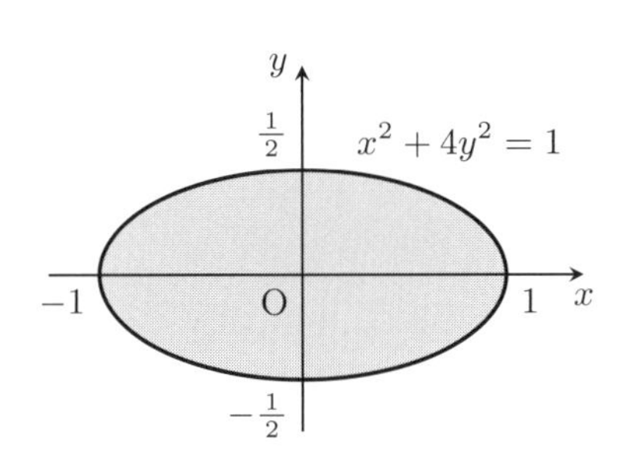

積分範囲 D

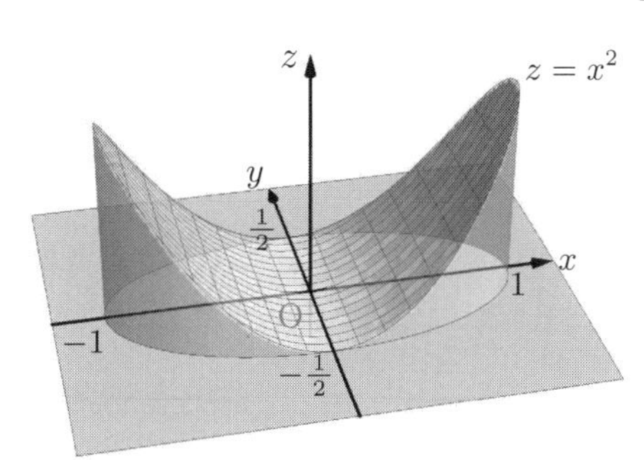

立体の符号付き体積

被積分関数が x^2 なので，累次積分により計算することもできる：

$$\iint_D x^2\,dxdy = \int_{-1}^{1}\left(\int_{-\frac{1}{2}\sqrt{1-x^2}}^{\frac{1}{2}\sqrt{1-x^2}} x^2\,dy\right)dx = 2\int_0^1 x^2\sqrt{1-x^2}\,dx = \frac{1}{8}\pi.$$

積分範囲が同じでも，被積分関数によっては積分計算をうまく進めることが困難な場合がある．積分範囲の形や被積分関数に応じて，相性の良い変数変換を覚えておくと試行錯誤するときに役立つであろう．

● **問 64**　次の重積分の値を求めよ．

(1) $\displaystyle\iint_D y^2\,dxdy$ $\left(D\colon\ \dfrac{x^2}{9}+\dfrac{y^2}{16} \leqq 1\right)$

(2) $\displaystyle\iint_D (x-y)^2\,dxdy$ $\left(D\colon\ \dfrac{x^2}{4}+y^2 \leqq 1\right)$

(3) $\displaystyle\iint_D (x+y)\,dxdy$ $(D\colon\ (x+y)^2+y^2 \leqq 1)$

(4) $\displaystyle\iint_D x^2\,dxdy$ $(D\colon\ x^2+4xy+5y^2 \leqq 4)$

---

37)　不等式に変数変換を代入してもよいし，極座標変換と y 座標を $\dfrac{1}{2}$ 倍する 1 次変換の 2 つの変数変換を行ったと思ってもよい．

数学トピックス：微分方程式 (3)

2 階線形微分方程式[a]

$$\frac{d^2u}{dt^2} - \frac{du}{dt} - 2u = 0 \tag{26.1}$$

を解こう．$e^{\lambda t}$ (λ は定数) が (26.1) の解であると仮定する．(26.1) に代入すると

$$\lambda^2 e^{\lambda t} - \lambda e^{\lambda t} - 2e^{\lambda t} = (\lambda - 2)(\lambda + 1)e^{\lambda t} = 0$$

が成り立つ．よって，$\lambda = -1, 2$ である．実は，(26.1) のすべての解は

$$u(t) = C_1 e^{-t} + C_2 e^{2t} \qquad (C_1, C_2 \text{ は定数}) \tag{26.2}$$

であることがわかる．1 階線形微分方程式を用いてこれを導こう．解 e^{-t} に注目して，$v(t) = e^t u(t)$ とおく．$u(t) = e^{-t}v(t)$ を (26.1) に代入すると

$$(e^{-t}v(t) - 2e^{-t}v'(t) + e^{-t}v''(t)) - (-e^{-t}v(t) + e^{-t}v'(t)) - 2e^{-t}v(t) = 0$$

$$(v'(t))' - 3v'(t) = 0$$

となる．$v'(t)$ についての微分方程式を解き (p.101: 数学トピックス参照)，t で積分すると

$$v'(t) = C_3 e^{3t} \quad (C_3 \text{ は定数})$$

$$v(t) = \frac{C_3}{3}e^{3t} + C_1 \quad (C_1 \text{ は定数})$$

となる．$u(t) = e^{-t}v(t)$ により，$C_2 = \dfrac{C_3}{3}$ とおくと，(26.2) が得られる．

同様の計算により，次が得られる：

p, q を定数とする．微分方程式

$$\frac{d^2u}{dt^2} + p\frac{du}{dt} + q = 0$$

の解は，$\lambda^2 + p\lambda + q = 0$ の解 $\lambda = \alpha, \beta$ を用いて，次のように表される：

- α, β が異なる 2 つの実数のとき，
$$u(t) = C_1 e^{\alpha t} + C_2 e^{\beta t},$$
- $\alpha = \beta$ のとき，
$$u(t) = C_1 e^{\alpha t} + C_2 t e^{\alpha t},$$
- α, β が虚数 (ただし，$\alpha = a + bi$) のとき，
$$u(t) = C_1 e^{\alpha t} + C_2 e^{\beta t} = C_3 e^{at}\cos bt + C_4 e^{at}\sin bt.$$

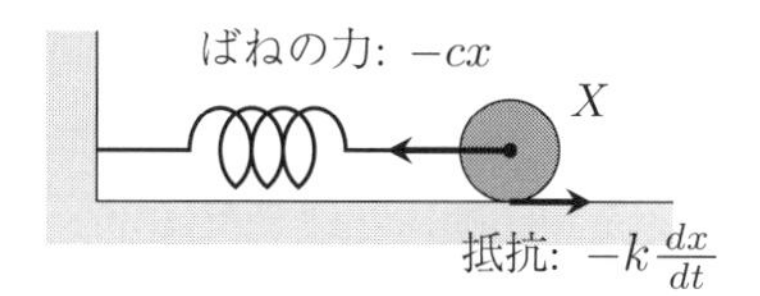

質量 m の物体 X にばねが付いていて，位置 x_0 まで X をつまんでばねを伸ばして手を放す．ばねには伸びに比例してもとに戻ろうとする力が働く．その比例定数 (ばね定数) を $c\ (>0)$ とする．X の位置を $x(t)$ とすると，運動方程式により

$$m\frac{d^2x}{dt^2} = -cx - k\frac{dx}{dt}, \qquad x(0) = x_0, \quad \frac{dx}{dt}(0) = 0 \tag{26.3}$$

が成り立つ．$-k\dfrac{dx}{dt}$ は抵抗を表す．

まず，抵抗がない ($k=0$) とき，(26.3) の解は

$$x(t) = x_0 \cos\sqrt{\frac{c}{m}}t$$

となる．X は一定の振幅で基準点を行ったり来たりする．この運動を**単振動**という．

次に，強い抵抗がある ($k > 2\sqrt{mc}$) とき，(26.3) の解は

$$x(t) = \frac{x_0}{\alpha-\beta}\big(-\beta e^{\alpha t} + \alpha e^{\beta t}\big),\ \alpha = \frac{-k+\sqrt{k^2-4mc}}{2m},\ \beta = \frac{-k-\sqrt{k^2-4mc}}{2m}$$

となる．X は緩やかに基準点に戻っていく．この運動を**過減衰運動**という．これはドアクローザーや車のサスペンションなどの衝撃を吸収する動きに応用されている．

最後に，弱い抵抗 ($k < 2\sqrt{mc}$) があるとき，(26.3) の解は

$$x(t) = x_0 e^{-\frac{k}{2m}t}\cos\frac{\sqrt{4mc-k^2}}{2m}t + \frac{kx_0}{\sqrt{4mc-k^2}}e^{-\frac{k}{2m}t}\sin\frac{\sqrt{4mc-k^2}}{2m}t$$

となる．X は次第に振幅が小さくなるように振動する．この運動を**減衰振動**という．これはギターなどの弦楽器の弦の動きを表している．

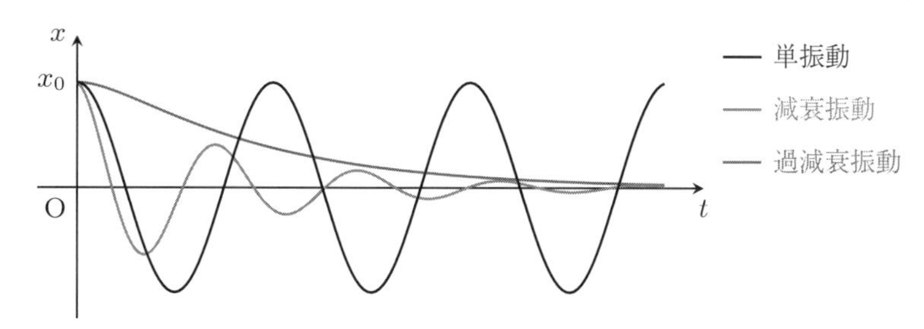

抵抗，コイル，コンデンサを直列につないだ電気回路を流れる電流も 2 階線形微分方程式で記述でき，その解を求めることで電流の様子を調べることができる．

a) 微分方程式が未知関数 u とその微分 $\dfrac{du}{dt}$, $\dfrac{d^2u}{dt^2}$ について 1 次式であることを**線形**という．

27. 重積分の応用 (1)

さまざまな立体の体積

重積分を応用して，さまざまな立体の体積を求めよう．xy 平面の有界閉集合 D において，2 つの曲面 $z = f(x,y)$ と $z = g(x,y)$ (ただし，$f(x,y) \geqq g(x,y)$) の間に現れる立体の体積 V について，次が成り立つ：

$$V = \iint_D (f(x,y) - g(x,y))\, dxdy$$

これは，D において，曲面 $z = f(x,y)$ と xy 平面の間に現れる部分の符号付き体積と，曲面 $z = g(x,y)$ と xy 平面の間に現れる部分の符号付き体積に分けて考えればよい (下左図)．実際の計算では，立体をうまく捉えることが重要になるであろう．

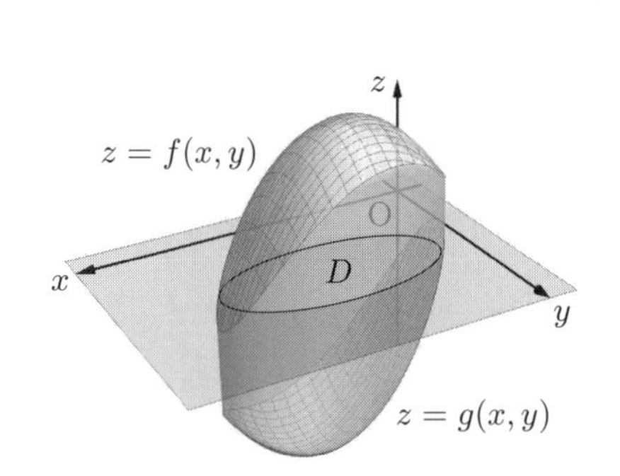

2 つの曲面の間に現れる立体

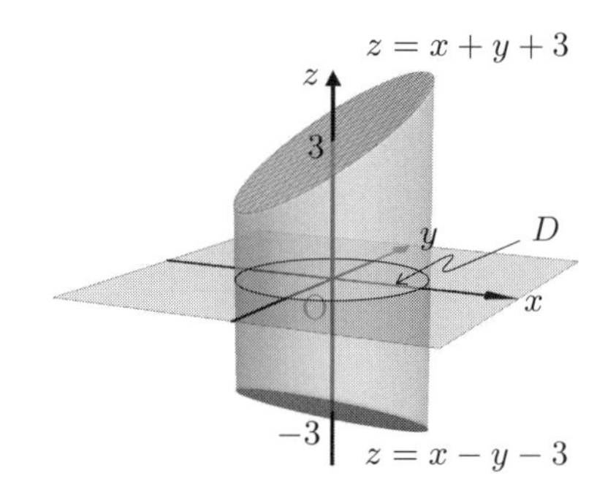

例題 70 の立体

例題 70. $x^2 + y^2 \leqq 1$ において，2 つの平面 $z = x + y + 3$ と $z = x - y - 3$ の間に現れる立体の体積 V を求めよ．

解　D: $x^2 + y^2 \leqq 1$ とおく．$x = r\cos\theta$, $y = r\sin\theta$ とおくと，$0 \leqq r \leqq 1$, $0 \leqq \theta \leqq 2\pi$ となるので，

$$\begin{aligned} V &= \iint_D \{(x + y + 3) - (x - y - 3)\}\, dxdy = \iint_D (2y + 6)\, dxdy \\ &= \int_0^{2\pi} \left(\int_0^1 (2r\sin\theta + 6) r\, dr \right) d\theta = 6\pi \end{aligned}$$

となる． □

例題 71. 不等式 $x^2+y^2+z^2 \leqq 1$ で表される立体 (球) の体積 V を求めよ．

解 $D\colon x^2+y^2 \leqq 1$ とおく．球 $x^2+y^2+z^2 \leqq 1$ は D において，2 つの曲面 $z=\sqrt{1-x^2-y^2}$, $z=-\sqrt{1-x^2-y^2}$ の間に現れる立体である．$x=r\cos\theta$, $y=r\sin\theta$ とおくと，$0 \leqq r \leqq 1$, $0 \leqq \theta \leqq 2\pi$ となるので，

$$V = 2\iint_D \sqrt{1-x^2-y^2}\,dxdy = 2\int_0^{2\pi}\left(\int_0^1 \sqrt{1-r^2}\,r\,dr\right)d\theta = \frac{4}{3}\pi$$

となる． □

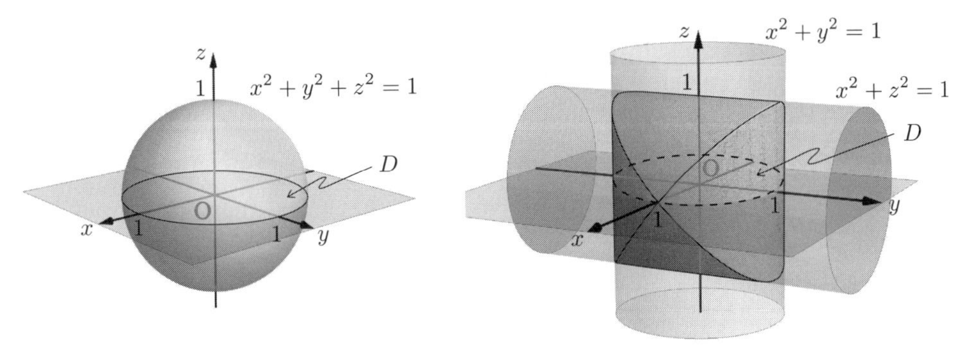

例題 71 の立体 (球)　　　例題 72 の共通部分の立体

例題 72. 2 つの円柱 $x^2+y^2 \leqq 1$ と $x^2+z^2 \leqq 1$ の共通部分の体積 V を求めよ．

解 $D\colon x^2+y^2 \leqq 1$ とおく．2 つの円柱の共通部分は D において，2 つの曲面 $z=\sqrt{1-x^2}$, $z=-\sqrt{1-x^2}$ の間に現れる立体である．このとき，$-1 \leqq x \leqq 1$, $-\sqrt{1-x^2} \leqq y \leqq \sqrt{1-x^2}$ となるので，

$$V = 2\iint_D \sqrt{1-x^2}\,dxdy = 2\int_{-1}^1\left(\int_{-\sqrt{1-x^2}}^{\sqrt{1-x^2}} \sqrt{1-x^2}\,dy\right)dx = \frac{16}{3}$$

となる． □

● **問 65** 次の立体の体積を求めよ．

(1) $-x \leqq y \leqq x \leqq 1$ において，2 つの平面 $z=x+3y+6$ と $z=-3x+y+6$ の間に現れる立体．

(2) 不等式 $\sqrt{x^2+y^2} \leqq z \leqq 2$ で表される立体．

(3) 不等式 $x^2+y^2+4z^2 \leqq 4$ で表される立体．

(4) 球 $x^2+y^2+z^2 \leqq 9$ と円柱 $x^2+y^2 \leqq 5$ の共通部分．

数学トピックス：微分方程式 (4)

水や風の中を粒子が一定の方向に流される現象を記述しよう．流速を $k\ (>0)$ とし，$u(t,x)$ を時刻 t，位置 x における粒子の密度とする．短い時間 Δt の間に，位置 x にあった粒子は位置 $x+k\Delta t$ に移動するので，

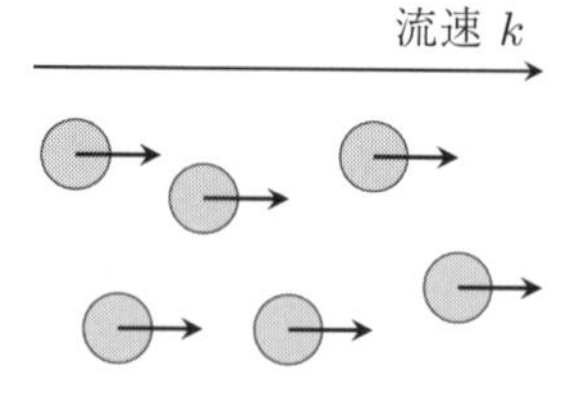

流される粒子

$$u(t+\Delta t, x+k\Delta t) = u(t,x)$$

が成り立つ．両辺に $-u(t,x+k\Delta t)$ を加えて Δt で割ると

$$\frac{u(t+\Delta t, x+k\Delta t)-u(t,x+k\Delta t)}{\Delta t} = -k\frac{u(t,x+k\Delta t)-u(t,x)}{k\Delta t}$$

となる．$\Delta t \to 0$ とする極限をとると，偏微分方程式

$$\frac{\partial u}{\partial t}(t,x) = -k\frac{\partial u}{\partial x}(t,x) \tag{27.1}$$

が得られる．(27.1) を 1 次元**輸送方程式**という．

偏微分方程式を解くことは一般には大変難しいが，連鎖律を用いることで (27.1) を解くことができる．変数変換 $s=x+kt,\ y=x-kt$ を行う．$t=\dfrac{s-y}{2k},\ x=\dfrac{s+y}{2}$ なので，連鎖律により

$$\begin{aligned}\frac{\partial u}{\partial s} &= \frac{\partial u}{\partial t}\frac{\partial t}{\partial s} + \frac{\partial u}{\partial x}\frac{\partial x}{\partial s}\\ &= \frac{\partial u}{\partial t}\frac{1}{2k} + \frac{\partial u}{\partial x}\frac{1}{2} = \frac{1}{2k}\left(\frac{\partial u}{\partial t} + k\frac{\partial u}{\partial x}\right) = 0\end{aligned}$$

となる．§ 23 問題 45 により，u は s によらない $y=x-kt$ のみの関数である．そこで $u(t,x)=F(x-kt)$ とおく．$u(0,x)=f(x)$ とすると，$t=0$ のとき

$$f(x) = u(0,x) = F(x)$$

が成り立つ．したがって，(27.1) の解

$$u(t,x) = f(x-kt)$$

が得られる．これにより，粒子は $t=0$ における密度を保ったまま一定の速さで動くことがわかる．空間における粒子の流れも同様に記述することができる．

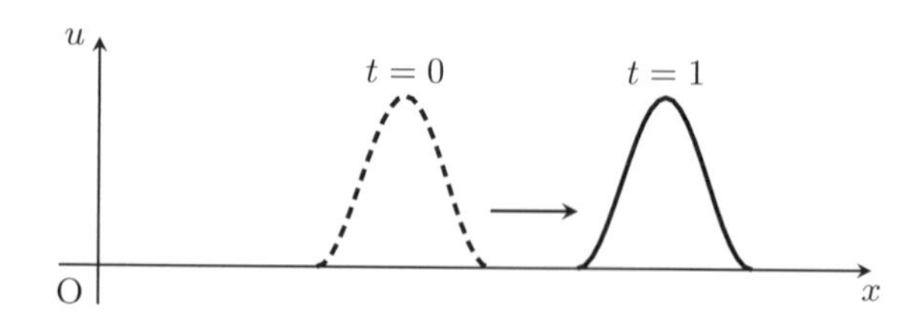

今度は，音や光などに現れる波の伝わる様子を記述しよう．ここでは密度 ρ の無限に長い弦の振動による波について説明する．$u(t,x)$ を時刻 t，位置 x における弦の高さとする．ピンと張った弦が変形を受けると，弦は張力によってもとに戻ろうとする．十分短い幅 Δx において，弦にかかる張力は弦の傾き $\dfrac{\partial u}{\partial x}$ に比例するので，その比例定数を $k\,(>0)$ とすると，運動方程式

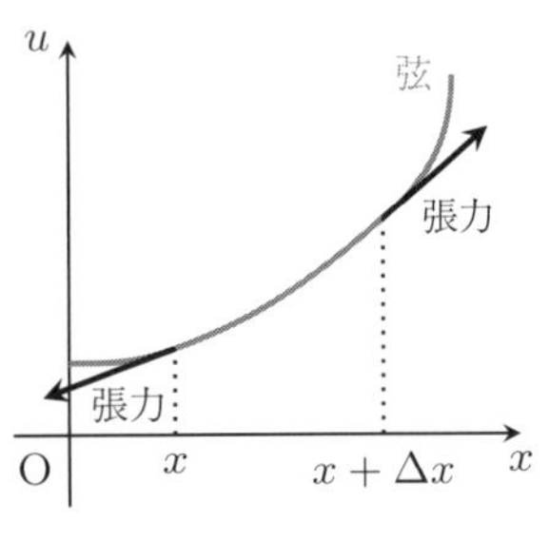

弦にかかる力

$$\rho\Delta x\frac{\partial^2 u}{\partial t^2}(t,x)=k\left(\frac{\partial u}{\partial x}(t,x+\Delta x)-\frac{\partial u}{\partial x}(t,x)\right)$$

が成り立つ．両辺を Δx で割り，$\Delta x\to 0$ とする極限をとると，偏微分方程式

$$\frac{\partial^2 u}{\partial t^2}(t,x)=c^2\frac{\partial^2 u}{\partial x^2}(t,x) \tag{27.2}$$

が得られる[a]．ただし，$c=\sqrt{\dfrac{k}{\rho}}$ とおいた．(27.2) を 1 次元**波動方程式**という．

この (27.2) も連鎖律を用いて解くことができる．変数変換 $s=x+ct,\ y=x-ct$ を行う．$t=\dfrac{s-y}{2c},\ x=\dfrac{s+y}{2}$ なので，連鎖律により

$$\begin{aligned}\frac{\partial u}{\partial s}&=\frac{\partial u}{\partial t}\frac{\partial t}{\partial s}+\frac{\partial u}{\partial x}\frac{\partial x}{\partial s}=\frac{\partial u}{\partial t}\frac{1}{2c}+\frac{\partial u}{\partial x}\frac{1}{2},\\ \frac{\partial^2 u}{\partial y\partial s}&=\frac{1}{2c}\left(\frac{\partial^2 u}{\partial t^2}\frac{\partial t}{\partial y}+\frac{\partial^2 u}{\partial x\partial t}\frac{\partial x}{\partial y}\right)+\frac{1}{2}\left(\frac{\partial^2 u}{\partial t\partial x}\frac{\partial t}{\partial y}+\frac{\partial^2 u}{\partial x^2}\frac{\partial x}{\partial y}\right)\\ &=-\frac{1}{4c^2}\left(\frac{\partial^2 u}{\partial t^2}-c^2\frac{\partial^2 u}{\partial x^2}\right)=0\end{aligned}$$

となる．§ 23 問題 45 により，u は $s,\ y$ のそれぞれ 1 変数関数の和に表される．$u(0,x)=f(x),\ \dfrac{\partial u}{\partial t}(0,x)=g(x)$ とすると，輸送方程式と同様にして，(27.2) の解

$$u(t,x)=\frac{1}{2}(f(x+ct)+f(x-ct))+\frac{1}{2c}\int_{x-ct}^{x+ct}g(r)\,dr$$

が得られる．これを**ダランベールの公式**という．例えば $g(x)=0$ のとき，波は $t=0$ における波形を保ったまま一定の速さで両側に拡がっていくことがわかる．

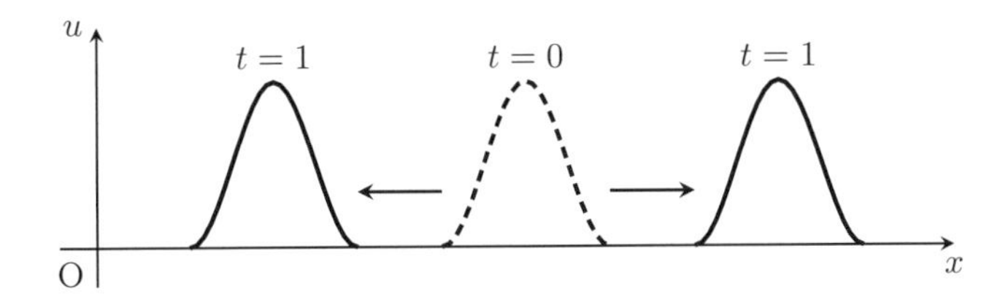

a) 弦の変位を，例えば棒の内部を伝わる振動に置き換えてもこれが成り立つ．

28. 重積分の応用 (2)

さまざまな図形の面積

有界閉集合 D の面積を $\mu(D)$ で表す．底面が D で高さが 1 の柱体を考えると，この体積の値は底面積 $\mu(D)$ と高さ 1 の積，すなわち $\mu(D)$ に等しいと考えてよい．この考え方により，重積分を用いて D の面積 $\mu(D)$ を求めることができる[38)]：

$$\mu(D) = \iint_D 1\,dxdy$$

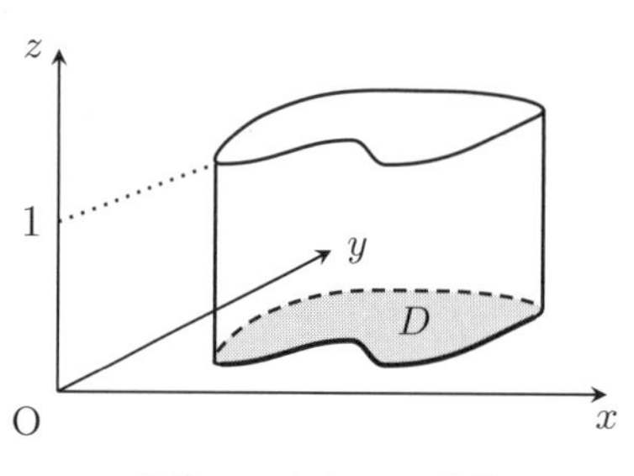

底面 D，高さ 1 の柱体

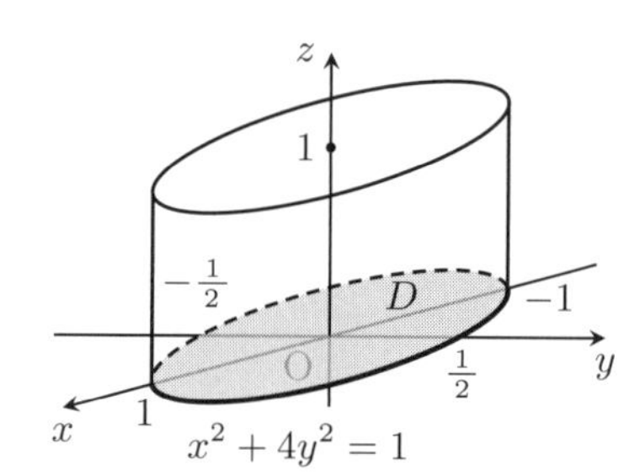

例題 74 の図形 (楕円) と柱体

例題 73. 円 $x^2+y^2 \leqq 1$ の面積を重積分を利用して求めよ．

解　D: $x^2+y^2 \leqq 1$ とおく．$x = r\cos\theta$, $y = r\sin\theta$ とおくと，$0 \leqq r \leqq 1$, $0 \leqq \theta \leqq 2\pi$ となるので，

$$\mu(D) = \iint_D 1\,dxdy = \int_0^{2\pi}\left(\int_0^1 r\,dr\right)d\theta = \pi$$

となる．□

例題 74. 楕円 $x^2+4y^2 \leqq 1$ の面積を重積分を利用して求めよ．

解　D: $x^2+4y^2 \leqq 1$ とおく (上右図)．$x = r\cos\theta$, $y = \dfrac{1}{2}r\sin\theta$ とおくと，$0 \leqq r \leqq 1, 0 \leqq \theta \leqq 2\pi$ となるので，

$$\mu(D) = \iint_D 1\,dxdy = \int_0^{2\pi}\left(\int_0^1 \frac{1}{2}r\,dr\right)d\theta = \frac{1}{2}\pi$$

となる．□

38) 厳密には，1 の D における重積分が存在するとき，有界閉集合 D の面積が定義される．

xy 平面上の図形の方程式は x, y の関係式であるが，極座標

$$x = r\cos\theta, \qquad y = r\sin\theta$$

を用いて r, θ の関係式で表されることもある．これを**極方程式**という．特に，極方程式

$$r = f(\theta)$$

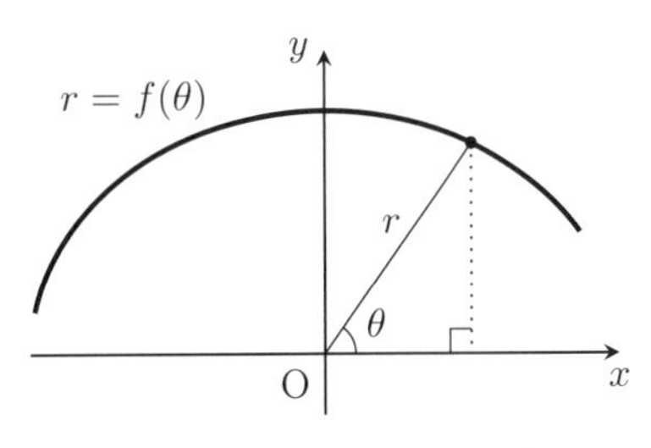

極方程式で表された曲線

で表される曲線は，各 θ に対して，x 軸の正の方向とのなす角が θ で，原点 O を始点とする半直線において，O からの距離が $f(\theta)$ である点をとり，それらをつないだものである．

例題 75. 極不等式 $0 \leqq r \leqq \sqrt{\cos 2\theta}$ で表された図形の面積を求めよ．

考え方：まず，$\cos 2\theta \geqq 0$ により，

$$-\frac{\pi}{4} \leqq \theta \leqq \frac{\pi}{4}, \quad \frac{3}{4}\pi \leqq \theta \leqq \frac{5}{4}\pi$$

である．例えば $\theta = \dfrac{\pi}{6}$ のとき，

$$r = \sqrt{\cos\frac{\pi}{3}} = \frac{1}{\sqrt{2}}$$

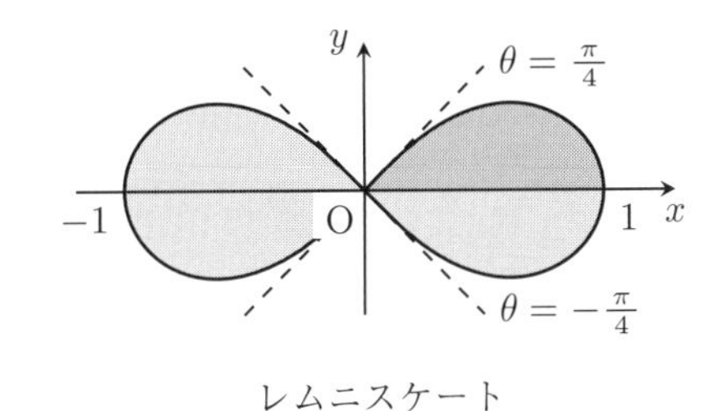

レムニスケート

である．具体的な値はわからなくても，$\sqrt{\cos 2\theta}$ の増減を考えて点をつなぎ合わせることで図が得られる．この曲線を**レムニスケート**という．

解　対称性により，$0 \leqq \theta \leqq \dfrac{\pi}{4}$ の部分の面積を求めて 4 倍すればよい．$x = r\cos\theta$, $y = r\sin\theta$ とおくと，$0 \leqq r \leqq \sqrt{\cos 2\theta}$, $0 \leqq \theta \leqq \dfrac{\pi}{4}$ となるので，

$$\mu(D) = \iint_D 1\,dxdy = 4\int_0^{\frac{\pi}{4}}\left(\int_0^{\sqrt{\cos 2\theta}} r\,dr\right)d\theta = 1$$

となる． □

● **問 66**　次の図形の面積を求めよ．

(1) 不等式 $\sqrt{|x|} + \sqrt{|y|} \leqq 1$ で表された図形．

(2) 不等式 $\dfrac{x^2}{25} + \dfrac{y^2}{9} \leqq 1$ で表された図形．

(3) 極不等式 $0 \leqq r \leqq 1 + \cos\theta$ で表された図形．

(4) 極不等式 $0 \leqq r \leqq \cos 2\theta$ で表された図形．

曲面の表面積*[39)]

曲面 $z=f(x,y)$ の**表面積** S を考えよう．まず，定義域 D が長方形で，曲面が平面 $H\colon z=px+qy+r$ のときを考える．H と xy 平面とのなす角 θ は，H の法ベクトル $\boldsymbol{n}=\begin{bmatrix}-p\\-q\\1\end{bmatrix}$ と z 軸方向の単位ベクトル $\boldsymbol{e}=\begin{bmatrix}0\\0\\1\end{bmatrix}$ の内積を用いて表されるので，

$$S=\frac{\mu(D)}{\cos\theta}=\frac{\mu(D)}{\dfrac{\boldsymbol{n}\cdot\boldsymbol{e}}{|\boldsymbol{n}|\,|\boldsymbol{e}|}}=\sqrt{p^2+q^2+1}\,\mu(D)$$

が得られる．

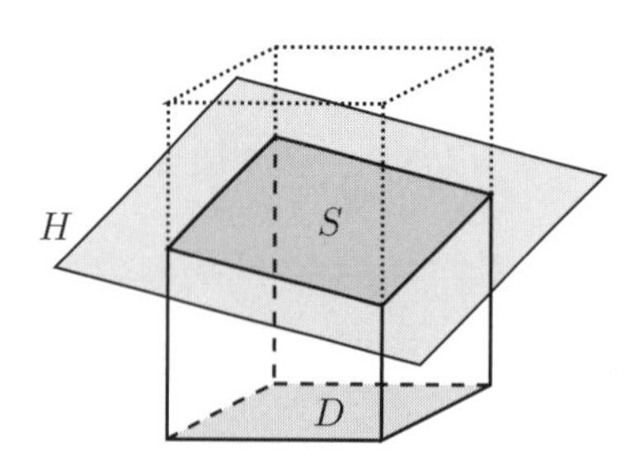

D で平行四辺形に切り取られる平面 H

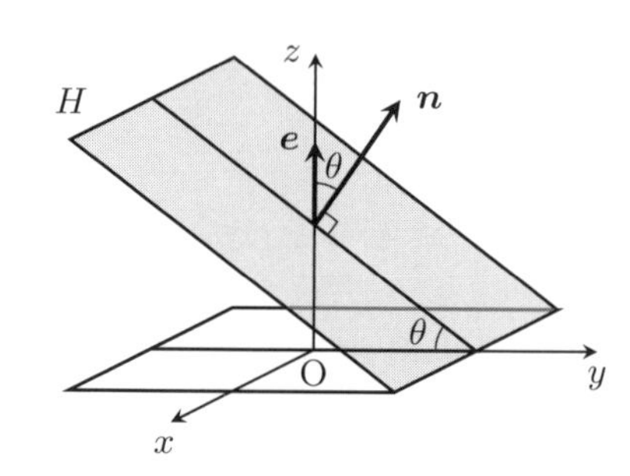

H と xy 平面とのなす角 θ

次に，D が長方形で，一般の曲面について考える．全微分可能な関数 $f(x,y)$ に対して，曲面 $z=f(x,y)$ 上の点 $(a,b,f(a,b))$ における接平面の方程式は

$$z=f(a,b)+f_x(a,b)(x-a)+f_y(a,b)(y-b)$$

であった．接平面は曲面の 1 次近似であり，この点の十分近くでは曲面 $z=f(x,y)$ と接平面と見分けがつかない．長方形 D を小長方形に分割すると，各小長方形 K_{ij} $(i=1,2,\ldots,k;\ j=1,2,\ldots,\ell)$ の上では，はじめに考えた角柱の場合に帰着できる．曲面 $z=f(x,y)$ は小さな平行四辺形のパネルの貼り合わせのような曲面に近似できるので，その表面積 S はこれら小さな平行四辺形の面積の和と考えてよい．

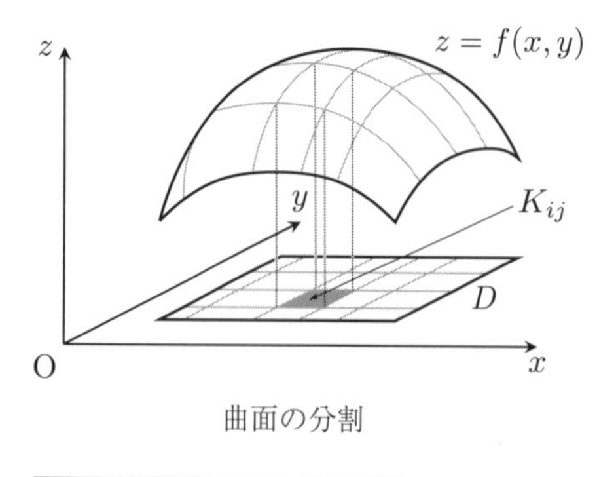

曲面の分割

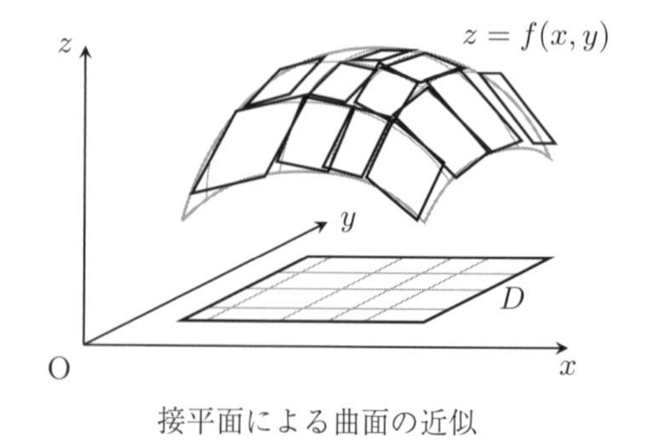

接平面による曲面の近似

39) ベクトルの扱いに慣れていない読者は，『線形代数学 30 講』を参照すること．

これらの考察により，パネルで近似された曲面の表面積は

$$\sum_{i=1}^{k}\sum_{j=1}^{\ell}\sqrt{f_x(x_{ij},y_{ij})^2+f_y(x_{ij},y_{ij})^2+1}\,\mu(K_{ij})$$

(ただし，(x_{ij},y_{ij}) は K_{ij} の点) となる．重積分の定義により，この重みの付いた小長方形の面積 $\mu(K_{ij})$ の和は $k,\ell\to\infty$ のとき重積分となる (§ 24 参照)．したがって，次が得られる：

$$S=\iint_D\sqrt{f_x(x,y)^2+f_y(x,y)^2+1}\,dxdy$$

これは D が長方形とは限らない有界閉集合においても成り立つ．

例題 76. 球面 $x^2+y^2+z^2=1$ の表面積を求めよ．

解　D: $x^2+y^2\leqq 1$, $z=f(x,y)=\sqrt{1-x^2-y^2}$ とおく．対称性により，D 上の曲面 $z=f(x,y)$ の表面積の 2 倍を求めればよい．

$$f_x(x,y)=\frac{-x}{\sqrt{1-x^2-y^2}},\qquad f_y(x,y)=\frac{-y}{\sqrt{1-x^2-y^2}}$$

により，

$$S=2\iint_D\sqrt{f_x(x,y)^2+f_y(x,y)^2+1}\,dxdy=2\iint_D\frac{dxdy}{\sqrt{1-x^2-y^2}}$$

となる[40)]．$x=r\cos\theta$, $y=r\sin\theta$ とおくと，$0\leqq r\leqq 1$, $0\leqq\theta\leqq 2\pi$ となるので，

$$S=2\iint_D\frac{dxdy}{\sqrt{1-x^2-y^2}}=2\int_0^{2\pi}\left(\int_0^1\frac{r}{\sqrt{1-r^2}}\,dr\right)d\theta=4\pi$$

となる． □

● **問 67**　次の図形の表面積を求めよ．

(1) 曲面 $z=x^2+y^2$ の D: $x^2+y^2\leqq 1$ の上にある部分．

(2) 平面 $\dfrac{x}{3}+\dfrac{y}{2}+z=1$ の $x\geqq 0$, $y\geqq 0$, $z\geqq 0$ の部分．

(3) 球面 $x^2+y^2+z^2=4$ の円柱 $x^2+y^2\leqq 1$ でくり抜かれた部分．

40)　点 (x,y) が D の境界に近づくとき，被積分関数が発散しているので，これは § 29 で学ぶ広義重積分であるが，ここでは気にせず計算することにする．正しい扱い方を § 29 で学ぶ．

29. 広義重積分

近似増大列と広義重積分

§ 14 で学んだ，被積分関数が有界でない (値が発散する) $\displaystyle\int_0^1 \frac{dx}{\sqrt{x}}$ や，積分区間が有界でない (無限に広がった) $\displaystyle\int_0^\infty e^{-x}\,dx$ のような 1 変数関数の積分を広義積分といい，積分区間を内側から有界閉区間で近似して計算を行った：

$$\int_0^1 \frac{dx}{\sqrt{x}} = \lim_{n\to\infty}\int_{\frac{1}{n}}^1 \frac{dx}{\sqrt{x}} = \lim_{n\to\infty} 2\left(1-\frac{1}{\sqrt{n}}\right) = 2,$$

$$\int_0^\infty e^{-x}\,dx = \lim_{n\to\infty}\int_0^n e^{-x}\,dx = \lim_{n\to\infty}(1-e^{-n}) = 1.$$

重積分 $\displaystyle\iint_D f(x,y)\,dxdy$ は有界閉集合 D で有界な関数 $f(x,y)$ に対してのみ定義されていたが，D または $f(x,y)$ が有界でない，すなわち D が無限に広がっていたり，$f(x,y)$ の値が発散するときには，D を内側から次第に大きくなる有界閉集合の列 D_n $(n=1,2,\ldots)$ を用いて近似し，積分の定義を拡張する．D_n を D の**近似増大列**といい，このように定義される重積分 $\displaystyle\iint_D f(x,y)\,dxdy$ を**広義重積分**という：

$$\iint_D f(x,y)\,dxdy = \lim_{n\to\infty}\iint_{D_n} f(x,y)\,dxdy$$

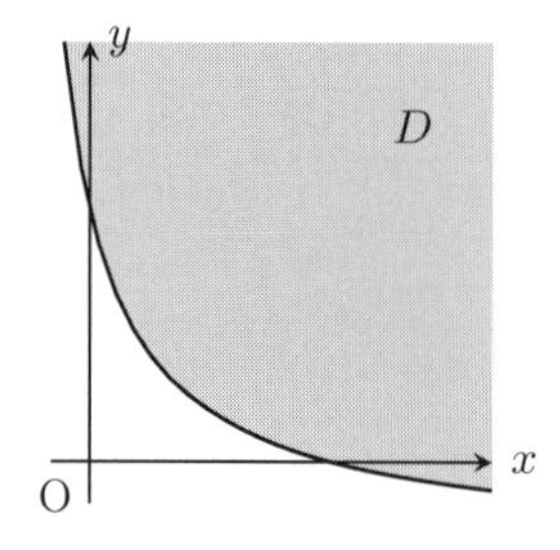

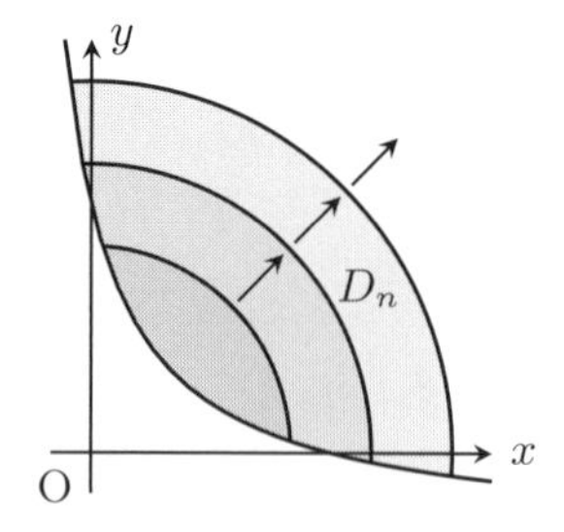

D とその近似増大列 D_n

右辺は積分範囲 D の近似増大列 D_n のとり方によって値が異なるかもしれない．そこで，近似増大列のとり方によらずに右辺が同じ値に収束するとき，$f(x,y)$ は D で**広義重積分可能**である，または広義重積分は**収束する**という．D において $f(x,y)$ が符号の変わらない関数であれば，近似増大列を 1 つとれば十分であることが知られており，本書ではこの場合のみを扱う．

例題 77. 広義重積分 $\displaystyle\iint_D \frac{dxdy}{\sqrt{x^2+y^2}}$ $(D\colon\ 0 < x^2+y^2 \leqq 1)$ の値を求めよ．

解　点 $(0,0)$ を避けるように D の近似増大列を

$$D_n\colon\ \frac{1}{n^2} \leqq x^2+y^2 \leqq 1 \qquad (n=1,\,2,\,3,\,\ldots)$$

と定義する．このとき，極座標変換 $x=r\cos\theta,\ y=r\sin\theta$ により，

$$\begin{aligned}\iint_D \frac{dxdy}{\sqrt{x^2+y^2}} &= \lim_{n\to\infty}\iint_{D_n}\frac{dxdy}{\sqrt{x^2+y^2}}\\ &= \lim_{n\to\infty}\int_0^{2\pi}\left(\int_{\frac{1}{n}}^1 \frac{r}{\sqrt{r^2}}\,dr\right)d\theta = \lim_{n\to\infty} 2\pi\left(1-\frac{1}{n}\right) = 2\pi\end{aligned}$$

となる． □

これまでは問題に与えられた積分範囲で重積分の計算を行えばよかったが，広義重積分の計算では実際に計算する積分範囲 D_n を自分で設定しなければならない．この D_n の設定には積分範囲 D や関数 $f(x,y)$ の分析とこれまでの重積分の計算経験が活かされるであろう．例題 77 では D の定義において，$x^2+y^2=0$，すなわち $(x,y)=(0,0)$ が含まれていないことに注目したい．関数 $\dfrac{1}{\sqrt{x^2+y^2}}$ は，$(x,y)\to(0,0)$ のとき値が $+\infty$ に発散していて，D において有界な関数ではない．そこで解答例では，点 $(0,0)$ を避けることと関数に 2 乗和 x^2+y^2 が現れていることに注目して D_n を設定した．n が大きくなるにつれて，内側の円の半径が小さくなるので，D_n は次第に大きくなり D に近づいている[41]．D_n の設定の仕方はたくさんある[42]が，$\dfrac{1}{\sqrt{x^2+y^2}} > 0$ なので，1 つ近似増大列を構成すれば十分である．

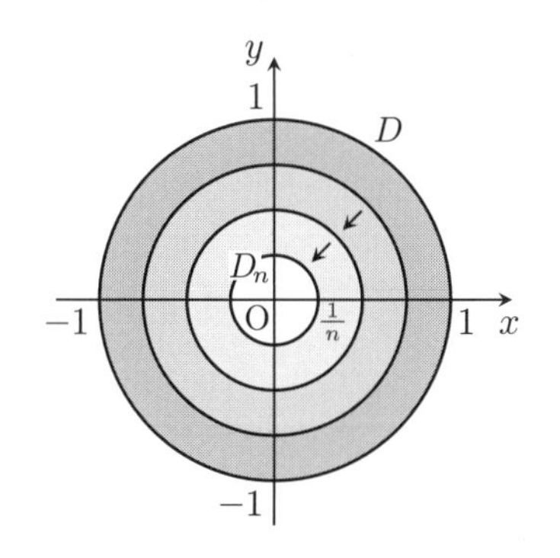

D の近似増大列

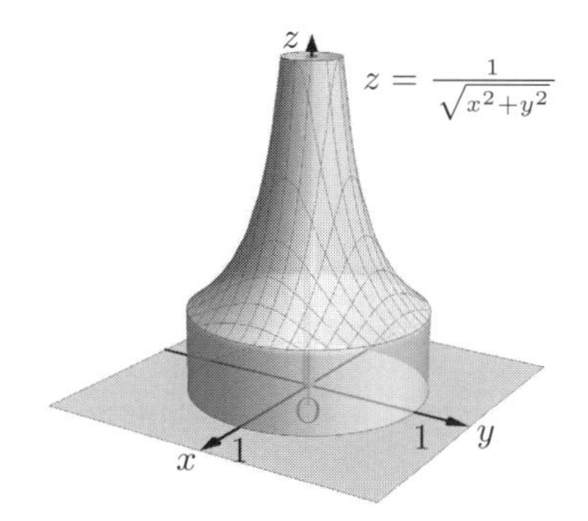

“広義の” 立体の符号付き体積

41)　厳密には $D = \bigcup_{n=1}^{\infty} D_n$ を証明する必要があるが，本書ではその扱いを省略する．

42)　例えば，$\dfrac{1}{n^4} \leqq x^2+y^2 \leqq 1$ などでもよい．

例題 78. 広義重積分 $\displaystyle\iint_D e^{-(x+y)}\,dxdy$ $(D\colon\ x \geqq 0,\ y \geqq 0)$ の値を求めよ.

解 D の近似増大列を

$$D_n\colon\ 0 \leqq x \leqq n,\ 0 \leqq y \leqq n \qquad (n = 1, 2, 3, \ldots)$$

と定義する. このとき,

$$\iint_D e^{-(x+y)}\,dxdy = \lim_{n\to\infty} \iint_{D_n} e^{-(x+y)}\,dxdy$$
$$= \lim_{n\to\infty} \int_0^n \left(\int_0^n e^{-(x+y)}\,dy \right) dx = \lim_{n\to\infty} (1 - e^{-n})^2 = 1$$

となる. □

例題 78 では, 積分範囲 D が無限に広がっていて有界ではない. 解答例では関数 $e^{-(x+y)} = e^{-x}e^{-y}$ に注目して D_n を設定した. D_n の設定の仕方はたくさんある[43)]が, $e^{-(x+y)} > 0$ なので, 1 つ近似増大列を構成すれば十分である.

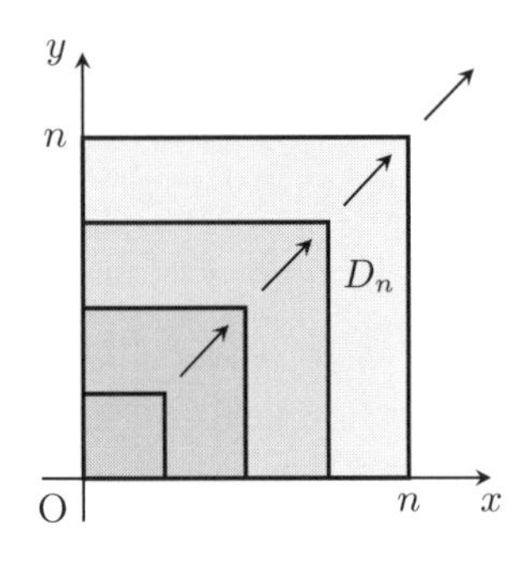

D の近似増大列

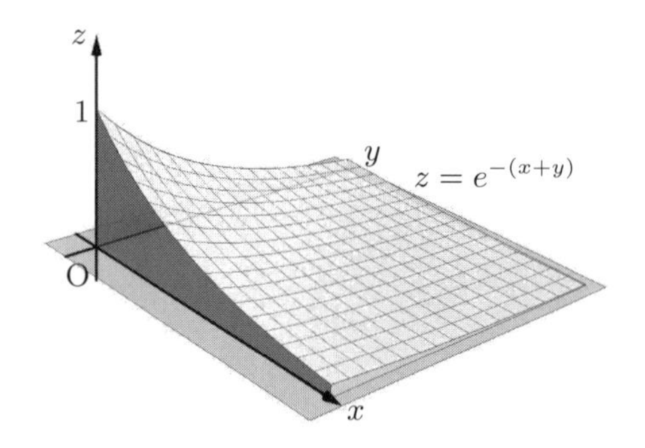

“広義の” 立体の符号付き体積

● **問 68** 次の広義重積分の値を求めよ.

(1) $\displaystyle\iint_D \frac{dxdy}{(x^2+y^2)^2}$ $(D\colon\ x^2+y^2 \geqq 1)$

(2) $\displaystyle\iint_D \frac{dxdy}{\sqrt{xy}}$ $(D\colon\ 0 < x \leqq 1,\ 0 < y \leqq x)$

(3) $\displaystyle\iint_D \frac{dxdy}{\sqrt{4-x^2-y^2}}$ $(D\colon\ x^2+y^2 < 4)$

(4) $\displaystyle\iint_D \frac{dxdy}{(x+y+1)^3}$ $(D\colon\ x \geqq 0,\ y \geqq 0)$

(5) $\displaystyle\iint_D e^{-x^2}\,dxdy$ $(D\colon\ 0 \leqq y \leqq x)$

(6) $\displaystyle\iint_D \frac{y^2}{x}\,dxdy$ $(D\colon\ 0 \leqq y^2 \leqq x \leqq 1,\ x \neq 0)$

43) 例えば, $0 \leqq x \leqq n,\ 0 \leqq y \leqq n^2$ などでもよい.

ガウス積分

ガウス関数 e^{-x^2} の広義積分 $\displaystyle\int_0^\infty e^{-x^2}\,dx$ は**ガウス積分**とよばれ，統計学や熱力学などさまざまな分野に現れる．

e^{-x^2} の原始関数の計算は困難であるが，広義重積分を巧みに利用することでガウス積分の値を計算することができる．

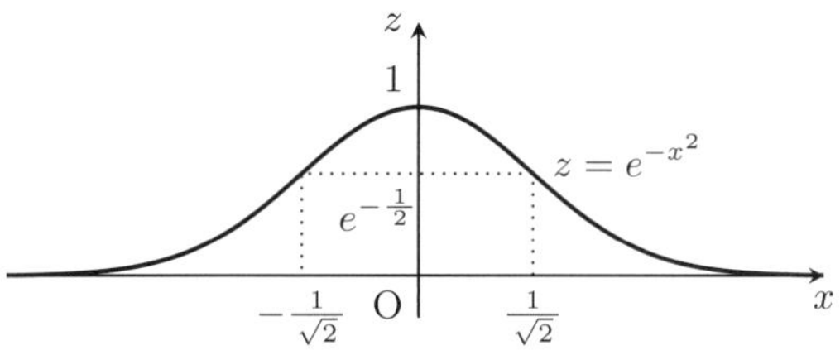

例題 79. $I=\displaystyle\int_0^\infty e^{-x^2}\,dx=\lim_{n\to\infty}\int_0^n e^{-x^2}\,dx$ とおく．次の等式を利用して，I の値を求めよ．

$$\left(\int_0^n e^{-x^2}\,dx\right)\left(\int_0^n e^{-y^2}\,dy\right)=\int_0^n\int_0^n e^{-(x^2+y^2)}\,dxdy$$

解　D: $x\geqq 0,\ y\geqq 0,\ D_n$: $0\leqq x\leqq n,\ 0\leqq y\leqq n\ (n=1,2,3,\ldots)$ とおくと，

$$\begin{aligned}I^2&=\lim_{n\to\infty}\left(\int_0^n e^{-x^2}\,dx\right)\left(\int_0^n e^{-y^2}\,dy\right)\\&=\lim_{n\to\infty}\int_0^n\left(\int_0^n e^{-(x^2+y^2)}\,dx\right)dy\\&=\lim_{n\to\infty}\iint_{D_n}e^{-(x^2+y^2)}\,dxdy=\iint_D e^{-(x^2+y^2)}\,dxdy\end{aligned}$$

となる．D の近似増大列を

$$D'_n:\ x\geqq 0,\ y\geqq 0,\ x^2+y^2\leqq n^2\qquad (n=1,2,3,\ldots)$$

にとり直すと，極座標変換 $x=r\cos\theta,\ y=r\sin\theta$ により，

$$\begin{aligned}I^2&=\iint_D e^{-(x^2+y^2)}\,dxdy\\&=\lim_{n\to\infty}\iint_{D'_n}e^{-(x^2+y^2)}\,dxdy\\&=\lim_{n\to\infty}\int_0^{\frac{\pi}{2}}\left(\int_0^n re^{-r^2}\,dr\right)d\theta=\frac{\pi}{4}\end{aligned}$$

となる．$I>0$ により，$I=\dfrac{\sqrt{\pi}}{2}$ である[44]．　□

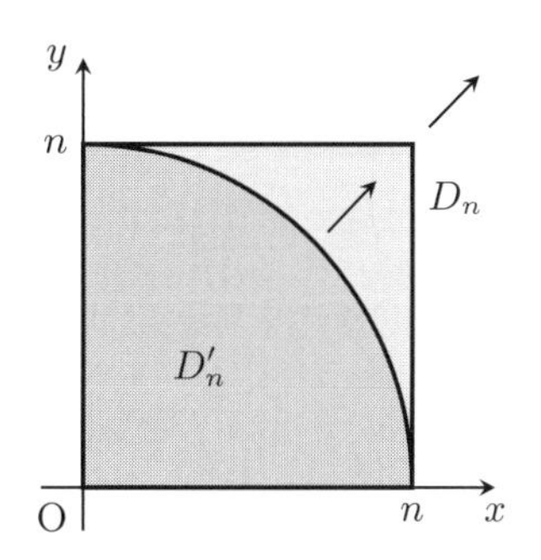

D の 2 つの近似増大列

44) $\displaystyle\int_{-\infty}^\infty e^{-x^2}\,dx=\sqrt{\pi}$ もよく用いられる．

30. 理解を深める演習問題 (4)

☐ **問題 49** 次の重積分の値を求めよ．

(1) $\displaystyle\iint_D \cos x\,dxdy$
$(D\colon 0 \leqq x \leqq \pi,\ -1 \leqq y \leqq 1)$

(2) $\displaystyle\iint_D xy\,dxdy$
$(D\colon 0 \leqq x \leqq y \leqq 2-x)$

(3) $\displaystyle\iint_D \sqrt{4-x-y}\,dxdy$
$(D\colon 0 \leqq x+y \leqq 4,\ x \geqq 0,\ y \geqq 0)$

(4) $\displaystyle\iint_D x\,dxdy$
$(D\colon 0 \leqq x \leqq \pi,\ 0 \leqq y \leqq \sin x)$

(5) $\displaystyle\iint_D y\,dxdy$
$(D\colon \sqrt{x}+\sqrt{y} \leqq 1)$

(6) $\displaystyle\iint_D e^{3x}\cos y\,dxdy$
$\left(D\colon 0 \leqq x \leqq 1,\ 0 \leqq y \leqq \dfrac{\pi}{2}\right)$

(7) $\displaystyle\iint_D \frac{dxdy}{x^2y}$
$(D\colon 2 \leqq y \leqq x \leqq 4)$

(8) $\displaystyle\iint_D \sin(y^2)\,dxdy$
$(D\colon 0 \leqq x \leqq y \leqq \sqrt{\pi})$

(9) $\displaystyle\iint_D \cos(x+y)\,dxdy$
$\left(D\colon x+y \leqq \dfrac{\pi}{2},\ x \geqq 0,\ y \geqq 0\right)$

(10) $\displaystyle\iint_D \frac{y}{1+x^2}\,dxdy$
$(D\colon y^2 \leqq x \leqq y)$

(11) $\displaystyle\iint_D (x^2-2xy+y^3)\,dxdy$
$(D\colon x^2+y^2 \leqq 1)$

(12) $\displaystyle\iint_D \cos(x^2+y^2)\,dxdy$
$\left(D\colon x^2+y^2 \leqq \dfrac{\pi}{2},\ y \geqq 0\right)$

(13) $\displaystyle\iint_D \frac{dxdy}{1+x^2+y^2}$
$(D\colon x^2+y^2 \leqq 4)$

(14) $\displaystyle\iint_D y^3\,dxdy$
$(D\colon x^2+y^2 \leqq 1,\ y \geqq \sqrt{3}\,|x|)$

(15) $\displaystyle\iint_D xy\,dxdy$
$(D\colon (x-1)^2+(y-2)^2 \leqq 1)$

(16) $\displaystyle\iint_D e^{2x-y}\sin(x+2y)\,dxdy$
$(D\colon 0 \leqq x+2y \leqq \pi,\ 1 \leqq 2x-y \leqq 2)$

(17) $\displaystyle\iint_D (x^2-y^2)\,dxdy$
$(D\colon 0 \leqq x+y \leqq 3,\ 0 \leqq x-y \leqq 3)$

(18) $\displaystyle\iint_D e^{-(x+y)^2}\,dxdy$
$(D\colon 0 \leqq x+y \leqq 1,\ x \geqq 0,\ y \geqq 0)$

(19) $\displaystyle\iint_D \sqrt{x^2+y^2}\,dxdy$
$(D\colon x^2+y^2 \leqq y-x)$

(20) $\displaystyle\iint_D \sqrt{x^2+y^2}\,dxdy$
$(D\colon x^2+y^2 \leqq 1,\ x^2+y^2-2y \geqq 0)$

☐ **問題 50**　次の累次積分の積分順序を交換せよ．

(1) $\displaystyle\int_0^1 \left(\int_y^{\sqrt{y}} f(x, y)\, dx \right) dy$　　(2) $\displaystyle\int_0^2 \left(\int_{-\sqrt{4-x^2}}^{-x+2} f(x, y)\, dy \right) dx$

(3) $\displaystyle\int_0^1 \left(\int_{x-1}^{-x+1} f(x, y)\, dy \right) dx$　　(4) $\displaystyle\int_{-2}^3 \left(\int_{y+6}^{y^2} f(x, y)\, dx \right) dy$

☐ **問題 51**　次の広義重積分の値を求めよ．

(1) $\displaystyle\iint_D \frac{dxdy}{(x+2y+3)^4}$
$(D\colon x \geqq 0,\ y \geqq 0)$

(2) $\displaystyle\iint_D \log(x^2+y^2)\, dxdy$
$(D\colon 0 < x^2+y^2 \leqq 1)$

(3) $\displaystyle\iint_D \frac{dxdy}{(x^2+y^2+1)^2}$
$(D = \mathbb{R}^2)$

(4) $\displaystyle\iint_D \frac{dxdy}{x+y}$
$(D\colon 0 < x \leqq 1,\ 0 < y \leqq 1)$

(5) $\displaystyle\iint_D \frac{dxdy}{\sqrt{x-y}}$
$(D\colon 0 \leqq y < x \leqq 1)$

(6) $\displaystyle\iint_D xe^{-\frac{x^2}{y}}\, dxdy$
$(D\colon 0 < y \leqq x)$

☐ **問題 52**　次の立体の体積を求めよ．

(1) 不等式 $x^2+y^2-4 \leqq z \leqq 4-x^2-y^2$ で表される立体．

(2) 不等式 $0 \leqq z \leqq x^2+y^2$, $x+y \leqq 1$, $x \geqq 0$, $y \geqq 0$ で表される立体．

(3) 不等式 $0 \leqq z \leqq xy$, $|x|+|y| \leqq 1$ で表される立体．

(4) 不等式 $x^2+y^2 \leqq 4x$, $0 \leqq z \leqq x+2y+3$ で表される立体．

(5) 不等式 $\dfrac{x^2}{4}+\dfrac{y^2}{9}+\dfrac{z^2}{16} \leqq 1$ で表される立体．

(6) 不等式 $x^2+y^2+z^2 \leqq 2$, $x^2+y^2 \leqq z$ で表される立体．

(7) 球 $x^2+y^2+z^2 \leqq 4$ と円柱 $x^2+y^2 \leqq 2x$ の共通部分．

(8) 球 $x^2+y^2+z^2 \leqq 4$ と半空間 $x \geqq 1$ の共通部分．

(9) 不等式 $\dfrac{x^2}{3}+y^2+z^2 \leqq 1$, $x^2+\dfrac{y^2}{3}+z^2 \leqq 1$ で表される立体．

(10) 不等式 $\left(\sqrt{x^2+y^2}-2\right)^2+z^2 \leqq 1$ で表される立体．

☐ **問題 53** 次の図形の面積を求めよ．

(1) 不等式 $\dfrac{x^2}{9}+\dfrac{y^2}{4} \leqq 1$ で表された図形．

(2) 曲線 $x = t - \sin t,\ y = 1 - \cos t\ (0 \leqq t \leqq 2\pi)$ と x 軸で囲まれた図形．

(3) 曲線 $x = \cos^3 t,\ y = \sin^3 t\ (0 \leqq t \leqq 2\pi)$ が囲む図形．

(4) 極不等式 $0 \leqq r \leqq \sin 4\theta$ で表された図形．

(5) 極不等式 $0 \leqq r \leqq \cos 3\theta$ で表された図形．

☐ **問題 54** 次の図形の表面積を求めよ．

(1) 曲面 $z = xy$ の $x \geqq 0,\ y \geqq 0,\ x^2 + y^2 \leqq 1$ の部分．

(2) 曲面 $x^2 + y^2 + \dfrac{z^2}{4} = 1$ の表面．

(3) 球面 $x^2 + y^2 + z^2 = 4$ の円柱 $x^2 + y^2 \leqq 2x$ でくり抜かれた部分．

(4) 2 つの円柱 $x^2 + y^2 \leqq 4$ と $x^2 + z^2 \leqq 4$ の共通部分の表面．

(5) 曲面 $\left(\sqrt{x^2+y^2} - 2\right)^2 + z^2 = 1$ の表面．

☐ **問題 55** 有界閉集合 D で正の値をとる関数 $\rho(x, y)$ に対して，

$$X = \frac{\displaystyle\iint_D x\rho(x,y)\,dxdy}{\displaystyle\iint_D \rho(x,y)\,dxdy}, \qquad Y = \frac{\displaystyle\iint_D y\rho(x,y)\,dxdy}{\displaystyle\iint_D \rho(x,y)\,dxdy}$$

とおく．点 (X, Y) を D の (密度 ρ に対する) **重心**という．次のそれぞれの場合に，D の重心を求めよ．

(1) $D\colon x \geqq 0,\ y \geqq 0,\ x + y \leqq 2, \quad \rho(x, y) = 1$

(2) $D\colon x^2 + y^2 \leqq 1, \quad \rho(x, y) = 1$

(3) $D\colon x \geqq 0,\ y \geqq 0,\ x + y \leqq 2, \quad \rho(x, y) = x + 1$

(4) $D\colon x^2 + y^2 \leqq 1, \quad \rho(x, y) = x + 2$

付録　公式集

1. 記　　号

集　　合

- $x \in A$ ： x は集合 A の元(げん)である
- $A \subset B$ ： 集合 A は集合 B の部分集合 (集合 A の元は集合 B に含まれる)
- $A = B$ ： 集合 A と B は等しい ($\Longleftrightarrow$ $A \subset B$ かつ $A \supset B$)
- $A \cap B = \{ x \mid x \in A$ かつ $x \in B \}$ ： A と B の共通部分
- $A \cup B = \{ x \mid x \in A$ または $x \in B \}$ ： A と B の和集合

数の集合

- $\mathbb{N} = \{ 1, 2, 3, 4, \ldots \}$ ： 自然数 (Natural numbers)
- $\mathbb{Z} = \{ 0, \pm 1, \pm 2, \ldots \}$ ： 整数 (Integers)[1]
- $\mathbb{Q} = \left\{ \dfrac{q}{p} \,\middle|\, p, q \in \mathbb{Z},\ p \neq 0 \right\}$ ： 有理数 (Rational numbers)[2]
- $\mathbb{R} = \mathbb{Q} \cup \{$ 無理数 $\}$ ： 実数 (Real numbers)
- $\mathbb{C} = \{ a + bi \mid a, b \in \mathbb{R} \}$ (ただし，$i^2 = -1$) ： 複素数 (Complex numbers)

区　　間

- $[a, b] = \{ x \in \mathbb{R} \mid a \leqq x \leqq b \}$ ： (有界) 閉区間 (closed interval)
- $(a, b) = \{ x \in \mathbb{R} \mid a < x < b \}$ ： (有界) 開区間 (open interval)
- $[a, b) = \{ x \in \mathbb{R} \mid a \leqq x < b \}$ ： (右) 半開区間 (semi-open interval)
- $(a, b] = \{ x \in \mathbb{R} \mid a < x \leqq b \}$ ： (左) 半開区間 (semi-open interval)
- $[a, \infty) = \{ x \in \mathbb{R} \mid a \leqq x \}$
- $(a, \infty) = \{ x \in \mathbb{R} \mid a < x \}$
- $(-\infty, b] = \{ x \in \mathbb{R} \mid x \leqq b \}$
- $(-\infty, b) = \{ x \in \mathbb{R} \mid x < b \}$

1) 記号の由来は，整数を表すドイツ語の Zahlen である．
2) 記号の由来は，商を表す英単語の Quotient である．

2. 三角関数

三角関数のグラフ

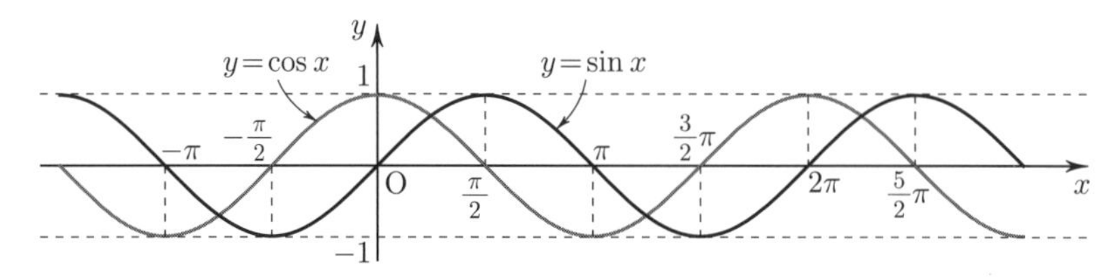

正弦関数 $\sin x$，余弦関数 $\cos x$ のグラフ

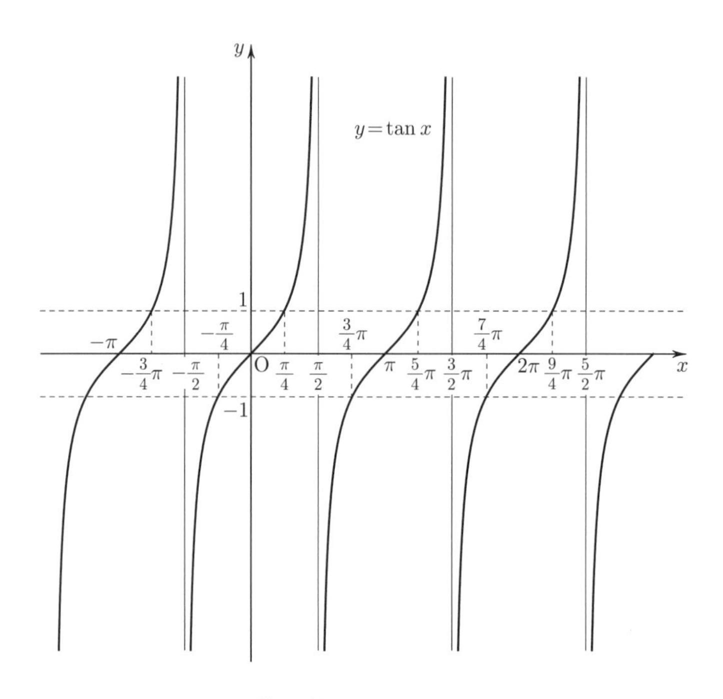

正接関数 $\tan x$ のグラフ

三角関数の性質

$$\sin(\theta+2n\pi)=\sin\theta,\quad \cos(\theta+2n\pi)=\cos\theta,\quad \tan(\theta+2n\pi)=\tan\theta,$$

$$\sin(-\theta)=-\sin\theta,\quad \cos(-\theta)=\cos\theta,\quad \tan(-\theta)=-\tan\theta,$$

$$\sin(\pi+\theta)=-\sin\theta,\quad \cos(\pi+\theta)=-\cos\theta,\quad \tan(\pi+\theta)=\tan\theta,$$

$$\sin(\pi-\theta)=\sin\theta,\quad \cos(\pi-\theta)=-\cos\theta,\quad \tan(\pi-\theta)=-\tan\theta,$$

$$\sin\left(\frac{\pi}{2}+\theta\right)=\cos\theta,\quad \cos\left(\frac{\pi}{2}+\theta\right)=-\sin\theta,\quad \tan\left(\frac{\pi}{2}+\theta\right)=-\frac{1}{\tan\theta},$$

$$\sin\left(\frac{\pi}{2}-\theta\right)=\cos\theta,\quad \cos\left(\frac{\pi}{2}-\theta\right)=\sin\theta,\quad \tan\left(\frac{\pi}{2}-\theta\right)=\frac{1}{\tan\theta}$$

ただし，n を整数とする．

三角関数の相互関係

$$\sin^2\theta+\cos^2\theta=1,\qquad \tan\theta=\frac{\sin\theta}{\cos\theta},\qquad 1+\tan^2\theta=\frac{1}{\cos^2\theta}$$

加 法 定 理

$$\sin(\alpha+\beta)=\sin\alpha\cos\beta+\cos\alpha\sin\beta,\qquad \sin(\alpha-\beta)=\sin\alpha\cos\beta-\cos\alpha\sin\beta,$$

$$\cos(\alpha+\beta)=\cos\alpha\cos\beta-\sin\alpha\sin\beta,\qquad \cos(\alpha-\beta)=\cos\alpha\cos\beta+\sin\alpha\sin\beta,$$

$$\tan(\alpha+\beta)=\frac{\tan\alpha+\tan\beta}{1-\tan\alpha\tan\beta},\qquad \tan(\alpha-\beta)=\frac{\tan\alpha-\tan\beta}{1+\tan\alpha\tan\beta}$$

2 倍角，3 倍角，半角の公式

$$\sin 2\alpha=2\sin\alpha\cos\alpha,$$

$$\begin{aligned}\cos 2\alpha&=\cos^2\alpha-\sin^2\alpha\\&=2\cos^2\alpha-1\\&=1-2\sin^2\alpha,\end{aligned}$$

$$\tan 2\alpha=\frac{2\tan\alpha}{1-\tan^2\alpha}$$

$$\sin 3\alpha=3\sin\alpha-4\sin^3\alpha,$$

$$\cos 3\alpha=4\cos^3\alpha-3\cos\alpha,$$

$$\tan 3\alpha=\frac{3\tan\alpha-\tan^3\alpha}{1-3\tan^2\alpha}$$

$$\sin^2\frac{\alpha}{2}=\frac{1-\cos\alpha}{2},$$

$$\cos^2\frac{\alpha}{2}=\frac{1+\cos\alpha}{2},$$

$$\tan^2\frac{\alpha}{2}=\frac{1-\cos\alpha}{1+\cos\alpha}$$

合 成 公 式

$$a\sin\theta+b\cos\theta=\sqrt{a^2+b^2}\,\sin(\theta+\alpha),$$

$$a\cos\theta+b\sin\theta=\sqrt{a^2+b^2}\,\cos(\theta-\alpha)$$

ただし，$\cos\alpha=\dfrac{a}{\sqrt{a^2+b^2}}$，$\sin\alpha=\dfrac{b}{\sqrt{a^2+b^2}}$ である．

積和・和積公式

$$\sin\alpha\cos\beta=\frac{1}{2}\{\sin(\alpha+\beta)+\sin(\alpha-\beta)\},\qquad \sin A+\sin B=2\sin\frac{A+B}{2}\cos\frac{A-B}{2},$$

$$\cos\alpha\sin\beta=\frac{1}{2}\{\sin(\alpha+\beta)-\sin(\alpha-\beta)\},\qquad \sin A-\sin B=2\cos\frac{A+B}{2}\sin\frac{A-B}{2},$$

$$\cos\alpha\cos\beta=\frac{1}{2}\{\cos(\alpha+\beta)+\cos(\alpha-\beta)\},\qquad \cos A+\cos B=2\cos\frac{A+B}{2}\cos\frac{A-B}{2},$$

$$\sin\alpha\sin\beta=-\frac{1}{2}\{\cos(\alpha+\beta)-\cos(\alpha-\beta)\},\qquad \cos A-\cos B=-2\sin\frac{A+B}{2}\sin\frac{A-B}{2}$$

3. 指数と対数

累乗根の計算

m, n を正の整数，$a>0, b>0$ とするとき

$$\sqrt[n]{a}\sqrt[n]{b}=\sqrt[n]{ab},\qquad \frac{\sqrt[n]{b}}{\sqrt[n]{a}}=\sqrt[n]{\frac{b}{a}},\qquad (\sqrt[n]{a})^n=a,$$

$$(\sqrt[n]{a})^m=\sqrt[n]{a^m},\qquad \sqrt[m]{\sqrt[n]{a}}=\sqrt[n]{\sqrt[m]{a}}=\sqrt[mn]{a}.$$

指 数 法 則

p, q を実数，$a>0, b>0$ とするとき

$$a^0=1,\qquad a^p\times a^q=a^{p+q},\qquad \frac{a^p}{a^q}=a^{p-q},$$

$$(a^p)^q=(a^q)^p=a^{pq},\qquad (ab)^p=a^pb^p,\qquad \left(\frac{b}{a}\right)^p=\frac{b^p}{a^p}.$$

対数の定義

$$p=\log_a M\qquad\Longleftrightarrow\qquad a^p=M$$

対数の性質

$a>0, b>0, c>0, a\neq 1, c\neq 1, M>0, N>0$ であり，p を実数とするとき

$$\log_a 1=0,\qquad \log_a a=1,\qquad a^{\log_a M}=M,\qquad \log_a b=\frac{\log_c b}{\log_c a},$$

$$\log_a MN=\log_a M+\log_a N,\quad \log_a\frac{M}{N}=\log_a M-\log_a N,\quad \log_a M^p=p\log_a M.$$

指数関数と対数関数のグラフ

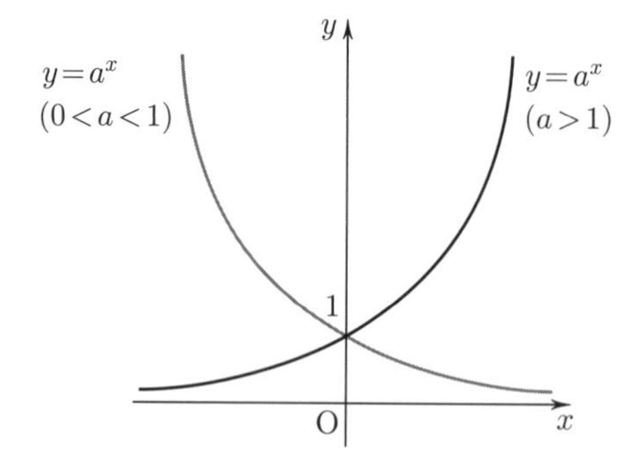

指数関数のグラフ

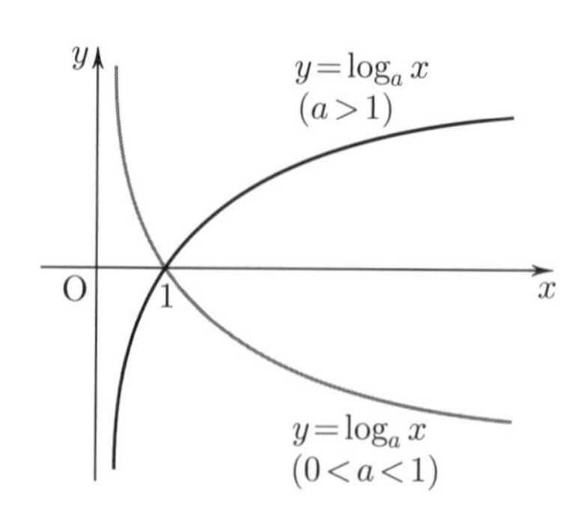

対数関数のグラフ

4. 微 積 分

関数の微分と原始関数表

関数 $f(x)$ に対して微分 $f'(x)$ を求める表は，逆に見ると関数 $g(x)$ に対して原始関数 $G(x)$ を求める表となる．ただし，α, a は $\alpha \neq 0, a > 0, a \neq 1$ を満たす定数とし，変数 x は関数，微分，原始関数がいずれも定義される範囲で考える．

$f(x)$, $G(x)$	$f'(x)$, $g(x)$
x^α	$\alpha x^{\alpha-1}$
e^x	e^x
a^x	$a^x \log a$
$\log\lvert x\rvert$	$\dfrac{1}{x}$
$\log_a \lvert x\rvert$	$\dfrac{1}{x \log a}$
$\sin x$	$\cos x$
$\cos x$	$-\sin x$
$\tan x$	$\dfrac{1}{\cos^2 x}$

$f(x)$, $G(x)$	$f'(x)$, $g(x)$
$\dfrac{1}{\sin x}$	$-\dfrac{1}{\sin x \tan x}$
$\dfrac{1}{\cos x}$	$\dfrac{\tan x}{\cos x}$
$\dfrac{1}{\tan x}$	$-\dfrac{1}{\sin^2 x}$
$\arcsin x$	$\dfrac{1}{\sqrt{1-x^2}}$
$\arccos x$	$-\dfrac{1}{\sqrt{1-x^2}}$
$\arctan x$	$\dfrac{1}{1+x^2}$

接線と法線の方程式

接線： $y = f'(a)(x-a) + f(a)$

法線： $y = -\dfrac{1}{f'(a)}(x-a) + f(a) \quad (f'(a) \neq 0)$

定積分と区分求積法

$$\lim_{n\to\infty} \frac{1}{n} \sum_{k=1}^{n} f\left(\frac{k}{n}\right) = \lim_{n\to\infty} \frac{1}{n} \sum_{k=0}^{n-1} f\left(\frac{k}{n}\right) = \int_0^1 f(x)\,dx$$

有用な積分公式

$$\int_a^b (f(x))^n f'(x)\,dx = \left[\frac{(f(x))^{n+1}}{n+1}\right]_a^b \ (n \neq -1), \qquad \int_a^b \frac{f'(x)}{f(x)}\,dx = \Big[\log|f(x)|\Big]_a^b$$

$$\int_a^b e^{f(x)} f'(x)\,dx = \Big[e^{f(x)}\Big]_a^b$$

$$\int_a^b (\sin f(x))\, f'(x)\,dx = \Big[-\cos f(x)\Big]_a^b, \qquad \int_a^b (\cos f(x))\, f'(x)\,dx = \Big[\sin f(x)\Big]_a^b$$

原始関数を経由できない重要な広義積分

$$\int_{-\infty}^{\infty} e^{-ax^2}\,dx = \sqrt{\frac{\pi}{a}} \quad (\text{ガウス積分})$$

$$\int_{0}^{\infty} \cos(ax^2)\,dx = \int_{0}^{\infty} \sin(ax^2)\,dx = \frac{1}{2}\sqrt{\frac{\pi}{2a}} \quad (\text{フレネル積分})$$

$$\int_{0}^{\infty} \frac{\sin ax}{x}\,dx = \frac{\pi}{2} \quad (\text{ディリクレ積分})$$

$$\int_{0}^{1} x^x\,dx = \sum_{n=1}^{\infty} \frac{(-1)^{n-1}}{n^n} \quad (\text{ベルヌーイ積分})$$

$$\int_{0}^{\infty} \frac{x}{e^x - 1}\,dx = \frac{\pi^2}{6}$$

$$\int_{0}^{1} \log|\log x|\,dx = -\gamma = \lim_{n\to\infty}\left(\log n - \sum_{k=1}^{n}\frac{1}{k}\right) \quad (\text{オイラーの定数の積分表示}^{3)})$$

ただし，$a > 0$ とする．

5. ギリシア文字

大文字	小文字	読み方	大文字	小文字	読み方
A	α	アルファ	N	ν	ニュー
B	β	ベータ	Ξ	ξ	クシー／グザイ
Γ	γ	ガンマ	O	o	オミクロン
Δ	δ	デルタ	Π	π, ϖ	パイ
E	ϵ, ε	エプシロン／イプシロン	P	ρ, ϱ	ロー
Z	ζ	ゼータ	Σ	σ, ς	シグマ
H	η	エータ／イータ	T	τ	タウ
Θ	θ, ϑ	テータ／シータ	Υ	υ	ユプシロン
I	ι	イオタ	Φ	ϕ, φ	ファイ
K	κ	カッパ	X	χ	カイ
Λ	λ	ラムダ	Ψ	ψ	プシー／プサイ
M	μ	ミュー	Ω	ω	オメガ

3)　γ をオイラーの定数という．

問題解答

Part I

§1

問 1　(1) ∞　(2) 0　(3) 1

問 2　(1) 1　(2) -1　(3) $-\dfrac{1}{12}$　(4) ∞

(注) (4) では分母が 0 に近づくので代入で計算できない．関数の値の変化を確認する．

問 3　(1) 0　(2) 0　(3) -1　(4) 1

(注) (4) では $\dfrac{2^x-1}{2^x+1} = 1 - \dfrac{2}{2^x+1}$，または $\dfrac{2^x-1}{2^x+1} = \dfrac{1-2^{-x}}{1+2^{-x}}$ と変形する．

問 4　(1) $-\dfrac{1}{7}$　(2) $\dfrac{1}{2\sqrt{5}}$　(3) 2　(4) 12　(5) $\sqrt{2}$　(6) $-\dfrac{3}{4}$

問 5　(1) $\dfrac{4}{3}$　(2) $\dfrac{1}{2}$　(3) $-\dfrac{9}{7}$　(4) $\dfrac{1}{2}$

(注) (2) では $\tan x = \dfrac{\sin x}{\cos x}$ を用いる．(4) では $1 - \cos x = 2\sin^2\dfrac{x}{2}$ を用いる．または，分母と分子に $1+\cos x$ をかける．

§2

問 6　(1) $\displaystyle\lim_{h\to 0}\frac{(x+h)^3 - x^3}{h} = \lim_{h\to 0}(3x^2 + 3xh + h^2) = 3x^2$

(2) $\displaystyle\lim_{h\to 0}\frac{\sqrt{x+h}-\sqrt{x}}{h} = \lim_{h\to 0}\frac{1}{\sqrt{x+h}+\sqrt{x}} = \frac{1}{2\sqrt{x}}$

問 7　(1) $\displaystyle\lim_{h\to 0}\frac{\sin 3(x+h) - \sin 3x}{h} = \lim_{h\to 0}\frac{2\cos\left(3\,\frac{2x+h}{2}\right)\sin\frac{3}{2}h}{h} = 3\cos 3x$

(2) $\displaystyle\lim_{h\to 0}\frac{\cos(x+h) - \cos x}{h} = \lim_{h\to 0}\frac{-2\sin\left(\frac{2x+h}{2}\right)\sin\frac{h}{2}}{h} = -\sin x$

問 8　(1) $\displaystyle\lim_{h\to 0}\frac{e^{-2(x+h)} - e^{-2x}}{h} = e^{-2x}\lim_{h\to 0}\frac{e^{-2h}-1}{h} = -2e^{-2x}$

(2) $\displaystyle\lim_{h\to 0}\frac{\log(x+h) - \log x}{h} = \lim_{h\to 0}\frac{1}{x}\log\left(1+\frac{h}{x}\right)^{\frac{x}{h}} = \frac{1}{x}$

問 9　(1) $x^3 = 8 + 12(x-2) + R(x)(x-2)$, 1 次近似式： $8 + 12(x-2)$

(2) $e^x = 1 + x + R(x)x$, 1 次近似式： $1 + x$

(3) $\sin x = -\dfrac{\sqrt{3}}{2} + \dfrac{1}{2}\left(x+\dfrac{\pi}{3}\right) + R(x)\left(x+\dfrac{\pi}{3}\right)$, 1 次近似式： $-\dfrac{\sqrt{3}}{2} + \dfrac{1}{2}\left(x+\dfrac{\pi}{3}\right)$

(4) $\sqrt{x} = 1 + \dfrac{1}{2}(x-1) + R(x)(x-1)$, 1 次近似式： $1 + \dfrac{1}{2}(x-1)$

問 10　$\displaystyle\left(\frac{f(x)}{g(x)}\right)' = \lim_{h\to 0}\frac{\frac{f(x+h)}{g(x+h)} - \frac{f(x)}{g(x)}}{h}$

$$= \lim_{h\to 0}\frac{(f(x+h)-f(x))g(x) - f(x)(g(x+h)-g(x))}{hg(x+h)g(x)}$$

$$= \lim_{h\to 0}\frac{\frac{f(x+h)-f(x)}{h}g(x) - f(x)\frac{g(x+h)-g(x)}{h}}{g(x+h)g(x)} = \frac{f'(x)g(x) - f(x)g'(x)}{(g(x))^2}$$

§ **3**

問 11 (1) $6x^2-6x+4$ (2) $\dfrac{2}{3\sqrt[3]{x^2}}-\dfrac{6}{x^3}$ (3) $\dfrac{7}{2}x^2\sqrt{x}-\dfrac{2}{\sqrt{x}}$

(4) $\cos x - x\sin x$ (5) $e^x\sin x+e^x\cos x$ (6) $3x^2\log x+x^2$

(7) $\dfrac{14}{(x+4)^2}$ (8) $\dfrac{x\cos x-\sin x}{x^2}$ (9) $\dfrac{e^x}{(e^x+1)^2}$ (10) $\dfrac{1}{\cos^2 x}$

問 12 (1) $150(3x+1)^{49}$ (2) $-4e^{-4x+2}$ (3) $5\cos(5x-3)$ (4) $\dfrac{-2}{1-2x}$

(5) $\dfrac{1}{2\sqrt{x+2}}$ (6) $-4\sin 4x$ (7) $-\dfrac{42x}{(3x^2+2)^8}$ (8) $2xe^{x^2}$

(9) $(3x^2-4)\cos(x^3-4x)$ (10) $\dfrac{2x}{x^2+1}$ (11) $-3\cos^2 x\sin x$

(12) $\dfrac{1}{3(x+3)^{\frac{2}{3}}(x+4)^{\frac{4}{3}}}$ (13) $-\tan x$ (14) $e^{-2x}(-2\cos 3x-3\sin 3x)$

問 13 (1) $10x(x^2-1)^4\cos\big((x^2-1)^5\big)$ (2) $-8x^3\cos(x^4)\sin(x^4)$

(3) $4x(x^2+1)e^{(x^2+1)^2}$ (4) $\dfrac{3\cos 3x}{\sin 3x}$

問 14 (1) $\alpha x^{\alpha-1}$ (2) $x^{\sin x}\left(\cos x\log x+\dfrac{\sin x}{x}\right)$ (3) $-\dfrac{(x^2+2x+9)(x+1)^3}{(x-1)^3(x+2)^4}$

§ **4**

問 15 (1) $f^{-1}(x)=\dfrac{x-1}{3}$ (2) $f^{-1}(x)=\sqrt{x+2}$ (3) $f^{-1}(x)=x^{\frac{1}{3}}$

問 16 (1) $\dfrac{dy}{dx}=\dfrac{\sin\theta}{1-\cos\theta}=\dfrac{1}{\tan\frac{\theta}{2}}$ (2) $\dfrac{dy}{dx}=\dfrac{3\sin^2\theta\cos\theta}{-3\cos^2\theta\sin\theta}=-\tan\theta$

問 17 (1) 0 (2) π (3) $-\dfrac{\pi}{6}$ (4) $\dfrac{\pi}{4}$

問 18 (1) $\cos y=x$ の両辺を x で微分して，

$$y'=-\frac{1}{\sin y}=-\frac{1}{\sqrt{1-\cos^2 y}}=-\frac{1}{\sqrt{1-x^2}}.$$

(2) $\tan y=x$ の両辺を x で微分して，$y'=\cos^2 y=\dfrac{1}{1+\tan^2 y}=\dfrac{1}{1+x^2}$.

問 19 (1) $2\sqrt{1-x^2}$ (2) $\arctan x$ (3) $\dfrac{1}{\sqrt{5+4x-x^2}}$

(4) $\dfrac{\sqrt{3}}{2x^2-2x+2}$ (5) $\dfrac{2x}{\sqrt{1-x^4}}$ (6) $-\dfrac{1}{1+x^2}$ (7) $-\dfrac{2\arccos x}{\sqrt{1-x^2}}$

§ **5**

問 20 (1) $f'(x)=3x^2$，$f''(x)=6x$，$f'''(x)=6$，$f^{(n)}(x)=0\ (n\geqq 4)$

(2) $f^{(n)}(x)=2^ne^{2x}$ (3) $f^{(n)}(x)=\dfrac{n!}{(1-x)^{n+1}}$ (4) $f^{(n)}(x)=\cos\left(x+\dfrac{n\pi}{2}\right)$

問 21 (1) $f^{(n)}(x)=\{8x^3+12nx^2+6n(n-1)x+n(n-1)(n-2)\}2^{n-3}e^{2x}$

(2) $f^{(n)}(x)=x\sin\left(x+\dfrac{n\pi}{2}\right)+n\sin\left(x+\dfrac{(n-1)\pi}{2}\right)$

(3) $f^{(n)}(x)=e^x\displaystyle\sum_{k=0}^{n}{}_n\mathrm{C}_k\cos\left(x+\frac{k\pi}{2}\right)$ (4) $f^{(n)}(x)=e^x\displaystyle\sum_{k=0}^{n}{}_n\mathrm{C}_k\frac{(-1)^kk!}{x^{k+1}}$

問 22 (1) $f(x)=1+2(x-1)^2$ (2) $f(x)=26-23(x+2)+8(x+2)^2-(x+2)^3$

§ **6**

問 23 (1) $1+x+x^2+x^3$ (2) $1-\dfrac{1}{2}x^2+\dfrac{1}{24}x^4$

(3) $\dfrac{\sqrt{3}}{2}+\dfrac{1}{2}\left(x-\dfrac{\pi}{3}\right)-\dfrac{\sqrt{3}}{4}\left(x-\dfrac{\pi}{3}\right)^2-\dfrac{1}{12}\left(x-\dfrac{\pi}{3}\right)^3$

(4) $e^2-e^2(x+2)+\dfrac{e^2}{2}(x+2)^2-\dfrac{e^2}{6}(x+2)^3+\dfrac{e^2}{24}(x+2)^4$

問 24 (1) $\displaystyle\sum_{n=0}^{2}\frac{(-1)^n}{(2n+1)!}x^{2n+3}$ (2) $\displaystyle\sum_{n=0}^{2}\frac{(-4)^n}{(2n)!}x^{2n}$ (3) $\displaystyle\sum_{n=0}^{3}\frac{(-1)^n}{n!}x^{n+3}$

(4) $\displaystyle\sum_{n=0}^{3}(-1)^n x^{2n}$

問 25 (1) 0.540 (2) 1.648 (3) −0.405

(注) $\cos x$, e^x, $\log(1-x)$ の $x=0$ における 6 次近似式を用いて近似値を計算した.

§ 7

問 26 (1) 1 (2) 2 (3) 0 (4) 0 (5) 0 (6) $\dfrac{1}{6}$ (7) −2 (8) 0

(注) (4) は不定形でないのでロピタルの定理を適用することはできない．これは代入で計算できる.

問 27 増減・凹凸表は略.

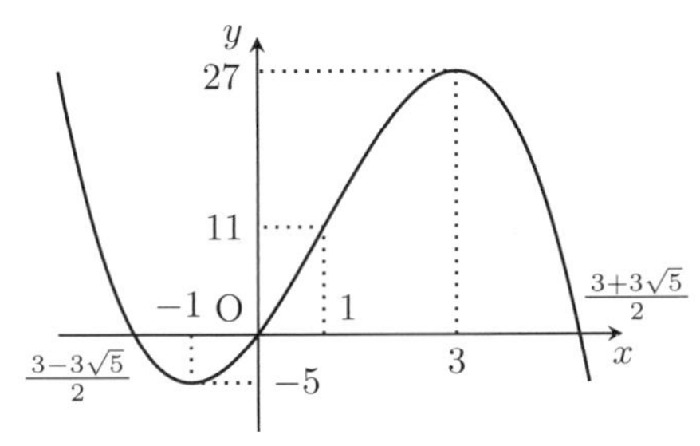

(1) $y=-x^3+3x^2+9x$

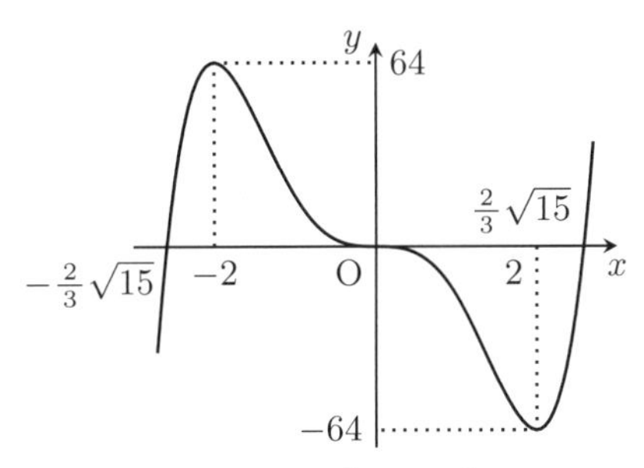

(2) $y=3x^5-20x^3$

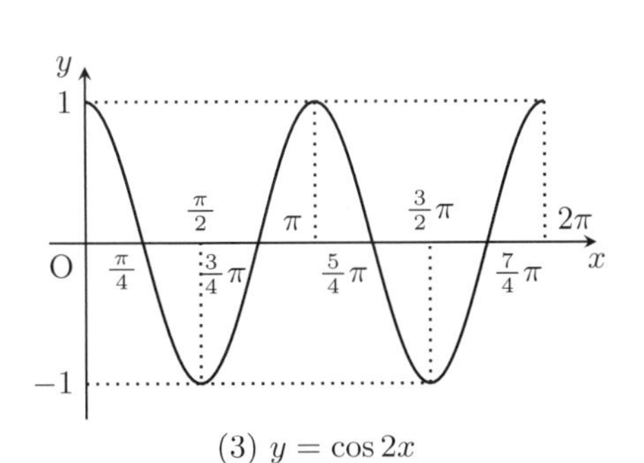

(3) $y=\cos 2x$

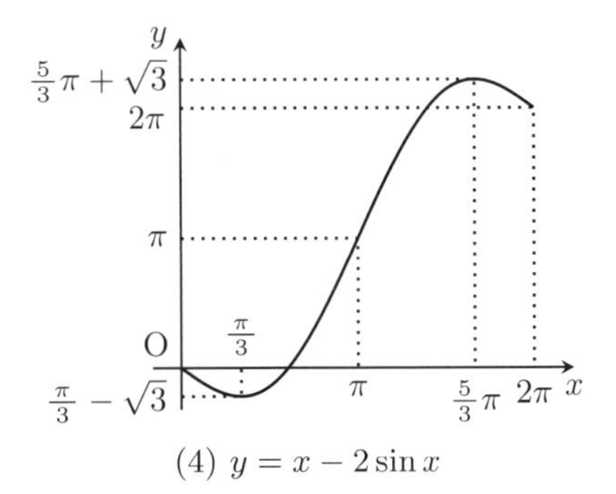

(4) $y=x-2\sin x$

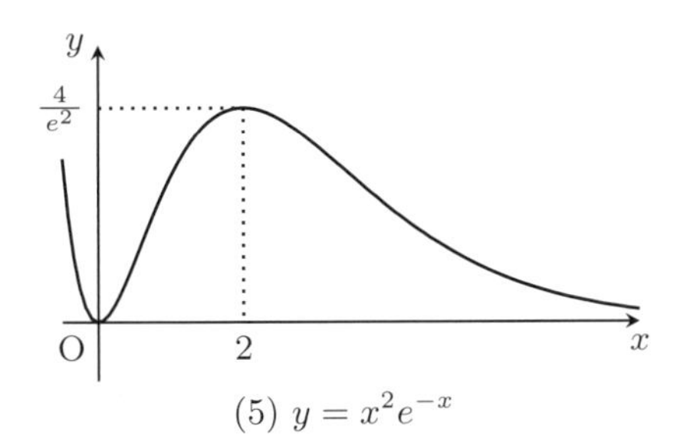

(5) $y=x^2e^{-x}$

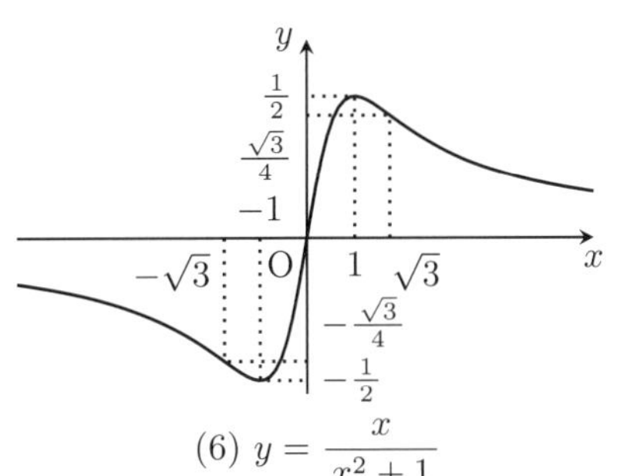

(6) $y=\dfrac{x}{x^2+1}$

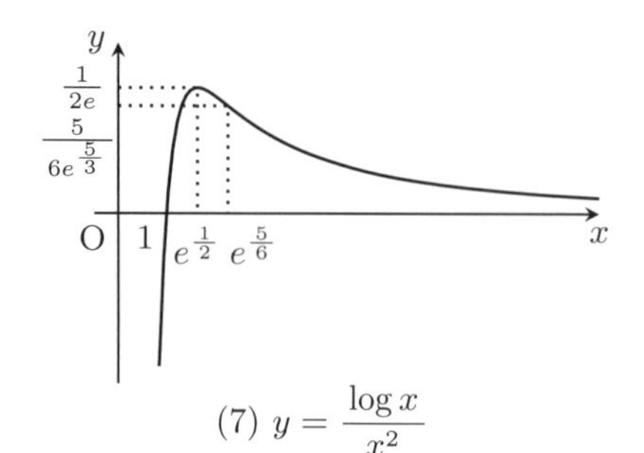

(7) $y=\dfrac{\log x}{x^2}$

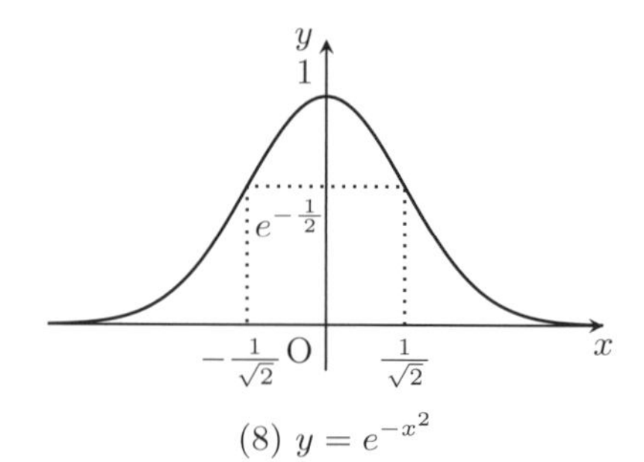

(8) $y=e^{-x^2}$

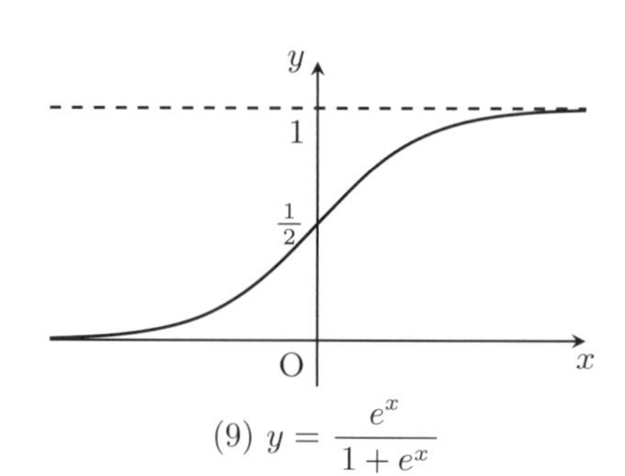

(9) $y=\dfrac{e^x}{1+e^x}$

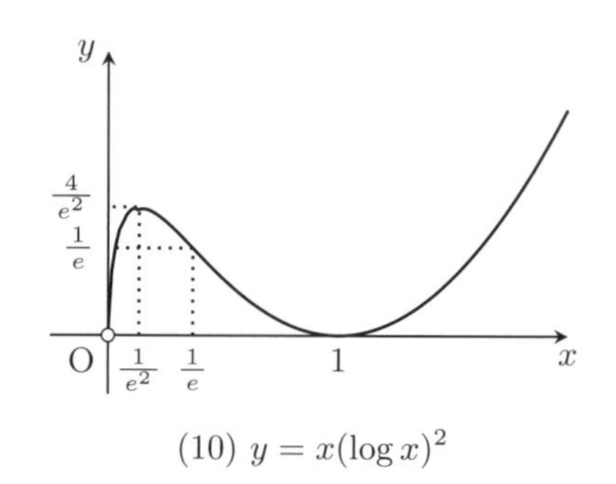

(10) $y=x(\log x)^2$

§8

問題 1　(1) $-\dfrac{4}{7}$　(2) -3　(3) -2　(4) $\dfrac{1}{4}$　(5) $\dfrac{1}{2}$　(6) $-\dfrac{\sqrt{5}}{5}$
(7) 4　(8) $\dfrac{1}{4}$　(9) $-\dfrac{1}{2}$　(10) $\dfrac{5}{3}$　(11) 2　(12) 0　(13) $-\dfrac{1}{3}$
(14) $\sqrt{2}$　(15) 1　(16) 0　(17) 1　(18) ∞　(19) e^6　(20) e^2

(注) (15) では $\theta=\arcsin x$ とおくと，$x=\sin\theta$ となることに注意する．

問題 2　$-1\leqq x<0$ のとき $[x]=-1$，$0\leqq x<1$ のとき $[x]=0$ に注意する．

(1) $\displaystyle\lim_{x\to-0}f(x)=-1$, $\displaystyle\lim_{x\to+0}f(x)=0$ となり，$f(x)$ は 0 において不連続である．

(2) $\displaystyle\lim_{x\to0}f(x)=-1$ であるが $f(0)=0$ なので，$f(x)$ は 0 において不連続である．

(3) $\displaystyle\lim_{x\to0}f(x)=0$, $f(0)=0$ なので，$f(x)$ は 0 において連続である．

問題 3　$\sin x$ は連続関数であるので，合成関数の極限の性質を用いる．

(1) $\displaystyle\lim_{x\to\infty}\frac{1}{x}=0$ であるので，$\displaystyle\lim_{x\to\infty}f(x)=0$ である．

(2) $\displaystyle\lim_{x\to0}f(x)$ は存在しない．

(3) $\left|\sin\dfrac{1}{x}\right|\leqq1$ であるので，$|f(x)|=\left|x\sin\dfrac{1}{x}\right|\leqq|x|$ である．はさみうちの原理により，$\displaystyle\lim_{x\to0}xf(x)=0$ である．

(4) $\displaystyle\lim_{x\to\infty}xf(x)=\lim_{x\to\infty}\frac{\sin\frac{1}{x}}{\frac{1}{x}}=\lim_{t\to+0}\frac{\sin t}{t}=1$

問題 4　(1) $\displaystyle\lim_{x\to-0}\frac{|x|-0}{x-0}=\lim_{x\to-0}\frac{-x}{x}=-1$，$\displaystyle\lim_{x\to+0}\frac{|x|-0}{x-0}=\lim_{x\to+0}\frac{x}{x}=1$ により，$f(x)$ は $x=0$ において微分可能でない．

(2) $\displaystyle\lim_{x\to-0}\frac{x|x|-0}{x-0}=\lim_{x\to-0}\frac{-x^2}{x}=0$，$\displaystyle\lim_{x\to+0}\frac{x|x|-0}{x-0}=\lim_{x\to+0}\frac{x^2}{x}=0$ により，$f(x)$ は $x=0$ において微分可能である．

(3) $\displaystyle\lim_{x\to-0}\frac{[x]-0}{x-0}=+\infty,\ \lim_{x\to+0}\frac{[x]-0}{x-0}=0$ により，$f(x)$ は $x=0$ において微分可能でない．

(4) $\displaystyle\lim_{x\to-0}\frac{x[x]-0}{x-0}=\lim_{x\to-0}[x]=-1,\ \lim_{x\to+0}\frac{x[x]-0}{x-0}=\lim_{x\to+0}[x]=0$ により，$f(x)$ は $x=0$ において微分可能でない．

(5) $\displaystyle\lim_{x\to-0}\frac{f(x)-0}{x-0}=0,\ \lim_{x\to+0}\frac{e^{-\frac{1}{x}}-0}{x-0}=\lim_{t\to+\infty}te^{-t}=0$ (§ 6, 7 参照) により，$f(x)$ は $x=0$ において微分可能である．

(6) 問題 3 により，$\displaystyle\lim_{x\to0}\frac{x\sin\frac{1}{x}-0}{x-0}$ は存在しないので，$f(x)$ は $x=0$ において微分可能でない．

問題 5 $g(x)$ が定数関数でないとき，$t=g(a+h)-g(a)$ とおくと，$g(x)$ は $x=a$ で連続なので，$h\to0$ のとき，$t\to0$ となる．よって，

$$\begin{aligned}F'(a)&=\lim_{h\to0}\frac{f(g(a+h))-f(g(a))}{h}\\&=\lim_{t\to0}\frac{f(g(a)+t)-f(g(a))}{t}\lim_{h\to0}\frac{g(a+h)-g(a)}{h}=f'(g(a))g'(a)\end{aligned}$$

となる．一般の場合，$f(y)$ の b における 1 次展開と $g(x)$ の a における 1 次展開を，それぞれ

$$f(y)=f(b)+f'(b)(y-b)+R(y)(y-b),\quad g(x)=g(a)+g'(a)(x-a)+S(x)(x-a)$$

とする．ただし，$R(y), S(x)$ はそれぞれ $y=b, x=a$ で連続で，$R(b)=S(a)=0$ となる関数である．このとき，

$$f(g(x))=f(g(a))+(f'(g(a))+R(y))\,(g'(a)+S(x))\,(x-a)$$

となる．$x\to a$ のとき，$y\to b$ となるので，

$$F'(a)=\lim_{x\to a}\frac{f(g(x))-f(g(a))}{x-a}=\lim_{x\to a}\big(f'(g(a))+R(y)\big)\big(g'(a)+S(x)\big)=f'(g(a))g'(a)$$

となる．

問題 6 $\displaystyle\lim_{h\to0}\frac{f(a+h)-f(a-h)}{h}=\lim_{h\to0}\frac{f(a+h)-f(a)}{h}+\lim_{h\to0}\frac{f(a-h)-f(a)}{-h}$
$=f'(a)+f'(a)=2f'(a)$

問題 7 (1) $4x^3-2$ (2) $12x^3-3x^2+6x-1$ (3) $\dfrac{3}{2}\sqrt{x}+\dfrac{1}{2\sqrt{x}}+\dfrac{3}{2x\sqrt{x}}$

(4) $\dfrac{-5x^2+16x-2}{2\sqrt{4-x}}$ (5) $\dfrac{-x^2+1}{(1+x^2)^2}$ (6) $\dfrac{3x^2+14x+3}{(1-x^2)^2}$ (7) $\dfrac{1}{(1-x)\sqrt{1-x^2}}$

(8) $\dfrac{x^2+3}{3(x^2+1)^{\frac{4}{3}}}$ (9) $\dfrac{e^x}{2\sqrt{e^x+1}}$ (10) $\dfrac{3x^5+6x^3+x}{2(x^2+3)^{\frac{3}{4}}(x^4+1)^{\frac{3}{4}}}$

(11) $16x^3-54x-27$ (12) $6x^5+10x^4+12x^3+30x^2+16x+12$ (13) $\log x$

(14) $\dfrac{1}{x\log x}$ (15) $2x(\log x)^3(\log x+2)$ (16) $\dfrac{1}{\sqrt{1+x^2}}$

(17) $\dfrac{3}{x\log 2}$ (18) $\dfrac{1}{1-x^2}$ (19) $-\tan x$ (20) $e^x\log x\left(\log x+\dfrac{2}{x}\right)$

(21) $x\cos x$ (22) $\dfrac{-1}{1+\sin x}$ (23) $\dfrac{2}{(\sin x+\cos x)^2}$ (24) $-4\cos^3 x\sin x$

(25) $6x^2\cos(2x^3)$ (26) $\dfrac{6\sin 3x}{\cos^3 3x}$ (27) $\dfrac{1}{(\arccos x)^2\sqrt{1-x^2}}$ (28) $\arcsin x$

(29) $\dfrac{1-2x\arctan x}{(1+x^2)^2}$ (30) $\dfrac{1}{\sqrt{-5-6x-x^2}}$ (31) $\dfrac{\sqrt{2}}{3x^2-2x+1}$

(32) $e^{\sin x}\cos x$ (33) $\dfrac{e^{\sqrt{x}}}{2\sqrt{x}}$ (34) $x^{\frac{1}{x}-2}(1-\log x)$

(35) $x^{\arcsin x}\left(\dfrac{1}{\sqrt{1-x^2}}\log x+\dfrac{1}{x}\arcsin x\right)$

(36) $(\arccos x)^x\left(\log(\arccos x)-\dfrac{x}{\arccos x\sqrt{1-x^2}}\right)$

(37) $(x^4+1)^{\sin x}\left(\cos x\log(x^4+1)+\sin x\dfrac{4x^3}{x^4+1}\right)$ (38) $2x^{\log x-1}\log x$

(39) $(-3x^2+2x)e^{-3x}$ (40) $\{(3x^2+2x)\cos 4x-4x^2\sin 4x\}e^{3x}$

(41) $3e^{e^{3x}+3x}$ (42) $-3e^{\sin x}\cos x\sin(e^{\sin x})\cos^2(e^{\sin x})$

(43) $-6e^{2x}\tan(e^{2x})\cos(\log(\cos(e^{2x})))\sin^2(\log(\cos(e^{2x})))$

(44) $\cos(\cos(\sin(\cos x)))\sin(\sin(\cos x))\cos(\cos x)\sin x$ (45) $\dfrac{-\tan x}{\tan(\log(\cos x))}$

問題 8 (1) 接線：$y=-\pi x+\pi^2$，法線：$y=\dfrac{1}{\pi}x-1$

(2) 接線：$y=-e^{-2}x+4e^{-2}$，法線：$y=e^2x-2(e^2-e^{-2})$

(3) 接線：$y=-x+2$，法線：$y=x$

(4) 接線：$y=x-1$，法線：$y=-x+1$

(5) 接線：$y=-\dfrac{\sqrt{3}}{2}x+2\sqrt{3}$，法線：$y=\dfrac{2\sqrt{3}}{3}x+\dfrac{5\sqrt{3}}{6}$

(6) 接線：$y=\dfrac{4\sqrt{3}}{3}x-\dfrac{2}{3}\sqrt{3}$，法線：$y=-\dfrac{\sqrt{3}}{4}x+\dfrac{5\sqrt{3}}{2}$

問題 9 (1) (i) $\dfrac{\pi}{6}$ (ii) $\dfrac{\pi}{3}$ (iii) $-\dfrac{\pi}{3}$ (iv) $\dfrac{1}{4}$ (v) $\dfrac{4}{5}$ (vi) $\dfrac{\sqrt{5}}{5}$

(2) (i) $\sin(-\arcsin x)=-\sin(\arcsin x)=-x$ より，$-\arcsin x=\arcsin(-x)$.

(ii) (i) と同様，略. (iii) (i) と同様，略.

(iv) $\tan\left(\dfrac{\pi}{2}-\arctan x\right)=\dfrac{1}{\tan(\arctan x)}=\dfrac{1}{x}$ より，$\dfrac{\pi}{2}-\arctan x=\arctan\left(\dfrac{1}{x}\right)$.

問題 10 $(\sec x)'=\dfrac{\sin x}{\cos^2 x}$，$(\mathrm{cosec}\, x)'=-\dfrac{\cos x}{\sin^2 x}$，$(\cot x)'=-\dfrac{1}{\sin^2 x}$

問題 11 (1) 定義式を代入すればよい，略.

(2) $(\sinh x)'=\dfrac{e^x+e^{-x}}{2}=\cosh x$，$(\cosh x)'=\dfrac{e^x-e^{-x}}{2}=\sinh x$，
$(\tanh x)'=\dfrac{4}{(e^x+e^{-x})^2}=\dfrac{1}{\cosh^2 x}$

(3) $y=\sinh x=\dfrac{e^x-e^{-x}}{2}$ を x について解く．$e^{2x}-2e^xy-1=0$ より $e^x=y+\sqrt{y^2+1}$ であり，$x=\log(y+\sqrt{y^2+1})$ である．求める逆関数は $\log(x+\sqrt{x^2+1})$ である．

問題 12 (1) $f^{(n)}(x)=\{9x^2-6nx+n(n-1)\}(-3)^{n-2}e^{-3x}$

(2) $f^{(n)}(x)=3^{n-2}\{9x^2-n(n-1)\}\sin\left(3x+\dfrac{n\pi}{2}\right)+2n\cdot 3^{n-1}x\sin\left(3x+\dfrac{(n-1)\pi}{2}\right)$

(3) $f'(x)=x^2(3\log x+1)$，$f''(x)=x(6\log x+5)$，$f'''(x)=6\log x+11$，
$f^{(n)}(x)=(-1)^n6(n-4)!x^{3-n}\quad(n\geqq 4)$

(4) $f'(x)=-1+\dfrac{1}{(1-x)^2}$，$f^{(n)}(x)=\dfrac{n!}{(1-x)^{n+1}}\ (n\geqq 2)$

(5) $f^{(n)}(x)=(n-1)!\left\{\dfrac{(-1)^{n-1}}{(1+x)^n}+\dfrac{1}{(1-x)^n}\right\}$

問題 13 (1) $\displaystyle\sum_{n=0}^{\infty}\frac{(-3)^n}{n!}x^{n+2}$ (2) $\displaystyle\sum_{n=0}^{\infty}\frac{(-1)^n3^{2n+1}}{(2n+1)!}x^{2n+3}$ (3) $\displaystyle\sum_{n=0}^{\infty}x^{n+2}$

(4) $\displaystyle\sum_{n=0}^{\infty}\frac{2}{2n+1}x^{2n+1}$ (5) $\displaystyle\sum_{n=0}^{\infty}\frac{(-1)^n}{(2n+1)!}x^{4n+2}$ (6) $\displaystyle\sum_{n=1}^{\infty}\frac{(-1)^{n-1}3^n}{n}x^n$

(7) $\sum_{n=0}^{\infty} \frac{1}{(2n)!} x^{2n}$ (8) $\sum_{n=0}^{\infty} \frac{(-1)^n}{2^{2n+2}} x^{2n+1}$ (9) $\sum_{n=0}^{\infty} \frac{(-1)^n 2^{2n}}{(2n+1)!} x^{2n+1}$

(10) $1 + \sum_{n=1}^{\infty} \frac{(-1)^n 2^{2n-1}}{(2n)!} x^{2n}$

問題 14 (1) $-1+3(x+1)-3(x+1)^2+(x+1)^3$ (2) $\sum_{n=0}^{\infty} \frac{(-2)^n e^{-2}}{n!}(x-1)^n$

(3) $\sum_{n=0}^{\infty} \frac{(-1)^{n-1}2^{2n+1}}{(2n+1)!}\left(x-\frac{\pi}{2}\right)^{2n+1}$ (4) $\sum_{n=0}^{\infty} \frac{n^2+5n+9}{n!}(-3)^{n-2}e^3(x+1)^n$

(5) $\sum_{n=0}^{\infty} \frac{(-1)^n\{2n(2n+1)-3^2\pi^2\}3^{2n-1}}{(2n+1)!}(x-\pi)^{2n+1}+\sum_{n=0}^{\infty} \frac{(-1)^{n+1}3^{2n+1}2\pi}{(2n+1)!}(x-\pi)^{2n+2}$

(6) $(x-1)+\frac{5}{2}(x-1)^2+\frac{11}{6}(x-1)^3+6\sum_{n=4}^{\infty} \frac{(-1)^n}{n(n-1)(n-2)(n-3)}(x-1)^n$

(7) $2+\frac{1}{4}(x-4)+\sum_{n=2}^{\infty} \frac{(-1)^{n-1}(2n-3)!!}{n!\,2^{3n-1}}(x-4)^n$ (8) $\sum_{n=0}^{\infty} \frac{e^e-(-1)^n e^{-e}}{n!\,2}(x-e)^n$

(9) $\sum_{n=0}^{\infty} \frac{(-1)^n}{\sqrt{2}\,(2n)!}\left(x-\frac{\pi}{4}\right)^{2n}-\sum_{n=0}^{\infty} \frac{(-1)^n}{\sqrt{2}\,(2n+1)!}\left(x-\frac{\pi}{4}\right)^{2n+1}$

問題 15 (1) $n(n+1)f^{(n)}(x)+2(n+1)xf^{(n+1)}(x)+(1+x^2)f^{(n+2)}(x)=0$

(2) (1) より $n(n+1)f^{(n)}(0)+f^{(n+2)}(0)=0$ である．$f'(0)=1$, $f''(0)=0$ により，$f^{(2n)}(0)=0$, $f^{(2n+1)}(0)=(-1)^n(2n)!$ である．

(3) $f(x)=\sum_{n=0}^{\infty} \frac{f^{(2n)}(0)}{(2n)!}x^{2n}+\sum_{n=0}^{\infty} \frac{f^{(2n+1)}(0)}{(2n+1)!}x^{2n+1}=\sum_{n=0}^{\infty} \frac{(-1)^n}{2n+1}x^{2n+1}$ (4) 略

(5) $\alpha=\arctan\frac{1}{5}$, $\beta=\arctan\frac{1}{239}$ とおく．加法定理により，$\tan 2\alpha=\frac{5}{12}$, $\tan 4\alpha=\frac{120}{119}$, $\tan(4\alpha-\beta)=1$ であるので，$4\alpha-\beta=\frac{\pi}{4}$ である． (6) 略

(注) (3) は，$\frac{1}{1+x^2}=\sum_{n=0}^{\infty}(-1)^n x^{2n}$ の両辺を $[0,x]$ で積分することでも得られる．

問題 16 (1) $f^{(n)}(x)=\alpha(\alpha-1)\cdots(\alpha-n+1)(1+x)^{\alpha-n}$ により，マクローリン展開を得る．

(2) $(1+0.01)^{\frac{1}{4}} \fallingdotseq 1+\frac{1}{4}(0.01)-\frac{3}{32}(0.01)^2=1.002490625$

問題 17 $f(x)=f(a)+f'(a)(x-a)+\frac{f''(a)}{2}(x-a)^2+\cdots+\frac{f^{(n)}(a)}{n!}(x-a)^n$ である．a が $f(x)=0$ の重解であることは $f(x)=(x-a)^2g(x)$ ($g(x)$ は多項式) と表されることと同値であるので，$f(a)=f'(a)=0$ と同値である．

問題 18 (1) $\frac{1}{\pi}$ (2) 1 (3) 1 (4) -2 (5) $\frac{1}{3}$ (6) 1 (7) 存在しない

(8) 0 (9) $-\frac{\pi}{2}$ (10) 0 (11) $-\infty$ (12) 1 (13) 1 (14) 0

(15) $\frac{1}{6}$

問題 19 (2) $\lim_{x\to 0}\frac{\left(1+x+\frac{1}{2}x^2+\cdots\right)-\left(1-\frac{1}{2}x^2+\cdots\right)}{x-\frac{1}{6}x^3+\cdots}=\lim_{x\to 0}\frac{1+x+\cdots}{1-\frac{1}{6}x^2+\cdots}=1$

(3) $\lim_{x\to 0}\frac{\left(1+x^2+\frac{1}{2}x^4+\cdots\right)-1}{x\left(x-\frac{1}{6}x^3+\cdots\right)}=\lim_{x\to 0}\frac{1+\frac{1}{2}x^2+\cdots}{1-\frac{1}{6}x+\cdots}=1$

(5) $\lim_{x\to 0}\frac{\left(x-\frac{1}{6}x^3+\cdots\right)-x\left(1-\frac{1}{2}x^2+\cdots\right)}{x\left(x-\frac{1}{6}x^3+\cdots\right)^2}=\lim_{x\to 0}\frac{\frac{1}{3}+\cdots}{1-\frac{1}{3}x^2+\cdots}=\frac{1}{3}$

(7) $\lim_{x\to 0}\frac{1-\left(1-\frac{1}{2}(3x)^2+\cdots\right)}{x^3}=\lim_{x\to 0}\frac{\frac{9}{2}+\cdots}{x}$ により，極限は存在しない．

問題 20

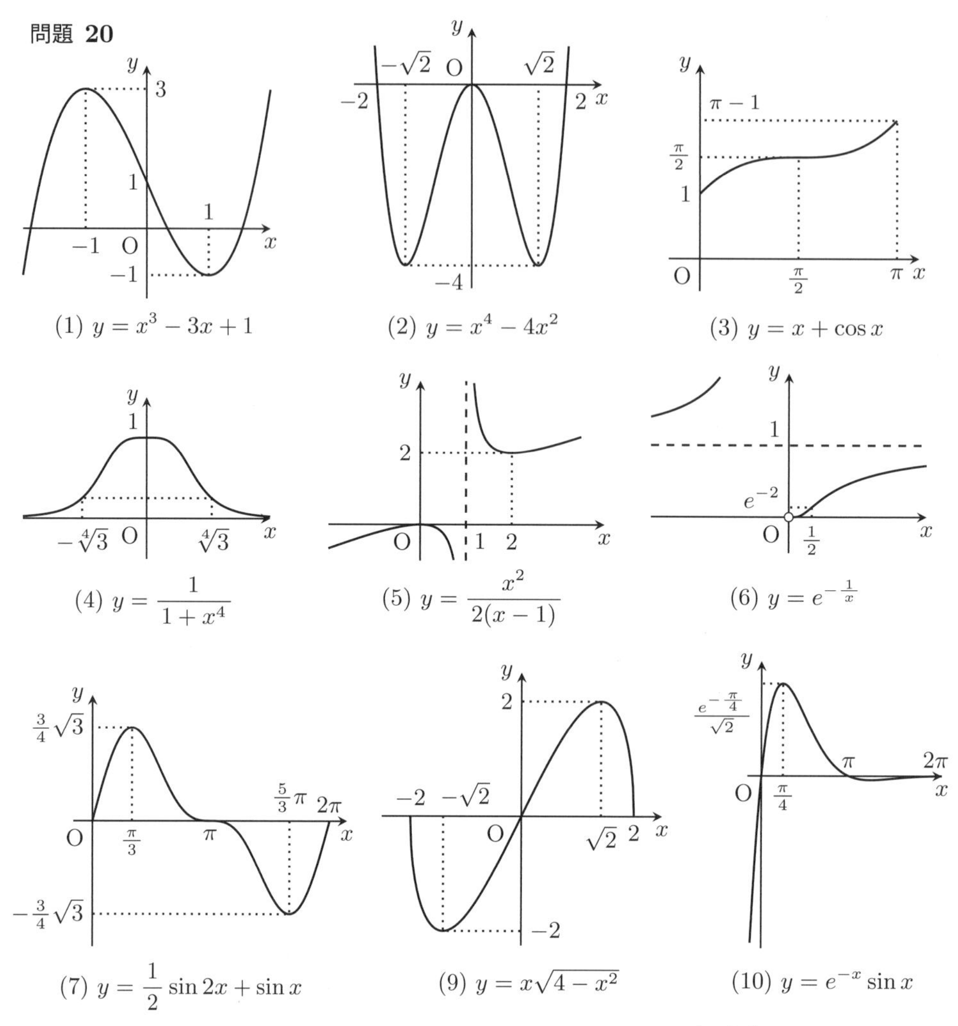

(1) $y = x^3 - 3x + 1$ (2) $y = x^4 - 4x^2$ (3) $y = x + \cos x$

(4) $y = \dfrac{1}{1+x^4}$ (5) $y = \dfrac{x^2}{2(x-1)}$ (6) $y = e^{-\frac{1}{x}}$

(7) $y = \dfrac{1}{2}\sin 2x + \sin x$ (9) $y = x\sqrt{4-x^2}$ (10) $y = e^{-x}\sin x$

(注) (8) のグラフは省略する (例題 52 参照). (10) の関数は $x = \dfrac{4n+1}{4}\pi$ (n は整数) で極値をとる. 途中で定義されない点をもつ (5), (6) の増減・凹凸表は, 次のようになる：

(5) の増減・凹凸表

x	$-\infty$	$\cdots$	0	$\cdots$	$1-0$	$1+0$	$\cdots$	2	$\cdots$	∞
$f'(x)$		$+$	0	$-$			$-$	0	$+$	
$f''(x)$		$-$	$-$	$-$			$+$	$+$	$+$	
$f(x)$	上に凸				定義されない		下に凸			
	$-\infty$	↗	0 極大	↘	$-\infty$	∞	↘	2 極小	↗	∞

(6) の増減・凹凸表

x	$-\infty$	$\cdots$	-0	$+0$	$\cdots$	$\frac{1}{2}$	$\cdots$	∞
$f'(x)$		$+$			$+$	$+$	$+$	
$f''(x)$		$+$			$+$	0	$-$	
$f(x)$	上に凸		定義されない		下に凸			
	1	↗	∞	0	↗	e^{-2}	↗	1

§9

問 28 (1) $y \leqq 0$ において上底，下底，高さがそれぞれ 1, 5, 2 の台形の符号付き面積を表すので，-6.

(2) $0 \leqq x \leqq \pi$ において $\cos x$ のグラフは点 $\left(\dfrac{\pi}{2}, 0\right)$ について点対称なので，0.

(3) 原点中心半径 1 の円板の第 1 象限の部分の面積を表すので，$\dfrac{\pi}{4}$.

(注) 積分の計算において，グラフを考えて符号の確認や値のおよその見当をつけるとよい．

問 29 (1) $\left[\dfrac{1}{4}x^4 - x^2\right]_{-1}^{3} = 12$ (2) $\left[\dfrac{1}{3}\sin 3x\right]_0^{\frac{\pi}{2}} = -\dfrac{1}{3}$

(3) $\left[-\dfrac{1}{2}e^{-2x+3}\right]_0^1 = \dfrac{e^3 - e}{2}$ (4) $\left[\dfrac{1}{33}(3x-2)^{11}\right]_0^1 = \dfrac{683}{11}$

(5) $\left[\dfrac{2}{9}(3x+1)^{\frac{3}{2}}\right]_0^1 = \dfrac{14}{9}$ (6) $\left[\dfrac{1}{4}\log|4x-3|\right]_1^3 = \dfrac{1}{2}\log 3$

(7) $\left[\dfrac{1}{12}(x^3-1)^4\right]_1^2 = \dfrac{2401}{12}$ (8) $\left[-\dfrac{1}{5}\cos^5 x\right]_0^{\frac{\pi}{3}} = \dfrac{31}{160}$

(9) $\left[\dfrac{1}{2}e^{x^2}\right]_0^2 = \dfrac{e^4 - 1}{2}$ (10) $\left[\dfrac{1}{2}\log(x^2+1)\right]_{-2}^3 = \dfrac{1}{2}\log 2$

(11) $\left[\log(e^x + e^{-x})\right]_0^1 = \log\left(\dfrac{e + e^{-1}}{2}\right)$

(12) $\displaystyle\int_0^{\frac{\pi}{4}} \frac{\sin x}{\cos x}\,dx = \Big[-\log|\cos x|\Big]_0^{\frac{\pi}{4}} = \frac{1}{2}\log 2$

問 30 (1) $\displaystyle\int_0^{\sqrt{3}} \frac{dx}{\sqrt{4-x^2}} = \int_0^{\sqrt{3}} \frac{dx}{2\sqrt{1-\left(\frac{x}{2}\right)^2}} = \left[\arcsin\frac{x}{2}\right]_0^{\sqrt{3}} = \frac{\pi}{3}$

(2) $\displaystyle\int_0^2 \frac{dx}{x^2+4} = \frac{1}{4}\int_0^2 \frac{dx}{1+\left(\frac{x}{2}\right)^2} = \left[\frac{1}{2}\arctan\frac{x}{2}\right]_0^2 = \frac{\pi}{8}$

(3) $\displaystyle\int_{-1}^2 \frac{dx}{\sqrt{3+2x-x^2}} = \int_{-1}^2 \frac{dx}{2\sqrt{1-\left(\frac{x-1}{2}\right)^2}} = \left[\arcsin\left(\frac{x-1}{2}\right)\right]_{-1}^2 = \frac{2}{3}\pi$

(4) $\displaystyle\int_{-1}^1 \frac{dx}{x^2+2x+5} = \frac{1}{4}\int_{-1}^1 \frac{dx}{1+\left(\frac{x+1}{2}\right)^2} = \left[\frac{1}{2}\arctan\left(\frac{x+1}{2}\right)\right]_{-1}^1 = \frac{\pi}{8}$

(5) $\displaystyle\int_1^2 \frac{dx}{\sqrt{1+2x-x^2}} = \frac{1}{\sqrt{2}}\int_1^2 \frac{dx}{\sqrt{1-\left(\frac{x-1}{\sqrt{2}}\right)^2}} = \left[\arcsin\left(\frac{x-1}{\sqrt{2}}\right)\right]_1^2 = \frac{\pi}{4}$

(6) $\displaystyle\int_1^5 \frac{dx}{x^2-4x+7} = \frac{1}{3}\int_1^5 \frac{dx}{1+\left(\frac{x-2}{\sqrt{3}}\right)^2} = \left[\frac{1}{\sqrt{3}}\arctan\left(\frac{x-2}{\sqrt{3}}\right)\right]_1^5 = \frac{\pi}{2\sqrt{3}}$

§10

問 31 (1) $-\dfrac{64}{21}$ (2) $-\dfrac{\pi}{2}$ (3) $\dfrac{e^2+1}{4}$ (4) $\dfrac{1-5e^{-4}}{4}$ (5) $-\dfrac{2}{9}$

(6) $3e\log 2$ (7) $\dfrac{\pi}{4} - \dfrac{1}{2}\log 2$

(注) (7) では $\arctan x = (x)'\arctan x$ を用いて部分積分を行う．

問 32 (1) $\dfrac{\pi^2 - 8}{4}$ (2) $-\dfrac{243}{20}$ (3) $2(\log 2 - 1)^2$

問 33 (1) $\displaystyle\int_0^{\frac{\pi}{2}} e^{-x}\cos x\,dx = \Big[-e^{-x}\cos x + e^{-x}\sin x\Big]_0^{\frac{\pi}{2}} - \int_0^{\frac{\pi}{2}} e^{-x}\cos x\,dx$ により，

$\dfrac{1}{2}(e^{-\frac{\pi}{2}}+1)$.

(2) $\displaystyle\int_0^1 e^{2x}\sin 3\pi x\,dx = \left[\frac{1}{2}e^{2x}\sin 3\pi x - \frac{3}{4}\pi e^{2x}\cos 3\pi x\right]_0^1 - \frac{9}{4}\pi^2\int_0^1 e^{2x}\sin 3\pi x\,dx$ により，$\dfrac{3\pi}{4+9\pi^2}(e^2+1)$.

(3) $\displaystyle\int_0^{\frac{\pi}{2}}\sin^2 x\,dx = \big[-\cos x\sin x\big]_0^{\frac{\pi}{2}} + \int_0^{\frac{\pi}{2}}\cos^2 x\,dx = \int_0^{\frac{\pi}{2}}(1-\sin^2 x)\,dx$ により，$\dfrac{\pi}{4}$.

問 34 $J_n = \dfrac{n-1}{n}J_{n-2}$ により，$J_{2n} = \dfrac{(2n-1)!!}{(2n)!!}\dfrac{\pi}{2}$，$J_{2n+1} = \dfrac{(2n)!!}{(2n+1)!!}$ となる.

(注) $\sin x$ と $\cos x$ のグラフの対称性により，$I_n = J_n$ が成り立つことがわかる.

§ 11

問 35 (1) $\displaystyle\int_0^{\frac{\pi}{6}}\frac{1+\cos 2x}{2}\,dx = \frac{\pi}{12}+\frac{\sqrt{3}}{8}$

(2) $\displaystyle\int_{\frac{\pi}{3}}^{\pi}\frac{1}{2}(\cos 5x+\cos x)\,dx = -\frac{\sqrt{3}}{5}$

(3) $\displaystyle\int_{-\frac{\pi}{2}}^{\frac{\pi}{4}}\frac{1}{4}\sin^2 4x\,dx = \int_{-\frac{\pi}{2}}^{\frac{\pi}{4}}\frac{1-\cos 8x}{8}\,dx = \frac{3}{32}\pi$

(4) $\displaystyle\int_{-\frac{\pi}{3}}^{\frac{2}{3}\pi}(1-\sin^2 x)\cos x\,dx = \frac{3}{4}\sqrt{3}$，または $\displaystyle\int_{-\frac{\pi}{3}}^{\frac{2}{3}\pi}\frac{1}{4}(\cos 3x+3\cos x)\,dx = \frac{3}{4}\sqrt{3}$.

(5) $\displaystyle\int_0^{\frac{5}{6}\pi}-\frac{1}{2}(\cos 8x-\cos 2x)\,dx = -\frac{5}{32}\sqrt{3}$

(6) $\displaystyle\int_{-\frac{\pi}{2}}^{\frac{\pi}{2}}\left(\frac{1-\cos 2x}{2}\right)^2 dx = \int_{-\frac{\pi}{2}}^{\frac{\pi}{2}}\left(\frac{1}{4}-\frac{1}{2}\cos 2x+\frac{1+\cos 4x}{8}\right)dx = \frac{3}{8}\pi$

(注) (4) では $\cos^3 x = \cos^2 x(\sin x)'$ により部分積分公式を用いてもよい．また，積分漸化式 (§ 12) を用いて $\cos x$ の積分に帰着させてもよい．(6) では $\sin x$ のグラフの対称性により $2\displaystyle\int_0^{\frac{\pi}{2}}\sin^4 x\,dx$ として，積分漸化式を用いてもよい.

問 36 (1) $\displaystyle\int_0^1\left(x+\frac{1}{x^2+1}\right)dx = \frac{1}{2}+\frac{\pi}{4}$

(2) $\displaystyle\int_0^1\left(\frac{2}{x+1}-\frac{1}{x+2}\right)dx = \log\frac{8}{3}$

(3) $\displaystyle\int_1^2\left(2+\frac{1}{x}+\frac{5}{x-3}\right)dx = 2-4\log 2$

(4) $\displaystyle\int_0^1\left(\frac{1}{3}\frac{1}{x+1}-\frac{1}{6}\frac{2x-1}{x^2-x+1}+\frac{1}{2}\frac{1}{x^2-x+1}\right)dx = \frac{\sqrt{3}}{9}\pi+\frac{1}{3}\log 2$

(5) $\displaystyle\int_0^1\left\{\frac{5}{9(x+1)}-\frac{1}{3(x+1)^2}+\frac{4}{9(x-2)}\right\}dx = \frac{1}{9}\log 2-\frac{1}{6}$

(6) $\displaystyle\int_{-1}^0\left\{\frac{1}{2(x^2+1)}+\frac{1}{x-1}+\frac{1}{2(x-1)^2}\right\}dx = \frac{\pi}{8}+\frac{1}{4}-\log 2$

§ 12

問 37 (1) $\displaystyle\int_1^3\frac{1}{4}(t-1)\sqrt{t}\,dt = \frac{2}{5}\sqrt{3}+\frac{1}{15}$ (2) $\displaystyle\int_1^0(-1)(1-t)t^5\,dt = \frac{1}{42}$

(3) $\displaystyle\int_2^1-\frac{2}{9}(1-t^2)\,dt = -\frac{8}{27}$ (4) $\displaystyle\int_e^{e^2}\frac{dt}{t(t-1)} = \log\left(1+\frac{1}{e}\right)$

(5) $\displaystyle\int_{\frac{1}{2}}^{0}\frac{dt}{t^2-1}=\frac{1}{2}\log 3$　(6) $\displaystyle\int_0^1 2e^{-t}t\,dt=2-4e^{-1}$

問 38　(1) $\displaystyle\int_0^1\frac{2}{(t+1)^2}\,dt=1$　(2) $\displaystyle\int_0^{\frac{1}{\sqrt{3}}}\frac{dt}{2+t^2}=\frac{1}{\sqrt{2}}\arctan\frac{1}{\sqrt{6}}$

(3) $\displaystyle\int_1^{\sqrt{3}}\frac{dt}{t+1}=\log\left(\frac{1+\sqrt{3}}{2}\right)$

問 39　(1) $\displaystyle\int_0^{\frac{\pi}{3}}1\,dt=\frac{\pi}{3}$　(2) $\displaystyle\int_0^{\frac{\pi}{3}}9\cos^2 t\,dt=\frac{3}{2}\pi+\frac{9}{8}\sqrt{3}$

(3) $\displaystyle\int_1^{1+\sqrt{2}}\frac{dt}{t}=\log(1+\sqrt{2})$　(4) $\displaystyle\int_0^{\frac{\pi}{4}}\frac{dt}{\cos t}=\log(1+\sqrt{2})$

(5) $\displaystyle\int_{\frac{\pi}{2}}^{\frac{\pi}{3}}-\frac{dt}{\sin t}=\frac{1}{2}\log 3$　(6) $\displaystyle\int_{\frac{\pi}{2}}^{\frac{\pi}{3}}-\frac{\cos^2 t}{\sin^3 t}\,dt=\frac{1}{3}-\frac{1}{4}\log 3$

(7) $\displaystyle\int_{\frac{\pi}{2}}^{\frac{\pi}{3}}-\frac{dt}{\sin t}=\frac{1}{2}\log 3$　(8) $\displaystyle\int_{\frac{\pi}{2}}^{\frac{\pi}{4}}-\frac{9}{\sin^3 t}\,dt=\frac{9}{2}\sqrt{2}+\frac{9}{2}\log(1+\sqrt{2})$

(注) (7), (8) の置換は，厳密には広義積分である (§ 14 参照)．$\dfrac{3}{\tan t}=0$ を満たす t は存在しないが，極限値 $\dfrac{\pi}{2}$ を t に対応させるとよい．

§ 13

問 40　(1) $\displaystyle\int_0^2 e^{3x}\,dx=\frac{e^6-1}{3}$　(2) $\displaystyle\int_0^1(\sqrt{x}-x^2)\,dx=\frac{1}{3}$

(3) $\displaystyle\int_{-\frac{\pi}{2}}^{0}\left(\frac{2}{\pi}x-\sin x\right)dx+\int_0^{\frac{\pi}{2}}\left(\sin x-\frac{2}{\pi}x\right)dx=2-\frac{\pi}{2}$

問 41　(1) $\displaystyle 4\int_0^3\frac{4}{3}\sqrt{9-x^2}\,dx=12\pi$　(2) $\displaystyle 4\int_0^1 x\sqrt{1-x^2}\,dx=\frac{4}{3}$

(3) $\displaystyle 2\int_{-2}^{2}\sqrt{4-x^2}\,dx=4\pi$

問 42　(1) $\displaystyle\int_0^h\left(1-\frac{t}{h}\right)^2 S\,dt=\frac{1}{3}Sh$　(2) $\displaystyle 2\int_0^r\pi\sqrt{r^2-t^2}^{\,2}\,dt=\frac{4}{3}\pi r^3$

(3) $\displaystyle 2\int_0^r\frac{\sqrt{3}}{2}\sqrt{r^2-t^2}^{\,2}\,dt=\frac{2\sqrt{3}}{3}r^3$

問 43　(1) $\displaystyle\int_0^{2\pi}\sqrt{\sin^2 t+\cos^2 t}\,dt=2\pi$

(2) $\displaystyle\int_0^1\sqrt{1+\left(\frac{e^x-e^{-x}}{2}\right)^2}\,dx=\frac{e-e^{-1}}{2}$

§ 14

問 44　(1) $\displaystyle\lim_{c\to 1+0}\int_c^9\frac{dx}{\sqrt[3]{x-1}}=6$　(2) $\displaystyle\lim_{c\to 2-0}\int_0^c\frac{dx}{(x-2)^3}=-\infty$

(3) $\displaystyle\lim_{c\to +0}\int_c^1\log x\,dx=-1$　(4) $\displaystyle\lim_{c\to\infty}\int_0^c e^{-x}\,dx=1$

(5) $\displaystyle\lim_{c\to\infty}\int_0^c xe^{-x}\,dx=1$　(6) $\displaystyle\lim_{c\to\infty}\int_1^c\frac{dx}{1+x^2}=\frac{\pi}{4}$

(7) $\displaystyle\lim_{c\to\infty}\int_1^c\frac{x}{1+x^2}\,dx=\infty$　(8) $\displaystyle\lim_{c\to -1+0}\int_c^0\frac{dx}{\sqrt{1-x^2}}+\lim_{c\to 1-0}\int_0^c\frac{dx}{\sqrt{1-x^2}}=\pi$

(注) (8) は $\displaystyle\lim_{c\to +0}\int_{-1+c}^{1-c}\frac{dx}{\sqrt{1-x^2}}$ としてもよい．

§ 15

問題 21 (1) $\dfrac{381}{7}$ (2) $\dfrac{2}{9}$ (3) $\dfrac{211}{5}$ (4) $\dfrac{796}{7}$ (5) $\dfrac{6}{5}(2-\sqrt[3]{9})$

(6) $-1+2\log 2$ (7) $\dfrac{\sqrt{3}}{2}-\dfrac{1}{6}$ (8) $\dfrac{1}{3}$ (9) $\dfrac{1}{2}(\sqrt{5}-\sqrt{2})$

(10) $-\dfrac{3}{2}+\log 2$ (11) $-\dfrac{1}{2}+\log\dfrac{2}{3}$ (12) $\arctan 3-\dfrac{\pi}{4}$ (13) $\dfrac{1}{4}\log\dfrac{5}{3}$

(14) $-\dfrac{\sqrt{3}}{18}\pi-\dfrac{1}{6}\log\dfrac{4}{3}$ (15) $\dfrac{1}{32}\log(2-\sqrt{3})-\dfrac{\pi}{96}$ (16) $\dfrac{9}{16}$

(17) $\dfrac{15}{32}$ (18) $\dfrac{3}{32}$ (19) $\dfrac{19}{90}\sqrt{2}-\dfrac{9}{40}\sqrt{3}$ (20) $\dfrac{3}{2}$

(21) $-\dfrac{1}{4}+\dfrac{1}{2}\log 2$ (22) 1 (23) $4\sqrt{2}$ (24) $2-\dfrac{\pi}{2}$ (25) $\dfrac{1}{2}\log 3$

(26) $\dfrac{1}{3}\log\left(\dfrac{28+6\sqrt{3}}{13}\right)$ (27) $\dfrac{7}{64}\sqrt{3}+\dfrac{\pi}{8}$ (28) $-\dfrac{4}{3}\pi^2$

(29) $\dfrac{\pi}{10}+\dfrac{1}{10}\log\dfrac{9}{8}$ (30) 4 (31) $e-\dfrac{4}{e}+3$

(32) $\dfrac{1}{2}\left(\arctan\dfrac{e}{2}-\arctan\dfrac{1}{2}\right)$ (33) $\dfrac{25}{4}e^2-\dfrac{1}{4}e^{-6}$ (34) $\dfrac{\pi^2}{72}+\dfrac{\sqrt{3}\pi}{6}-1$

(35) $9(\log 3)^2-6\log 3+\dfrac{52}{27}$ (36) $\log 2-2+\dfrac{\pi}{2}$ (37) 1 (38) $\dfrac{1}{3}$

(39) 1 (40) $\dfrac{17}{75}(1-e^{-3\pi})$ (41) $\dfrac{1}{8}(e^{3\pi}+1)$

(42) $2\log\big((1+\sqrt{2})(\sqrt{e+1}-1)\big)-1$ (43) 2π (44) $\dfrac{1}{2}$

(45) $\dfrac{1}{2}\log\left(\dfrac{4e(e+2)}{3(e+1)^2}\right)$

(注) (23) では $1-\sin x=\left(\sin\dfrac{x}{2}-\cos\dfrac{x}{2}\right)^2$ を利用するとよい.

問題 22 (1) $\dfrac{256}{15}$ (2) $\log(2+\sqrt{3})-\dfrac{\pi}{3}$ (3) $-\dfrac{1}{4}+\dfrac{3}{4}\sqrt{3}+\dfrac{3}{8}\log\left(\dfrac{3+2\sqrt{3}}{3}\right)$

(4) $\dfrac{\pi}{8}$ (5) $2\log(1+\sqrt{2})$ (6) $\sqrt{5}-2\log\left(\dfrac{1+\sqrt{5}}{2}\right)$

問題 23 (1) 3 (2) $\dfrac{\pi}{\sqrt{2}}$ (3) π (4) $\dfrac{\pi}{2}$ (5) $\dfrac{\pi^2}{8}$ (6) -1

(7) $\dfrac{1}{4}$ (8) 1 (9) $\dfrac{\pi}{\sqrt{3}}$ (10) $\dfrac{2\pi}{3\sqrt{3}}$ (11) $3+\pi$ (12) $\dfrac{\pi}{2}$

(13) 2 (14) $+\infty$ (発散) (15) $+\infty$ (発散) (16) $\dfrac{1}{2}$ (17) $\dfrac{4}{3}$

(18) -6 (19) $\sqrt{2}-1$ (20) $\dfrac{\pi}{4}$

(注) (19) では $\dfrac{1}{e^x\sqrt{e^{2x}+1}}=\dfrac{e^{-2x}}{\sqrt{1+e^{-2x}}}$ とすればよい. (20) では $x^4+4=(x^2+2)^2-4x^2=(x^2-2x+2)(x^2+2x+2)$ を利用するとよい.

問題 24 (1) $\sin t=\sin(\pi-x)=\sin x$ に注意すると, $I=\dfrac{1}{2}\pi\displaystyle\int_0^\pi\sin^3 t\,dt=\dfrac{2}{3}\pi$, $J=\dfrac{1}{2}\pi\displaystyle\int_0^\pi\dfrac{\sin t}{3+\sin^2 t}dt=\dfrac{\pi}{4}\log 3$.

(2) (i) $t=\dfrac{\pi}{2}-x$ で置換するとよい. (ii) $I+J=\dfrac{\pi}{2}$ により, $I=J=\dfrac{\pi}{4}$.

(3) (i) $t=\dfrac{\pi}{2}-x$ で置換するとよい. (ii) $I+J=\dfrac{\pi}{2}-\dfrac{1}{2}$ により, $I=J=\dfrac{\pi}{4}-\dfrac{1}{4}$.

問題 25 (1) $t=\dfrac{\pi}{2}-x$ で置換するとよい.

(2) $\sin x$ が $x = \dfrac{\pi}{2}$ について線対称であることを利用すればよい.

(3) $2I = I + J = \displaystyle\int_0^{\frac{\pi}{2}} \log(\sin x \cos x)\,dx = \int_0^{\frac{\pi}{2}} (-\log 2 + \log(\sin 2x))\,dx = -\frac{\pi}{2}\log 2 + I$ により, $I = -\dfrac{\pi}{2}\log 2$.

問題 26 (1) $I_0 = \dfrac{\pi}{4}$, $I_1 = \dfrac{1}{2}\log 2$, $I_2 = 1 - \dfrac{\pi}{4}$ (2) 略

(3) $I_5 = -\dfrac{1}{4} + \dfrac{1}{2}\log 2$

(注) (1) の I_2 の計算と (2) では $\tan^2 x = -1 + \dfrac{1}{\cos^2 x}$ を利用する.

問題 27 (1) $I_0 = 1$, $I_1 = \dfrac{\pi}{4}$ (2) $(x)' = 1$ と部分積分公式により, 漸化式を得る.

(3) $I_2 = \dfrac{1}{4} + \dfrac{\pi}{8}$ により, $I_3 = \dfrac{1}{4} + \dfrac{3\pi}{32}$.

問題 28 (1) $\dfrac{1}{3}$ (2) $\dfrac{4}{3}\sqrt{2} - \dfrac{2}{3}$ (3) $\dfrac{1}{12}$ (4) $\dfrac{1}{15}$ (5) $3\sqrt{3} - 2$

(6) $\dfrac{\sqrt{2}}{2}(e^{\frac{5}{4}\pi} + e^{\frac{\pi}{4}})$ (7) $\sqrt{2} - 1$ (8) $\dfrac{2}{3}$ (9) $\dfrac{4\sqrt{3}}{3}\pi$

(10) $\dfrac{1}{3} + \dfrac{2}{9}\sqrt{3}\pi$

問題 29 (1) $\dfrac{\pi}{2}$ (2) $\dfrac{\pi}{5}$ (3) $\dfrac{\pi^2}{2}$ (4) $2\pi^2$ (5) $\dfrac{2}{15}\pi$

(注) 曲線 $y = f(x)$ と直線 $x = a$, $x = b$ および x 軸で囲まれた図形を x 軸の周りに回転したときにできる回転体の体積は $\pi \displaystyle\int_a^b \big(f(x)\big)^2\,dx$ で表される.

問題 30 (1) $\dfrac{1}{2}\log(\sqrt{2} + 1) + \dfrac{\sqrt{2}}{2}$ (2) $\dfrac{8}{27}(10\sqrt{10} - 1)$ (3) 6

(4) $\sqrt{2}(1 - e^{-\pi})$ (5) $4 + 2\sqrt{2}\log(1 + \sqrt{2})$

Part II

§16

問 45 (1) 等高線は直線であり, グラフは平面である.

(2) 等高線は, $z \neq 0$ のとき双曲線 (反比例のグラフ), $z = 0$ のとき x 軸と y 軸であり, グラフは例題 54 の曲面 $z = x^2 - y^2$ を z 軸の周りに $\dfrac{\pi}{4}$ 回転したものである.

(3) 等高線は円 $(0 \leqq z < 1)$ または 1 点 $(z = 1)$ であり, グラフは上半球である.

(注) (1), (2) の定義域は平面全体 $\mathbb{R}^2$ であり, (3) の定義域は単位円板 $x^2 + y^2 \leqq 1$ である.

問 46 (1) 点 $(0, 0, 0)$ は極値点でも鞍点でもない (2) 点 $(0, 0, 0)$ は鞍点

(3) 点 $(0, 0, 1)$ は極大点

§17

問 47 (1) 極限は存在しない (2) 1 (3) -1

(注) (1), (2) では $x = r\cos\theta$, $y = r\sin\theta$ とおく. (3) では $x = 1 + r\cos\theta$, $y = 2 + r\sin\theta$ とおく. 代入と極限は異なる計算である. (3) では $x - y$ の連続性を用いると, 代入により極限を計算することができる.

§18

問 48 $\displaystyle\lim_{h\to 0}\frac{f(3, 1+h) - f(3, 1)}{h} = \lim_{h\to 0}\frac{\{3^2 - (1+h)^2\} - (3^2 - 1^2)}{h} = \lim_{h\to 0}(-h - 2) = -2$ により, y について偏微分可能であり, $f_y(3, 1) = -2$ である.

問 49 (1) $f_x(x,y)=3x^2y$, $f_y(x,y)=x^3$

(2) $f_x(x,y)=6x^2-3y$, $f_y(x,y)=-3x+8y$

(3) $f_x(x,y)=5(x+2y)^4$, $f_y(x,y)=10(x+2y)^4$

(4) $f_x(x,y)=\cos(x-2y)$, $f_y(x,y)=-2\cos(x-2y)$

(5) $f_x(x,y)=-3e^{-3x+4y}$, $f_y(x,y)=4e^{-3x+4y}$

(6) $f_x(x,y)=-e^{-x}\cos 2y$, $f_y(x,y)=-2e^{-x}\sin 2y$

(7) $f_x(x,y)=-y\sin xy$, $f_y(x,y)=-x\sin xy$

(8) $f_x(x,y)=2xe^{x^2+y^2}$, $f_y(x,y)=2ye^{x^2+y^2}$

(9) $f_x(x,y)=-\dfrac{y}{x^2}$, $f_y(x,y)=\dfrac{1}{x}$ (ただし, $x\neq 0$)

問 50 (1) $f_{xx}(x,y)=6xy$, $f_{xy}(x,y)=3x^2$, $f_{yy}(x,y)=0$

(2) $f_{xx}(x,y)=12x$, $f_{xy}(x,y)=-3$, $f_{yy}(x,y)=8$

(3) $f_{xx}(x,y)=20(x+2y)^3$, $f_{xy}(x,y)=40(x+2y)^3$, $f_{yy}(x,y)=80(x+2y)^3$

(4) $f_{xx}(x,y)=-\sin(x-2y)$, $f_{xy}(x,y)=2\sin(x-2y)$, $f_{yy}(x,y)=-4\sin(x-2y)$

(5) $f_{xx}(x,y)=9e^{-3x+4y}$, $f_{xy}(x,y)=-12e^{-3x+4y}$, $f_{yy}(x,y)=16e^{-3x+4y}$

(6) $f_{xx}(x,y)=e^{-x}\cos 2y$, $f_{xy}(x,y)=2e^{-x}\sin 2y$, $f_{yy}(x,y)=-4e^{-x}\cos 2y$

(7) $f_{xx}(x,y)=-y^2\cos xy$, $f_{xy}(x,y)=-\sin xy-xy\cos xy$, $f_{yy}(x,y)=-x^2\cos xy$

(8) $f_{xx}(x,y)=(2+4x^2)e^{x^2+y^2}$, $f_{xy}(x,y)=4xye^{x^2+y^2}$, $f_{yy}(x,y)=(2+4y^2)e^{x^2+y^2}$

(9) $f_{xx}(x,y)=\dfrac{2y}{x^3}$, $f_{xy}(x,y)=-\dfrac{1}{x^2}$, $f_{yy}(x,y)=0$ (ただし, $x\neq 0$)

(注) (7), (8) では積の微分公式を用いる.

問 51 (1) $f_{xxx}(x,y)=6y$, $f_{xxy}(x,y)=6x$, $f_{xyy}(x,y)=0$, $f_{yyy}(x,y)=0$

(2) $f_{xxx}(x,y)=12$, $f_{xxy}(x,y)=0$, $f_{xyy}(x,y)=0$, $f_{yyy}(x,y)=0$

(3) $f_{xxx}(x,y)=60(x+2y)^2$, $f_{xxy}(x,y)=120(x+2y)^2$,
$f_{xyy}(x,y)=240(x+2y)^2$, $f_{yyy}(x,y)=480(x+2y)^2$

(4) $f_{xxx}(x,y)=-\cos(x-2y)$, $f_{xxy}(x,y)=2\cos(x-2y)$,
$f_{xyy}(x,y)=-4\cos(x-2y)$, $f_{yyy}(x,y)=8\cos(x-2y)$

(5) $f_{xxx}(x,y)=-27e^{-3x+4y}$, $f_{xxy}(x,y)=36e^{-3x+4y}$, $f_{xyy}(x,y)=-48e^{-3x+4y}$,
$f_{yyy}(x,y)=64e^{-3x+4y}$

(6) $f_{xxx}(x,y)=-e^{-x}\cos 2y$, $f_{xxy}(x,y)=-2e^{-x}\sin 2y$, $f_{xyy}(x,y)=4e^{-x}\cos 2y$,
$f_{yyy}(x,y)=8e^{-x}\sin 2y$

§ 19

問 52 (1) 1 次展開は $y=y+\sqrt{x^2+y^2}R(x,y)$ である. $R(x,y)=0$ となる. $R(x,y)$ は点 $(0,0)$ で連続なので, $f(x,y)$ は点 $(0,0)$ で全微分可能である.

(2) 1 次展開は $x^2+y^2=\sqrt{x^2+y^2}R(x,y)$ である. $\displaystyle\lim_{(x,y)\to(0,0)}R(x,y)=\lim_{r\to 0}\frac{r^2}{r}=0$ となる. $R(x,y)$ は点 $(0,0)$ で連続なので, $f(x,y)$ は点 $(0,0)$ で全微分可能である.

(3) 1 次展開は $xy+x=x+\sqrt{x^2+y^2}R(x,y)$ である. $\displaystyle\lim_{(x,y)\to(0,0)}R(x,y)=\lim_{r\to 0}\frac{r^2\cos\theta\sin\theta}{r}=0$ となる. $R(x,y)$ は点 $(0,0)$ で連続なので, $f(x,y)$ は点 $(0,0)$ で全微分可能である.

問 53 (1) $z=-2x+y+2$ (2) $z=9x-3y-12$ (3) $z=2e^{-1}x+3e^{-1}$

(4) $z=x+3y-4\pi$

§ 20

問 54 (1) $\dfrac{\partial f}{\partial s}=0$, $\dfrac{\partial f}{\partial t}=3\sin^2 t\cos t+2e^{-2t}$

(2) $\dfrac{\partial f}{\partial s}=2e^{2(s+t)}+2e^{2(s-t)}$, $\dfrac{\partial f}{\partial t}=2e^{2(s+t)}-2e^{2(s-t)}$

(3) $\dfrac{\partial f}{\partial s} = (2st - t^2)\cos((s-t)st)$, $\dfrac{\partial f}{\partial t} = (s^2 - 2st)\cos((s-t)st)$

(4) $\dfrac{\partial f}{\partial s} = 2s\cos t\sin t\, e^{s^2\cos t\sin t}$, $\dfrac{\partial f}{\partial t} = s^2(\cos^2 t - \sin^2 t)e^{s^2\cos t\sin t}$

問 55 $\dfrac{\partial f}{\partial s} = f_x(st^2, e^{-s})t^2 - f_y(st^2, e^{-s})e^{-s}$,

$\dfrac{\partial^2 f}{\partial s^2} = f_{xx}(st^2, e^{-s})t^4 - 2f_{xy}(st^2, e^{-s})t^2e^{-s} + f_{yy}(st^2, e^{-s})e^{-2s} + f_y(st^2, e^{-s})e^{-s}$,

$\dfrac{\partial^2 f}{\partial t^2} = 4f_{xx}(st^2, e^{-s})s^2t^2 + 2f_x(st^2, e^{-s})s$

問 56 $\dfrac{\partial f}{\partial s} = f_x(s+2t, -3s+4t) - 3f_y(s+2t, -3s+4t)$,

$\dfrac{\partial f}{\partial t} = 2f_x(s+2t, -3s+4t) + 4f_y(s+2t, -3s+4t)$,

$\dfrac{\partial^2 f}{\partial s^2} = f_{xx}(s+2t, -3s+4t) - 6f_{xy}(s+2t, -3s+4t) + 9f_{yy}(s+2t, -3s+4t)$,

$\dfrac{\partial^2 f}{\partial t^2} = 4f_{xx}(s+2t, -3s+4t) + 16f_{xy}(s+2t, -3s+4t) + 16f_{yy}(s+2t, -3s+4t)$,

$\dfrac{\partial^2 f}{\partial s\partial t} = 2f_{xx}(s+2t, -3s+4t) - 2f_{xy}(s+2t, -3s+4t) - 12f_{yy}(s+2t, -3s+4t)$

§ 21

問 57 (1) $x^3 - 3xy + y^3$

(2) $1 + 2x - 3y + 2x^2 - 6xy + \dfrac{9}{2}y^2 + \dfrac{4}{3}x^3 - 6x^2y + 9xy^2 - \dfrac{9}{2}y^3$

(3) $-x + y - \dfrac{1}{2}x^2 + xy - \dfrac{1}{2}y^2 - \dfrac{1}{3}x^3 + x^2y - xy^2 + \dfrac{1}{3}y^3$

問 58 (1) $3 - 3(x-1) + 9(y-2) + 3(x-1)^2 - 3(x-1)(y-2) + 6(y-2)^2$

(2) $e^{-4} + 2e^{-4}(x-1) - 3e^{-4}(y-2) + 2e^{-4}(x-1)^2 - 6e^{-4}(x-1)(y-2) + \dfrac{9}{2}e^{-4}(y-2)^2$

(3) $2\pi(x-1) + \pi(y-2) + \pi(x-1)(y-2)$

§ 22

問 59 (1) $(x, y) = (-3, 3)$ で極小値 -10.

(2) $(x, y) = (1, 2)$ で極小値 -18，$(x, y) = (-1, -2)$ で極大値 18，$(x, y) = \pm(1, 2)$ で極値をとらない.

(3) $(x, y) = (-1, -1)$ で極大値 1，$(x, y) = (0, 0)$ で極値をとらない.

(4) $(x, y) = \left(1, -\dfrac{1}{2}\right)$ で極小値 -1，$(x, y) = (0, 0)$ で極値をとらない.

(5) $(x, y) = (0, 0)$ で極値をとらない.　(6) $(x, y) = (0, 0)$ で極大値 1.

(注) ここでは極値の候補点すべてについて極値を判定している．極値でない候補点に対応するグラフ上の点はすべて鞍点である.

§ 23

問題 31 (1) 0　(2) 存在しない　(3) 存在しない　(4) $-\dfrac{1}{2}$　(5) -2

(6) 存在しない

(注) (3) では，$x = r\cos\theta$, $y = r\sin\theta$ とした後，$r = \sin\theta$ とすることで極限が存在しないことがわかる．(4) では $x = -1 + r\cos\theta$, $y = 1 + r\sin\theta$ とおく．(5) では $x = 1 + r\cos\theta$, $y = -2 + r\sin\theta$ とおく．(6) では $x = 2 + r\cos\theta$, $y = r\sin\theta$ とおく.

問題 32 (1) 連続　(2) 連続　(3) 不連続

(注) (3) では，$f(0, 0) = 1$ と定義すると連続になる.

問題 33 (1) $f_x(x, y) = 4x^3 - 9x^2y + 4xy^3$，$f_y(x, y) = -3x^3 + 6x^2y^2 - 1$,

$f_{xx}(x,y) = 12x^2 - 18xy + 4y^3$，$f_{xy}(x,y) = -9x^2 + 12xy^2$，$f_{yy}(x,y) = 12x^2y$

(2) $f_x(x,y) = 4x(x^2+y^2)$，$f_y(x,y) = 4y(x^2+y^2)$，$f_{xx}(x,y) = 12x^2 + 4y^2$，$f_{xy}(x,y) = 8xy$，$f_{yy}(x,y) = 4x^2 + 12y^2$

(3) $f_x(x,y) = -\sin(x+3y)$，$f_y(x,y) = -3\sin(x+3y)$，$f_{xx}(x,y) = -\cos(x+3y)$，$f_{xy}(x,y) = -3\cos(x+3y)$，$f_{yy}(x,y) = -9\cos(x+3y)$

(4) $f_x(x,y) = e^{x+2y}$，$f_y(x,y) = 2e^{x+2y}$，$f_{xx}(x,y) = e^{x+2y}$，$f_{xy}(x,y) = 2e^{x+2y}$，$f_{yy}(x,y) = 4e^{x+2y}$

(5) $f_x(x,y) = -3e^{-3x}\cos 4y$，$f_y(x,y) = -4e^{-3x}\sin 4y$，$f_{xx}(x,y) = 9e^{-3x}\cos 4y$，$f_{xy}(x,y) = 12e^{-3x}\sin 4y$，$f_{yy}(x,y) = -16e^{-3x}\cos 4y$

(6) $f_x(x,y) = \dfrac{2x}{x^2+y^2}$，$f_y(x,y) = \dfrac{2y}{x^2+y^2}$，$f_{xx}(x,y) = \dfrac{2(-x^2+y^2)}{(x^2+y^2)^2}$，$f_{xy}(x,y) = \dfrac{-4xy}{(x^2+y^2)^2}$，$f_{yy}(x,y) = \dfrac{2(x^2-y^2)}{(x^2+y^2)^2}$

(7) $f_x(x,y) = 2x\cos(x^2+y^2)$，$f_y(x,y) = 2y\cos(x^2+y^2)$，$f_{xx}(x,y) = 2\cos(x^2+y^2) - 4x^2\sin(x^2+y^2)$，$f_{xy}(x,y) = -4xy\sin(x^2+y^2)$，$f_{yy}(x,y) = 2\cos(x^2+y^2) - 4y^2\sin(x^2+y^2)$

(8) $f_x(x,y) = ye^{xy}$，$f_y(x,y) = xe^{xy}$，$f_{xx}(x,y) = y^2e^{xy}$，$f_{xy}(x,y) = (1+xy)e^{xy}$，$f_{yy}(x,y) = x^2e^{xy}$

(9) $f_x(x,y) = -\dfrac{y}{x^2+y^2}$，$f_y(x,y) = \dfrac{x}{x^2+y^2}$，$f_{xx}(x,y) = \dfrac{2xy}{(x^2+y^2)^2}$，$f_{xy}(x,y) = \dfrac{-x^2+y^2}{(x^2+y^2)^2}$，$f_{yy}(x,y) = \dfrac{-2xy}{(x^2+y^2)^2}$

(10) $f_x(x,y) = \dfrac{x}{\sqrt{x^2+y^2}}$，$f_y(x,y) = \dfrac{y}{\sqrt{x^2+y^2}}$，$f_{xx}(x,y) = \dfrac{y^2}{(x^2+y^2)^{\frac{3}{2}}}$，$f_{xy}(x,y) = \dfrac{-xy}{(x^2+y^2)^{\frac{3}{2}}}$，$f_{yy}(x,y) = \dfrac{x^2}{(x^2+y^2)^{\frac{3}{2}}}$

問題 34 (1) $\displaystyle\lim_{(x,y)\to(0,0)} f(x,y) = \lim_{(x,y)\to(0,0)} \frac{xy}{x^2+y^2}$ は存在しないので，点 $(0,0)$ で連続でない．

(2) $\displaystyle\lim_{h\to 0}\frac{f(h,0)-f(0,0)}{h} = \lim_{h\to 0}\frac{0-0}{h} = 0$ により点 $(0,0)$ で x について偏微分可能．y についても同様．

問題 35 (1) $\displaystyle\lim_{(x,y)\to(0,0)} f(x,y) = 0$ により，点 $(0,0)$ で連続．

(2) $\displaystyle\lim_{h\to 0}\frac{f(h,0)-f(0,0)}{h} = \lim_{h\to 0}\frac{|h|}{h}$ は存在しないので，点 $(0,0)$ で x について偏微分可能でない．y についても同様．

問題 36 (1) 1 次展開は

$$xy = -2 + (x+2) - 2(y-1) + \sqrt{(x+2)^2+(y-1)^2}\,R(x,y)$$

である．$\displaystyle\lim_{(x,y)\to(-2,1)} R(x,y) = \lim_{r\to 0}\frac{r^2\cos\theta\sin\theta}{r} = 0$ となる．$R(x,y)$ は点 $(-2,1)$ で連続なので，$f(x,y)$ は点 $(-2,1)$ で全微分可能である．

(2) 1 次展開は

$$y = 1 + (y-1) + \sqrt{(x+2)^2+(y-1)^2}\,R(x,y)$$

である．$R(x,y) = 0$ となる．$R(x,y)$ は点 $(-2,1)$ で連続なので，$f(x,y)$ は点 $(-2,1)$ で全微分可能である．

(3) 1 次展開は

$$x^2+y^2 = 5 - 4(x+2) + 2(y-1) + \sqrt{(x+2)^2+(y-1)^2}R(x,y)$$

である．$\lim_{(x,y)\to(-2,1)} R(x,y) = \lim_{r\to 0} \frac{r^2}{r} = 0$ となる．$R(x,y)$ は点 $(-2,1)$ で連続なので，$f(x,y)$ は点 $(-2,1)$ で全微分可能である．

(注) 連続性を調べるときには，$x = -2 + r\cos\theta$, $y = 1 + r\sin\theta$ とおく．

問題 37 $\lim_{h\to 0} \frac{f(h,0) - f(0,0)}{h} = \lim_{h\to 0} \frac{h^2 - 0}{h} = 0$ により点 $(0,0)$ で x について偏微分可能．y についても同様である．1 次展開は

$$\sqrt{x^4 + y^4} = \sqrt{x^2 + y^2}\, R(x,y)$$

である．$\lim_{(x,y)\to(0,0)} R(x,y) = \lim_{r\to 0} \frac{r^2\sqrt{\cos^4\theta + \sin^4\theta}}{r} = 0$ となる．$R(x,y)$ は点 $(0,0)$ で連続なので，$f(x,y)$ は点 $(0,0)$ で全微分可能である．

問題 38 1 次展開は

$$f(x,y) = f(a,b) + f_x(a,b)(x-a) + f_y(a,b)(y-b) + \sqrt{(x-a)^2 + (y-b)^2}\, R(x,y)$$

である．したがって，$\lim_{(x,y)\to(a,b)} f(x,y) = f(a,b)$ が成り立ち，$f(x,y)$ は点 (a,b) で連続である．

問題 39 (1) $z = 2x - 8y + 15$ (2) $z = 0$ (3) $z = -\frac{x}{\sqrt{2}} - \frac{y}{\sqrt{2}} + 2\sqrt{2}$

(4) $z = \frac{x}{18} - \frac{y}{9} + \frac{4}{9}$

問題 40 (1) $\frac{\partial f}{\partial s} = \cos\theta \frac{\partial f}{\partial x} + \sin\theta \frac{\partial f}{\partial y}$, $\frac{\partial f}{\partial t} = -\sin\theta \frac{\partial f}{\partial x} + \cos\theta \frac{\partial f}{\partial y}$

(2) $\frac{\partial f}{\partial x} = \cos\theta \frac{\partial f}{\partial s} - \sin\theta \frac{\partial f}{\partial t}$, $\frac{\partial f}{\partial y} = \sin\theta \frac{\partial f}{\partial s} + \cos\theta \frac{\partial f}{\partial t}$

(3) $\frac{\partial^2 f}{\partial x^2} + \frac{\partial^2 f}{\partial y^2} = \frac{\partial^2 f}{\partial s^2} + \frac{\partial^2 f}{\partial t^2}$

(注) (2) では (1) を $\frac{\partial f}{\partial x}, \frac{\partial f}{\partial y}$ について解けばよい．$s = x\cos\theta + y\sin\theta$, $t = -x\sin\theta + y\cos\theta$ を用いてもよい．1 変数関数の逆関数の微分公式と異なり，$\frac{\partial x}{\partial s} = \left(\frac{\partial s}{\partial x}\right)^{-1}$ などは成り立たない．

問題 41 (1) $\frac{\partial f}{\partial r} = \frac{x}{\sqrt{x^2+y^2}} \frac{\partial f}{\partial x} + \frac{y}{\sqrt{x^2+y^2}} \frac{\partial f}{\partial y}$, $\frac{\partial f}{\partial \theta} = -y\frac{\partial f}{\partial x} + x\frac{\partial f}{\partial y}$

(2) $\frac{\partial f}{\partial x} = \cos\theta \frac{\partial f}{\partial r} - \frac{\sin\theta}{r} \frac{\partial f}{\partial \theta}$, $\frac{\partial f}{\partial y} = \sin\theta \frac{\partial f}{\partial r} + \frac{\cos\theta}{r} \frac{\partial f}{\partial \theta}$

(3) $\frac{\partial^2 f}{\partial x^2} + \frac{\partial^2 f}{\partial y^2} = \frac{\partial^2 f}{\partial r^2} + \frac{1}{r}\frac{\partial f}{\partial r} + \frac{1}{r^2}\frac{\partial^2 f}{\partial \theta^2}$

(注) (2) では (1) を $\frac{\partial f}{\partial x}, \frac{\partial f}{\partial y}$ について解けばよい．$r = \sqrt{x^2+y^2}$, $\theta = \arctan\frac{y}{x}$ を用いてもよい．1 変数関数の逆関数の微分公式と異なり，$\frac{\partial x}{\partial r} = \left(\frac{\partial r}{\partial x}\right)^{-1}$ などは成り立たない．

問題 42 (1) $\frac{\partial f}{\partial s} = x\frac{\partial f}{\partial x} + y\frac{\partial f}{\partial y}$, $\frac{\partial f}{\partial t} = -y\frac{\partial f}{\partial x} + x\frac{\partial f}{\partial y}$

(2) $\frac{\partial f}{\partial x} = e^{-s}\cos t \frac{\partial f}{\partial s} - e^{-s}\sin t \frac{\partial f}{\partial t}$, $\frac{\partial f}{\partial y} = e^{-s}\sin t \frac{\partial f}{\partial s} + e^{-s}\cos t \frac{\partial f}{\partial t}$

(3) $\frac{\partial^2 f}{\partial x^2} + \frac{\partial^2 f}{\partial y^2} = e^{-2s}\left(\frac{\partial^2 f}{\partial s^2} + \frac{\partial^2 f}{\partial t^2}\right)$

(注) (2) では (1) を $\frac{\partial f}{\partial x}, \frac{\partial f}{\partial y}$ について解けばよい．$s = \frac{1}{2}\log(x^2+y^2)$, $t = \arctan\frac{y}{x}$ を用いてもよい．1 変数関数の逆関数の微分公式と異なり，$\frac{\partial x}{\partial s} = \left(\frac{\partial s}{\partial x}\right)^{-1}$ などは成り立たない．

問題 43 (1) $\dfrac{\partial f}{\partial s} = (y^2 - x^2)\dfrac{\partial f}{\partial x} - 2xy\dfrac{\partial f}{\partial y}$, $\dfrac{\partial f}{\partial t} = -2xy\dfrac{\partial f}{\partial x} + (x^2 - y^2)\dfrac{\partial f}{\partial y}$

(2) $\dfrac{\partial f}{\partial x} = (t^2 - s^2)\dfrac{\partial f}{\partial s} - 2st\dfrac{\partial f}{\partial t}$, $\dfrac{\partial f}{\partial y} = -2st\dfrac{\partial f}{\partial s} + (s^2 - t^2)\dfrac{\partial f}{\partial t}$

(3) $\dfrac{\partial^2 f}{\partial x^2} + \dfrac{\partial^2 f}{\partial y^2} = (s^2 + t^2)^2\left(\dfrac{\partial^2 f}{\partial s^2} + \dfrac{\partial^2 f}{\partial t^2}\right)$

(注) (2) では (1) を $\dfrac{\partial f}{\partial x}, \dfrac{\partial f}{\partial y}$ について解けばよい．$s = \dfrac{x}{x^2 + y^2}$, $t = \dfrac{y}{x^2 + y^2}$ を用いてもよい．1 変数関数の逆関数の微分公式と異なり，$\dfrac{\partial x}{\partial s} = \left(\dfrac{\partial s}{\partial x}\right)^{-1}$ などは成り立たない．

問題 44 (1) $y + xy + \dfrac{1}{2}x^2y - \dfrac{1}{6}y^3$

(2) $2 - \dfrac{1}{2}(x-1) - (y-2) - \dfrac{5}{16}(x-1)^2 - \dfrac{1}{4}(x-1)(y-2) - \dfrac{1}{2}(y-2)^2$

(3) $1 - x^2 - y^2 + \dfrac{1}{2}x^4 + x^2y^2 + \dfrac{1}{2}y^4$ (4) $1 - x^2 - y^2 + x^4 + 2x^2y^2 + y^4$

問題 45 (1) 1 変数関数 $F(t) = f(x, ty)$ のテイラー展開と連鎖律により，$f(x,y) = f(x,0)$ を得る．2 変数関数のテイラー展開を用いてもよい．

(2) 2 変数関数のテイラー展開により，$f(x,y) = \varphi(x) + \psi(y)$ を得る．ただし，φ, ψ は 1 変数関数である．

問題 46 (1) $(x,y) = (0,0)$ で極小値 0，$(x,y) = (0,-2)$ で極値をとらない，

(2) $(x,y) = (-4,4)$ で極大値 64，$(x,y) = (0,0)$ で極値をとらない．

(3) $(x,y) = (4,0)$ で極小値 -32，$(x,y) = (0,0)$ で極値をとらない．

(4) $(x,y) = \pm\left(\dfrac{1}{2}, \dfrac{1}{2}\right)$ で極小値 $-\dfrac{1}{8}$，$(x,y) = \pm\left(\dfrac{1}{2}, -\dfrac{1}{2}\right)$ で極大値 $\dfrac{1}{8}$，$(x,y) = (0,0), (0,\pm1), (\pm1,0)$ で極値をとらない．

(5) $(x,y) = \left(m\pi, \dfrac{2n+1}{2}\pi\right)$ (m, n は整数) で，m, n が偶数のとき極小値 e^{-2}，m, n が奇数のとき極大値 e^2，$m + n$ が奇数のとき極値をとらない．

(6) $(x,y) = (0,0)$ で極小値 0，$x^2 + y^2 = 1$ を満たす (x,y) では狭義の意味で極大 ((x,y) が (a,b) に近いとき $f(x,y) \leqq f(a,b)$) 値 e^{-1} をとる．

(7) $(x,y) = (0,0)$ で極小値 0 (第 2 次偏導関数を用いた方法では判定できない)．

(8) $(x,y) = (0,0), (-2,0)$ で極値をとらない (第 2 次偏導関数を用いた方法では判定できない)．

(注) (1)〜(5) においては，極値の候補点すべてについて極値を判定している．極値でない点に対応するグラフ上の点はすべて鞍点である．(6) のグラフは $z = x^2e^{-x^2}$ を z 軸周りに回転させた曲面になっている．(7), (8) では例題 54 の方法により判定する．

問題 47 $V(x,y) = xy(k - x - y)$ の x, y, $k - x - y > 0$ における最大値を求める．$x = y = z = \dfrac{k}{3}$ のとき，最大値 $\dfrac{k^3}{27}$ をとる．

(注) 最大値と最小値は，極値または定義域の境界での値を比較することで求まる．境界では $V = 0$ により，極大をとる点で最大値をとる．

問題 48 (1) $(x,y) = (1,0), (0,1)$ のとき最大値 1，$(x,y) = (-1,0), (0,-1)$ のとき最小値 -1.

(2) $(x,y) = \pm\left(\dfrac{1}{\sqrt{2}}, \dfrac{3}{\sqrt{2}}\right)$ のとき最大値 $\dfrac{3}{2}$，$(x,y) = \pm\left(\dfrac{1}{\sqrt{2}}, -\dfrac{3}{\sqrt{2}}\right)$ のとき最小値 $-\dfrac{3}{2}$.

(3) $(x,y)=\pm\left(2\sqrt{\dfrac{5+2\sqrt{5}}{5}},\sqrt{\dfrac{10+2\sqrt{5}}{5}}\right)$ のとき最大値 $6+2\sqrt{5}$,
$(x,y)=\pm\left(2\sqrt{\dfrac{5-2\sqrt{5}}{5}},\sqrt{\dfrac{10-2\sqrt{5}}{5}}\right)$ のとき最小値 $6-2\sqrt{5}$.

(注) (1) では $x=\cos\theta$, $y=\sin\theta$, (2) では $x=\cos\theta$, $y=3\sin\theta$, (3) では $x=2(\cos\theta+\sin\theta)$, $y=2\sin\theta$ と媒介変数表示されることに気づけば, θ に関する 1 変数関数の最大最小問題に帰着することもできる.

§ 24

問 60 (1) $\displaystyle\int_0^1\int_{x^2}^{x} y\,dydx=\int_0^1\int_{y}^{\sqrt{y}} y\,dxdy=\frac{1}{15}$

(2) $\displaystyle\int_0^2\int_0^{2-x} e^{-2x+y}\,dydx=\int_0^2\int_0^{2-y} e^{-2x+y}\,dxdy=\frac{e^2}{3}+\frac{1}{6e^4}-\frac{1}{2}$

(3) $\displaystyle\int_0^1\int_{x^2}^{\sqrt{x}} xy\,dydx=\int_0^1\int_{y^2}^{\sqrt{y}} xy\,dxdy=\frac{1}{12}$

(4) $\displaystyle\int_0^2\int_x^2 e^{y^2}\,dydx=\int_0^2\int_0^y e^{y^2}\,dxdy=\frac{e^4-1}{2}$

(5) $\displaystyle\int_0^1\int_0^1 (x+2y)^2\,dydx=\int_0^1\int_0^1 (x+2y)^2\,dxdy=\frac{8}{3}$

(6) $\displaystyle\int_{-1}^0\int_0^{x+1} \sin(\pi(x-y))\,dydx=\int_0^1\int_{y-1}^0 \sin(\pi(x-y))\,dxdy=-\frac{1}{\pi}$

(7) $\displaystyle\int_0^1\int_{-\sqrt{1-x^2}}^{\sqrt{1-x^2}} x\,dydx=\int_{-1}^1\int_0^{\sqrt{1-y^2}} x\,dxdy=\frac{2}{3}$

(8) $\displaystyle\int_0^1\int_{-\sqrt{x}}^{\sqrt{x}} y\,dydx+\int_1^4\int_{x-2}^{\sqrt{x}} y\,dydx=\int_{-1}^2\int_{y^2}^{y+2} y\,dxdy=\frac{9}{4}$

(注) (4) では y 方向での切断を利用すると積分を具体的に計算できない.

§ 25

問 61 (1) $\displaystyle\int_0^{\frac{\pi}{4}}\int_2^3 r^3\cos\theta\sin\theta\,drd\theta=\frac{65}{16}$　(2) $\displaystyle\int_0^{2\pi}\int_1^3 \frac{drd\theta}{r}=2\pi\log 3$

(3) $\displaystyle\int_{-\frac{\pi}{2}}^{\frac{\pi}{2}}\int_0^1 r^2\cos\theta\,drd\theta=\frac{2}{3}$　(4) $\displaystyle\int_{-\frac{\pi}{4}}^{\frac{3}{4}\pi}\int_0^3 r^4\cos^2\theta\sin\theta\,drd\theta=\frac{81}{10}\sqrt{2}$

(注) (3) では θ の範囲を $0\leqq\theta\leqq\dfrac{\pi}{2}$ と $\dfrac{3}{2}\pi\leqq\theta\leqq2\pi$ に分けてもよい. (4) でも同様である.

問 62 (1) $\displaystyle\int_{-1}^1\int_{-1}^1 s^2e^{-t}\left|-\frac{1}{2}\right|dsdt=\frac{e-e^{-1}}{3}$　(2) $\displaystyle\int_1^3\int_0^2 t^3\left|-\frac{1}{3}\right|dtds=\frac{8}{3}$

§ 26

問 63 (1) $\displaystyle\int_0^{\pi}\int_0^{2\sin\theta} r\sqrt{r\sin\theta}\,drd\theta=\frac{32}{15}\sqrt{2}$

(2) $\displaystyle\int_{-\frac{\pi}{4}}^{\frac{3}{4}\pi}\int_0^{2\cos\theta+2\sin\theta} r^2\,drd\theta=\frac{64}{9}\sqrt{2}$

(3) $\displaystyle\int_{\frac{\pi}{4}}^{\frac{\pi}{2}}\int_{4\cos\theta}^{4\sin\theta} r^2\cos\theta\,drd\theta+\int_{\frac{\pi}{2}}^{\pi}\int_0^{4\sin\theta} r^2\cos\theta\,drd\theta=-2\pi+4$

(4) $\displaystyle\int_{\frac{\pi}{4}}^{\frac{\pi}{2}}\int_0^{\frac{1}{\sin\theta}} r^2\,drd\theta=\frac{\sqrt{2}}{6}+\frac{1}{6}\log(1+\sqrt{2})$

問 64 (1) 48π (2) $\dfrac{5}{2}\pi$ (3) 0 (4) 20π

(注) (1) では $x = 3r\cos\theta$, $y = 4r\sin\theta$, (2) では $x = 2r\cos\theta$, $y = r\sin\theta$, (3) では $x = r(\cos\theta - \sin\theta)$, $y = r\sin\theta$, (4) では $x = r(\cos\theta - 2\sin\theta)$, $y = r\sin\theta$ とおく.

§27

問 65 (1) $\displaystyle\iint_D \{(x+3y+6)-(-3x+y+6)\}\,dxdy = \frac{8}{3}$ $(D\colon -x \leqq y \leqq x \leqq 1)$

(2) $\displaystyle\iint_D (2-\sqrt{x^2+y^2})\,dxdy = \frac{8}{3}\pi$ $(D\colon x^2+y^2 \leqq 4)$

(3) $\displaystyle\iint_D \sqrt{4-x^2-y^2}\,dxdy = \frac{16}{3}\pi$ $(D\colon x^2+y^2 \leqq 4)$

(4) $\displaystyle 2\iint_D \sqrt{9-x^2-y^2}\,dxdy = \frac{76}{3}\pi$ $(D\colon x^2+y^2 \leqq 5)$

(注) (2) では円錐の体積を, (3) では (回転) 楕円体の体積を求めた.

§28

問 66 (1) $\dfrac{2}{3}$ (2) 15π (3) $\dfrac{3}{2}\pi$ (4) $\dfrac{1}{4}\pi$

問 67 (1) $\displaystyle\iint_D \sqrt{1+4x^2+4y^2}\,dxdy = \frac{5\sqrt{5}-1}{6}\pi$ $(D\colon x^2+y^2 \leqq 1)$

(2) $\displaystyle\iint_D \sqrt{1+\frac{1}{9}+\frac{1}{4}}\,dxdy = \frac{7}{2}$ $(D\colon x \geqq 0,\ y \geqq 0,\ 2x+3y \leqq 6)$

(3) $\displaystyle 2\iint_D \sqrt{1+\frac{x^2}{4-x^2-y^2}+\frac{y^2}{4-x^2-y^2}}\,dxdy = 8(2-\sqrt{3})\pi$ $(D\colon x^2+y^2 \leqq 1)$

(注) (2) では $(3,0,0)$, $(0,2,0)$, $(0,0,1)$ を頂点とする三角形の面積を求めた.

§29

問 68 (1) $\displaystyle\lim_{n\to\infty}\iint_{D_n} \frac{dxdy}{(x^2+y^2)^2} = \pi$ $(D_n\colon 1 \leqq x^2+y^2 \leqq n^2)$

(2) $\displaystyle\lim_{n\to\infty}\iint_{D_n} \frac{dxdy}{\sqrt{xy}} = 2$ $\left(D_n\colon \frac{1}{n} \leqq x \leqq 1,\ \frac{1}{n} \leqq y \leqq x\right)$

(3) $\displaystyle\lim_{n\to\infty}\iint_{D_n} \frac{dxdy}{\sqrt{4-x^2-y^2}} = 4\pi$ $\left(D_n\colon x^2+y^2 \leqq \left(2-\frac{1}{n}\right)^2\right)$

(4) $\displaystyle\lim_{n\to\infty}\iint_{D_n} \frac{dxdy}{(x+y+1)^3} = \frac{1}{2}$ $(D_n\colon 0 \leqq x \leqq n,\ 0 \leqq y \leqq n)$

(5) $\displaystyle\lim_{n\to\infty}\iint_{D_n} e^{-x^2}\,dxdy = \frac{1}{2}$ $(D_n\colon 0 \leqq x \leqq n,\ 0 \leqq y \leqq x)$

(6) $\displaystyle\lim_{n\to\infty}\iint_{D_n} \frac{y^2}{x}\,dxdy = \frac{4}{9}$ $\left(D_n\colon \frac{1}{n} \leqq x \leqq 1,\ -\sqrt{x} \leqq y \leqq \sqrt{x}\right)$

§30

問題 **49** (1) 0 (2) $\dfrac{1}{3}$ (3) $\dfrac{128}{15}$ (4) π (5) $\dfrac{1}{30}$ (6) $\dfrac{e^3-1}{3}$
(7) $\dfrac{1-\log 2}{4}$ (8) 1 (9) $\dfrac{\pi}{2}-1$ (10) $\dfrac{\pi}{8}+\dfrac{1}{4}\log 2-\dfrac{1}{2}$ (11) $\dfrac{\pi}{4}$
(12) $\dfrac{\pi}{2}$ (13) $\pi\log 5$ (14) $\dfrac{11}{60}$ (15) 2π (16) $\dfrac{2(e^2-e)}{5}$ (17) $\dfrac{81}{8}$
(18) $\dfrac{e-1}{2e}$ (19) $\dfrac{8}{9}\sqrt{2}$ (20) $\dfrac{4}{9}\pi+2\sqrt{3}-\dfrac{32}{9}$

問題 50 (1) $\displaystyle\int_0^1 \int_{x^2}^{x} f(x,y)\,dydx$

(2) $\displaystyle\int_{-2}^{0} \int_0^{\sqrt{4-y^2}} f(x,y)\,dxdy + \int_0^2 \int_0^{2-y} f(x,y)\,dxdy$

(3) $\displaystyle\int_{-1}^{0} \int_0^{y+1} f(x,y)\,dxdy + \int_0^1 \int_0^{-y+1} f(x,y)\,dxdy$

(4) $\displaystyle\int_0^4 \int_{-\sqrt{x}}^{\sqrt{x}} f(x,y)\,dydx + \int_4^9 \int_{x-6}^{\sqrt{x}} f(x,y)\,dydx$

問題 51 (1) $\dfrac{1}{108}$ (2) $-\pi$ (3) π (4) $2\log 2$ (5) $\dfrac{4}{3}$ (6) $\dfrac{1}{2}$

問題 52 (1) 16π (2) $\dfrac{1}{6}$ (3) $\dfrac{1}{12}$ (4) 20π (5) 32π

(6) $\dfrac{8\sqrt{2}-7}{6}\pi$ (7) $\dfrac{16}{3}\pi - \dfrac{64}{9}$ (8) $\dfrac{5}{3}\pi$ (9) $\dfrac{8}{9}\sqrt{3}\pi$ (10) $4\pi^2$

(注) (5) は楕円体を，(9) は 2 つの楕円体の共通部分を，(10) はトーラス体 (ドーナツの形) を表す.

問題 53 (1) 6π (2) 3π (3) $\dfrac{3}{8}\pi$ (4) $\dfrac{1}{4}\pi$ (5) $\dfrac{1}{4}\pi$

(注) (2) では，図形の媒介変数表示を例えば $x = t - \sin t$, $y = s(1-\cos t)$ $(0 \leqq s \leqq 1,$ $0 \leqq t \leqq 2\pi)$ とおくとよい. (3) でも同様である.

問題 54 (1) $\dfrac{2\sqrt{2}-1}{6}\pi$ (2) $\dfrac{8}{9}\sqrt{3}\pi^2 + 2\pi$ (3) $8\pi - 16$ (4) 64

(5) $8\pi^2$

(注) (5) はトーラスを表す.

問題 55 (1) $(X,Y) = \left(\dfrac{2}{3}, \dfrac{2}{3}\right)$ (2) $(X,Y) = (0,0)$ (3) $(X,Y) = \left(\dfrac{4}{5}, \dfrac{3}{5}\right)$

(4) $(X,Y) = \left(\dfrac{1}{8}, 0\right)$

(注) (1), (2) は図形的な重心を表す. (3), (4) は，例えば位置によって密度が異なる金属板の物理的な重心を表す.

索　引

★☆ 記号など ☆★

★☆ あ　行 ☆★

★☆ か　行 ☆★

★☆ さ 行 ☆★

★☆ た 行 ☆★

★☆ な　行 ☆★

★☆ は　行 ☆★

★☆ ま　行 ☆★

★☆ や　行 ☆★

★☆ ら　行 ☆★

★☆ わ ☆★

著者略歴

井原 健太郎
いはら けんたろう

2005年 九州大学大学院数理学府博士課程修了
現　在 近畿大学理工学部理学科数学コース准教授，博士(数理学)

鄭　仁大
ちょん いんで

2010年 大阪市立大学大学院理学研究科後期博士課程数物系専攻修了
現　在 近畿大学理工学部理学科数学コース准教授，博士(理学)

中村 弥生
なかむら やよい

2000年 お茶の水女子大学大学院人間文化研究科博士後期課程複合領域科学専攻修了
現　在 近畿大学理工学部理学科数学コース准教授，博士(理学)

松井　優
まつい ゆたか

2007年 東京大学大学院数理科学研究科数理科学専攻博士課程修了
現　在 近畿大学理工学部理学科数学コース教授，博士(数理科学)

2013年2月25日　初版発行
2023年3月13日　改訂増補版発行

微分積分学30講

著　者　井原 健太郎
　　　　鄭　仁大
　　　　中村 弥生
　　　　松井　優
発行者　山本　格

発行所　株式会社　培風館
東京都千代田区九段南4-3-12・郵便番号102-8260
電話(03)3262-5256(代表)・振替00140-7-44725

三美印刷・牧 製本

PRINTED IN JAPAN

ISBN 978-4-563-01245-8　C3041